Wachstum beginnt oben

Guido Quelle

Wachstum beginnt oben

Treibstoff für unternehmerische Wachstumsmotoren

Springer Gabler

Guido Quelle
Mandat Managementberatung GmbH
Dortmund
Deutschland

Impressumhinweis mandatory „Teile dieses Werks wurden bereits auf der Website der Mandat Managementberatung GmbH in Dortmund (www.mandat.de) veröffentlicht."

ISBN 978-3-658-03657-7 ISBN 978-3-658-03658-4 (eBook)
DOI 10.1007/978-3-658-03658-4

Die Deutsche Nationalbibliothek verzeichnet diese Publikation in der Deutschen Nationalbibliografie; detaillierte bibliografische Daten sind im Internet über http://dnb.d-nb.de abrufbar.

Springer Gabler

Lektorat: Stefanie A. Winter

Gedruckt auf säurefreiem und chlorfrei gebleichtem Papier

Springer Gabler ist eine Marke von Springer DE. Springer DE ist Teil der Fachverlagsgruppe Springer Science+Business Media
www.springer-gabler.de

Widmung

Dieses Buch ist den Mandat-Klienten gewidmet, die sich genauso am sinnvollen Wachsen erfreuen wie wir.

Vorwort

Der größte Konkurrent der Aufmerksamkeit ist die Zeit. Der Zeit ist es gleichgültig, was wir mit ihr tun – sie vergeht einfach, ohne dass sie sich auch nur einen Deut darum schert, was das mit uns macht. „Gefühlt" – wie man heute so schön sagt – haben wir aber immer weniger Zeit. Wir haben den Eindruck, dass wir immer mehr in gleicher Zeit schaffen müssten und für die einzelnen Ereignisse des Lebens immer weniger Zeit zur Verfügung haben. Entsprechend lassen wir den Einzelthemen weniger Aufmerksamkeit zukommen. Das Konzentrieren fällt manchmal schwer.

Mag der empfundene zunehmende Zeitmangel auch eine bedauernswerte Entwicklung sein, müssen wir ihn doch zunächst zur Kenntnis nehmen. Ich könnte nun den Rat geben, Dinge wegzulassen und nicht ständig neue Dinge, Projekte, Aktivitäten sinnfrei zu addieren, welche die verfügbare Zeit weiter strapazieren. Ich könnte darauf hinweisen, dass Wachstum vor allem durch gezieltes Weglassen flankiert wird. Es wäre mir ein Leichtes, mahnend darauf hinzuweisen, dass das Verwenden von Zeit eine Frage von persönlichen Prioritäten ist und – ja – ich könnte auf den möglichen Einwand, dass man im Unternehmen mitunter fremdgesteuert sei und daher keinen maßgeblichen Einfluss auf die Zeitverwendung habe, entgegnen, dass man sich den Job schließlich selber ausgesucht habe und jeglichen Missstand selbst verändern könne. Eine fruchtbare, sicher aber angeregte Diskussion wäre wohl die Folge.

Mit dem Buch, das Sie in den Händen halten, habe ich dem Umstand Rechnung getragen, dass die verfügbare Aufmerksamkeitsspanne zur Aufnahme neuer Informationen sinkt, der Bedarf, neue Erkenntnisse zu erlangen oder vorhandene Erkenntnisse zu vertiefen, aber steigt. In die Nische dieser gegenläufigen Entwicklung passt „Wachstum beginnt oben". Es enthält in komprimierter Form 76 Beiträge für Wachstumsmotoren und schließt sich damit nahtlos an mein im September 2011 im Gabler-Verlag erschienenes Buch „Profitabel wachsen" an, geht es im abschließenden Kapitel des letztgenannten Werkes doch um die Top-Führungskraft als Wachstumsmotor („Sie suchen einen Wachstumsmotor? Schauen Sie in den Spiegel").

„Wachstum beginnt oben" – eine Dreideutigkeit: Erstens beginnt sinnvolles, profitables Wachstum stets bei der Unternehmensführung, eben „oben" in der Hierarchie. Zweitens beginnt Wachstum stets in den ersten Zeilen der Gewinn- und-Verlustrechnung, nämlich beim Umsatz – und nicht etwa bei den Kosten oder gar dem Gewinn; ein Denkansatz, den man gar nicht oft genug aussprechen kann. Drittens beginnt Wachstum im Kopf, also im „Oberstübchen" von uns allen, ist Wachstum schließlich mit einer entsprechenden großzügigen Denkhaltung verbunden. Diesem Dreiklang wird in diesem Buch entsprochen.

„Wachstum beginnt oben" muss nicht von vorn bis hinten durchgelesen werden. Vielmehr dient es dazu, kurze, erprobte Gedanken und Hinweise zu spezifischen wachstumsrelevanten Themen zu geben, die überdies eine hohe Umsetzungsrelevanz haben.

Ich freue mich sehr, wenn dieses Format den Gefallen der wohlwollenden Leserschaft findet und wenn sich die Menge der Menschen, die profitables Wachstum nicht als radikalkapitalistische, neoliberale Gefahr, sondern als Grundlage des Lebens ansieht und die sich für eine neue Dimension des Wachstums einsetzt, mehrt.

Viel Freude beim Lesen. Wenn Sie Fragen, Hinweise, Anmerkungen haben, schreiben Sie mir: guido.quelle@mandat.de

Danksagung

Eigentlich könnte ich die Danksagungen aus meinen Büchern nahezu kopieren. Dies wäre einerseits ein unterhaltsamer Test („Ob es jemand merkt?"), andererseits zeigt es, dass mich seit vielen Jahren eine Reihe von Menschen kontinuierlich unterstützt, auch wenn es wieder einmal mit einer vielleicht verrückten, aber spannenden Idee einhergeht. Dafür bin ich dankbar.

In nicht geordneter Reihenfolge geht mein Dank an:

- Meinen Coach, Dr. Alan Weiss, ohne den ich vermutlich nicht fast ein Dutzend Bücher seit 2009 verfasst und herausgegeben hätte, inklusive einer wissenschaftlichen Buchreihe, ohne den ich auch nicht Dutzende Produkte geschaffen hätte und ohne den wir vermutlich auch noch keine internationalen Büros in London und New York hätten.
- Das Mandat-Team. Es ist schön, ein wirkliches Team in Aktion zu sehen. Wenn man erkennen möchte, was in einem solchen Umfeld entstehen kann, komme man bei Mandat vorbei oder frage unsere Klienten. Danke, Team!
- Meine Assistentin, Anne Hausen, und Mandat-Beratungsassistentin Nadine Müller, denen ich, obwohl sie als Mitglieder des Mandat-Teams schon einige Zeilen zuvor Dank erfahren haben, an dieser Stelle noch einmal explizit danken möchte. Beide haben mich bei der Realisierung dieses Buches technisch und administrativ wesentlich unterstützt.
- Meine Lektorin bei Springer, Stefanie Winter, und die Programmleiterin Springer Gabler Management, Juliane Wagner, die beide sofort von der konzeptionellen Idee dieses Buches überzeugt waren, sodass wir dieses Projekt schnell in Angriff nehmen konnten.
- Meine Agentin, Christine Proske von Ariadne-Buch, die mich seinerzeit mit Gabler zusammengebracht hat.
- Meine Frau, Susanne Fiss-Quelle. Es wird immer dazu geraten, dass man über ein „Support System" verfügt, das auch in noch so turbulenten Zeiten eine Basis ist. Dank meiner Frau habe ich das beste „Support System", das man sich denken kann. Unsere kreativen Dialoge und unser reger Austausch sind wesentlicher Input für mein persönliches Wachstum.

- All diejenigen, die durch ihr reges Teilnehmen an den Mandat-Aktivitäten dazu beitragen, dass auch wir stets weiterwachsen. Insbesondere sind hier natürlich unsere Klienten genannt, die am Wachstum ebenso viel Freude haben wie wir.

Dortmund, im September 2013 Prof. Dr. Guido Quelle

Inhaltsverzeichnis

1 Selber wachsen: Selbstführung als Wachstumsvoraussetzung

Zusammenfassung

Wie soll Wachstum gelingen, wenn es nicht bei der eigenen Person beginnt? Zu häufig werden Wachstumsbestrebungen in Unternehmen begonnen und nicht zu Ende geführt. Zu häufig werden Ziele ausgegeben, deren Erreichen bereits nach Aussprache des jeweiligen Ziels in Zweifel gezogen werden. Zu häufig sind Prioritäten im Unternehmen unklar, Wege nicht abgestimmt, Konflikte an der Tagesordnung. Wachstum? Fehlanzeige, wir müssen uns erst einmal selbst organisieren.

Richtig. Genau die Selbstorganisation, das Selbstmanagement, oder – wie es in diesem ersten Kapitel gesehen werden soll – die wachstumsorientierte, nach vorne schauende, positiv gewendete Selbstführung ist Grundbedingung dafür, dass Wachstum in Unternehmen überhaupt eintreten kann.

Unternehmen können nur wachsen, wenn mindestens eine große Anzahl, um nicht zu sagen, die größte Anzahl der Mitarbeiter eine wachstumsorientierte Einstellung hat, wenn also erkannt wird, dass Wachstum eben kein Nullsummenspiel ist, dass Wachstum nicht auf Kosten anderer gehen muss und dass intelligentes, profitables Wachstum nicht durch Addieren, sondern durch Fokussieren erfolgt. Unternehmen wachsen dann, wenn ihre Mitarbeiter auch wachsen wollen. Dazu müssen Unternehmen ihren Mitarbeitern natürlich den entsprechenden Rahmen geben, aber die Mitarbeiter selbst müssen auch bereit dazu sein, sich selbst besser zu führen. Abgesehen davon, dass Selbstführung eine Wachstumsvoraussetzung ist, darf im Übrigen auch statthaft davon ausgegangen werden, dass die Übertragung von Führungsverantwortung an eine Person, die nicht imstande ist, sich selbst geordnet und wachstumsgerichtet zu führen, zum Scheitern verurteilt ist.

An der Spitze wird es einsam. Daher ist insbesondere hier eine wirkungsvolle Selbstführung wichtig, denn der eigene Kompass wird immer wieder irritiert durch Nebelkerzen, die im Unternehmen geworfen werden, durch Menschen, die es sich zur Aufgabe gemacht haben, passiv-aggressiv am eigenen Stuhl zu sägen und durch die

G. Quelle, *Wachstum beginnt oben*,
DOI 10.1007/978-3-658-03658-4_1, © Springer Fachmedien Wiesbaden 2014

Tatsache, dass nicht jeder immer das sagt, was er denkt –, was mitunter förderlich, in manchen Situationen aber auch bedauerlich ist. Wird an der Spitze das Rationale auch meist groß geschrieben, steht das Emotionale mitunter hinten an. Dabei gehört auch diese Dimension zur Selbstführung, ebenso wie eine ganzheitliche Betrachtung des Lebens und die damit verbundenen Prioritäten, die wesentlich darüber bestimmen, wie wir handeln.

Doch der Reihe nach. Beginnen wir mit einer herausragenden Selbstführungsprüfung: dem Start des CEOs eines beliebigen Unternehmens in einen neuen Job.

1.1 Ein neuer Start – Die ersten 100 Tage sind entscheidend

Es ist kein Zufall, dass es immer wieder heißt, die ersten 100 Tage seien entscheidend in einer neuen Position. Was hier richtig gemacht wird, hat Bestand; was falsch gemacht wird, hat eine hohe Tragweite. Damit ist nicht gemeint, dass Fehler in den ersten 100 Tagen nicht verziehen werden –, ganz im Gegenteil, aber mitunter werden durch vermeidbare Fehler Baustellen in die Zukunft verlagert, die dann ihre Tragweite entfalten, wenn die Schonfrist vorüber ist.

Als CEO in einer neuen Rolle nutzen Sie gezielt Ihre Position, um insbesondere in den ersten 100 Tagen spontan und flexibel agieren zu können. Was genau empfiehlt sich?

- Halten Sie Ihre Eindrücke und Erkenntnisse in einem „100-Tage-Buch" fest, sodass Sie darauf zurückgreifen können. Bitten Sie Ihre Gesprächspartner, gemeinsame Gespräche schriftlich vorzubereiten, um diese später nachvollziehen zu können. Gerade in der Anfangszeit ist die Vielfalt der Informationen enorm hoch.
- Sie sind der teuerste Azubi. Äußern Sie dies. Hören Sie zu und beziehen Sie nicht vorschnell Position. Sie haben später noch genug Zeit dazu.
- Nehmen Sie sich die Zeit, sich alle internen Abteilungen und deren Führung anzusehen. Dies gilt sowohl für Ihre eigenen als auch für die Abteilungen Ihrer Kollegen, gegebenenfalls mit den jeweiligen Fachvorgesetzten. Schauen Sie sich auch einige Niederlassungen und/oder Filialen an. Sprechen Sie mit dem Personal.
- Nehmen Sie sich insbesondere Zeit für den Austausch mit Ihren anderen C-Level-Kollegen, sowohl einzeln als auch in der Gruppe. Übernehmen Sie dabei die Moderation der Geschäftsführungs- oder Vorstandssitzung nicht sofort, sondern schauen Sie sich erst einmal an, welche Gewohnheiten sich eingestellt haben.
- Übernehmen Sie keinesfalls sofort schwerwiegende Projekte. Sprechen Sie mit Ihrem Aufsichtsrat darüber, dass Sie dann besonders wirken können, wenn Sie das Unternehmen verstanden haben. Ausnahme: Turnaround.
- Lernen Sie wichtige Kunden und Lieferanten sowie Repräsentanten der relevanten Verbände und der Politik kennen.

- Sorgen Sie für einen kurzen Weg zwischen Ihnen und dem Vorsitzenden des Aufsichtsrates.
- Lassen Sie sich von Ihren Vorstands- oder Geschäftsführungskollegen die wichtigsten Projekte präsentieren. Sind die Projekte plausibel und richtig strukturiert? Tragen sie zur Wertsteigerung bei? Bauen Sie eine Projektelandschaft auf, an der Sie künftig die Prioritäten messen werden.
- Stellen Sie in Strategieklausuren die Strategie auf den Prüfstand und vereinbaren Sie verbindlich mit Kollegen nächste Schritte.
- Der vielleicht wichtigste Tipp: Lassen Sie sich nicht zu schnell in die internen Verwicklungen der Organisation einbinden. Das geschieht noch früh genug.

Wachstumstipp:
Präsentieren Sie dem Aufsichtsrat oder Beirat unter Anwesenheit der Top-Führung nach 100 Tagen Ihre Erkenntnisse und Ihr daraus abgeleitetes Aktionsprogramm formell. Idealerweise haben Ihre Geschäftsführungs- oder Vorstandskollegen die Präsentation bereits im Vorfeld gesehen, damit Überraschungen vermieden werden.

1.2 Wenn alles gleich wichtig ist, ist nichts wichtig – Die Macht der Prioritäten

Kennen Sie das? Alles ist dringend, wichtig oder wichtig und dringend? Hatten wir in der Vergangenheit noch Mühe, Informationen über komplexe Sachverhalte zu bekommen, erstreckt sich die erforderliche Mühe heute darauf, aus der übermäßigen Flut der Informationen die richtigen herauszufiltern, die es zur Lösung einer Aufgabe bedarf.

Das Einmaleins des Zeitmanagements besagt, dass wir Prioritäten setzen und diese konsequent verfolgen müssen. Grau ist aber alle Theorie, wenn an einem typischen Tag tausenderlei Dinge auf uns einströmen und wir vorwiegend damit beschäftigt sind, Probleme zu lösen oder neue Aufgaben abzuwehren. Gerade für den CEO sind Prioritäten aber entscheidend, gilt es doch, das Unternehmen exakt nach diesen Prioritäten zu steuern.

Was sind Ihre Prioritäten? Haben Sie auch Kandidaten darunter, die gleichermaßen wichtig sind? Spätestens dann ist Vorsicht geboten, denn wenn Dinge „gleichermaßen wichtig" sind, ist schnell nichts mehr wichtig.

Es gibt nur einen höchsten Berg, nur einen schnellsten 100-Meter-Läufer und es gibt auch nur eine höchste Priorität. Vergeben Sie diese nicht mehrfach, denn Sie haben sich sonst einen Bärendienst erwiesen. Nicht nur, dass Sie Mühe haben, zu entscheiden, welche zeitlichen und finanziellen Ressourcen einem Thema zugeordnet werden sollen; viel wichtiger ist, dass Ihre Mitarbeiter schnell Ausreden finden, weil ja alles „wichtig" ist. So gelingt es manchen Mitarbeitern, immer an wichtigen Themen zu arbeiten, die bedauerlicherweise nie auf Ihrer Agenda ganz oben standen.

Die stets hilfreiche Frage: Wenn ich meine Kraft und Energie nur auf ein Thema konzentrieren könnte: Welches wäre es? Die Antwort darauf gibt Ihnen die richtige Sortierfolge für Ihre Prioritäten – beruflich wie privat.

Hier sind drei Dinge, die Sie sofort tun können, um Klarheit in Ihre Prioritäten zu bringen:

- Unterscheiden Sie strategische Aufgaben von operativen Aufgaben. Welche strategische, zukunftsgerichtete Aufgabe erfordert Ihre volle Konzentration? Welche operative Aufgabe hat eine hohe Priorität? Von diesen beiden ist die strategische die wichtigere.
- Fragen Sie sich: Was würden wir als Investor in einem Bericht über die anstehenden Aufgaben und Projekte des Unternehmens lesen wollen? Welche Themen haben eine besonders hohe Zukunftsrelevanz? Dies sind Ihre wichtigsten Themen.
- Überlegen Sie sich, welche Themen Sie noch heute an kompetente Mitarbeiter delegieren wollen, damit Sie sich auf Ihre wirklich wichtigen Themen konzentrieren können. Sagen Sie konsequent „Nein", wenn Mitarbeiter versuchen, Ihnen ein Äffchen auf den Rücken zu binden. Nach einiger Übung ist das „Nein" ganz leicht und es dient vorzüglich als orales Verhütungsmittel vor Rückdelegation. Wir sind häufig einfach zu lieb.

Wachstumstipp:
Fragen Sie Ihre Mitarbeiter nach deren Prioritäten, gleichen Sie diese mit Ihren Prioritäten ab und verfolgen Sie ausschließlich das Einhalten der abgestimmten Top-Prioritäten Ihrer direkten Mitarbeiter regelmäßig. Dies diszipliniert die Zusammenarbeit maßgeblich und führt bei Ihnen zu Entlastung.

1.3 Es gibt keine Sicherheit – Es ist riskant, kein Risiko einzugehen

Kennen Sie das: „Wenn du bei (Name eines beliebigen großen Unternehmens) arbeitest, hast du einen sicheren Job."? Oder: „Wenn du dich (soundso) verhältst, bist du sicher."?

Eines ist diesen Sätzen gemeinsam: Sie sind falsch. Sie beziehen sich stets auf Erfahrungen aus der Vergangenheit und die Vergangenheit lehrt uns im Allgemeinen wenig, weil sich in der Gegenwart sehr selten die gleiche Situation wie in der Vergangenheit noch einmal darstellt. Irgendetwas ist immer anders.

Heute ist kein Job mehr sicher, insbesondere nicht, wenn er durch eine Niete besetzt wird. Selbst manche High Potentials werden freigesetzt, wenn die Sozialauswahl zuschlägt. Unternehmen kommen und gehen in höherer Frequenz, der Veränderungsbedarf steigt und wer nicht mitgehen will, lässt es eben bleiben – manchmal nicht ganz freiwillig.

Das kann man nun bedauern, man kann darüber diskutieren und lamentieren. Fakt ist: Es gibt keine absolute Sicherheit. Weder gibt es sichere Jobs noch sicheres Verhalten.

Die größte Sicherheit, die wir erzielen können, besteht darin, gezielte, überschaubare Risiken einzugehen. Wohlgemerkt: Es geht nicht darum, Hals über Kopf völlig überstürzte Handlungen zu vollziehen, deren Ausgang ebenso wenig klar ist wie deren Verlauf. Es geht um das Eingehen begrenzter Risiken im Rahmen der eigenen Entwicklung.

Beispiele? Gern:

- Zusätzlich zur eigenen Arbeitszeit weitere Zeit auf die Entwicklung eines neuen Produktes verwenden, das noch keine Akzeptanz im Unternehmen findet oder sogar auf Ablehnung stößt.
- Ein neues Leistungsangebot mit einem neuen Kundenkreis geheim testen, bevor der Wettbewerb es tut.
- Einen Vortrag vor 500 Branchenexperten halten, um sich als Vordenker zu positionieren.
- Ein neues Entwicklungsverfahren testen, obwohl gerade „keine Zeit" ist, mit der Chance, deutlich produktiver zu werden.

Das sind keine Risiken? Dann schauen Sie sich in Ihrem Unternehmen um: Wer geht gelegentlich aus seiner Komfortzone heraus? Wer innoviert regelmäßig? Wie viele Mitarbeiter haben es sich in ihrer Position recht gemütlich eingerichtet?

Das einzige Risiko, das besteht, ist, kein Risiko einzugehen. Das gilt für den CEO wie für die Mitarbeiter eines Unternehmens. Ihre Aufgabe ist es, dass in Ihrem Unternehmen dazu der Raum besteht.

Wachstumstipp:
Sprechen Sie mit Ihren Mitarbeitern darüber, welche wesentlichen Risiken diese im Unternehmen derzeit sehen. Sprechen Sie auch darüber, welche Risiken manchen vielversprechenden Initiativen im Wege stehen. Eruieren Sie mit Ihren Mitarbeitern den schlimmsten absehbaren Fall bei Eintreten des jeweiligen größten Risikos und entscheiden Sie dann erneut. Oft ist die schlimmste absehbare Konsequenz nicht so dramatisch wie sie zunächst scheint, und überdies ist die Wahrscheinlichkeit des Eintretens oft geringer als bei oberflächlicher Betrachtung.

1.4 Kopfklarheit – Das Denken prägt die Resultate

Vor einiger Zeit in einem unserer Projekte: Wir wunderten uns, warum ein bestimmter Mitarbeiter eines unserer Klienten keine greifbaren Resultate zustande brachte, aber dennoch permanent beschäftigt war. Nicht, dass dieser Mitarbeiter sich nicht mit dem

Unternehmen identifizierte oder die Projekte, in denen er mitarbeitete, ablehnte. Auch die fachliche Grundlage hätte unserer Ansicht nach ausgereicht –, zumindest, um bessere Resultate zu erbringen als geschehen.

Da es sich um einen wichtigen Mitarbeiter und ein wichtiges Projekt handelte, legten wir unser Augenmerk auf verschiedene Aspekte, so auch auf die Art der Präsentation von fachlichen Ergebnissen und auf die dabei verwendete Sprache des Mitarbeiters.

Es fielen uns Sätze wie dieser auf: „Ich kann also sagen, dass wir, genau genommen haben wir das aber noch nicht vollständig – ich meine die Zeit drängt natürlich, aber das wissen wir ja alle – hier aufpassen müssen, um nicht – wobei eigentlich sind wir das schon – aufpassen müssen, die Ressourcen beachten."

Richtig: Dies war kein Satz. Es war eine lose Schüttung unstrukturierter Gedanken, die viele Facetten andeuteten, aber zusammenhängend keinen Sinn ergaben. Zahlreiche weitere dieser Stilblüten ergaben zusammen eine etwa 20-minütige Präsentation und wir haben darauf verzichtet, die Teilnehmer zu fragen, was sie verstanden hatten. Der Gipfel war ein etwa drei Minuten langer Satz ohne Punkt, dessen Anfang wir alle am Ende längst vergessen hatten.

Absicht? Nein. Fahrlässigkeit? Sicher, denn unsere Sprache können wir selbst kontrollieren und steuern. Schauen Sie sich einmal in Ihrem Umfeld um und seien Sie auch kritisch zu sich selbst: Erkennen Sie Strukturen in den Botschaften, die an Sie gesendet werden? Schaffen Sie sich Strukturen für Ihre eigenen Botschaften? Argumentieren und präsentieren Ihre Mitarbeiter kurz und knapp, strukturiert, sach-orientiert, oder ergehen sie sich in langen Ausführungen mit ermüdenden Wiederholungen? Kommen Ihre Leute auf den Punkt oder reden Sie um den heißen Brei herum?

Halten Sie sich die folgende Sequenz vor Augen:

- Denken prägt die Sprache,
- Sprache prägt die Diskussion,
- Diskussionen führen zu Handlungen,
- Handlungen führen zu Resultaten.

Wer also keine Struktur in sein Denken bringt, sondern stattdessen ungefiltert spricht, muss sich nicht wundern, wenn man ihn am Ende seines Sprechdenk-Prozesses nicht verstanden hat. Hier kann Powerpoint ein einziges Mal von Vorteil sein: Man kann sich die Folien durchlesen und anschließend gehen. Bei Geschriebenem lassen die meisten Menschen mehr Sorgfalt walten.

Wachstumstipp:
Nehmen Sie eine Ihrer nächsten Präsentationen mit einem digitalen Sprachrecorder auf und lassen Sie den Text anschließend ungefiltert abschreiben – von Ihrem Sekretariat oder von einem Schreibservice. Schauen Sie sich das Ergebnis an. Was

sehen Sie? Wird Ihre Botschaft richtig transportiert? Erkennen Sie Muster? Typisch sind Bandwurmsätze, Füllworte, fehlende Verben, zu viele Substantive, Abweichung vom roten Faden, Wieselworte. Wenn Sie erkannt haben, an welchen Stellen Sie Ihre Sprache verbessern können, beginnt die Optimierung. Seien Sie dabei aber nicht allzu kritisch, denn das Gesprochene lebt davon, dass es lebendig und eben anders als das Geschriebene ist. Gleichwohl: Die Mühe lohnt, denn Ihr Denken prägt Ihre Resultate.

1.5 Unendliche Optionen – Wie Sie im Überfluss den Überblick behalten

Die meisten unserer Klienten stehen morgens auf und wissen, dass es mehr Themen gibt als Arme, die bei der Realisierung dieser Themen helfen können. Wir arbeiten eben mit aktiven Klienten. Was unseren Klienten nicht immer leicht fällt, ist, den Überblick über die vielen Themen zu behalten. Dies kann sowohl der Themenanzahl als auch einem Mangel an praktikabler Methodik geschuldet sein, was aber nichts am Ergebnis ändert.

So behalten Sie den Überblick:

1. Projekte

Sorgen Sie dafür, dass Sie sich nie um mehr als drei wirklich wichtige Projekte als Auftraggeber persönlich kümmern müssen. Als Projektleiter sollte es nur eines sein, wenn es ein wirklich großes, wichtiges Projekt und nicht nur ein „Projektchen" ist, das den Namen eigentlich gar nicht verdient.

Ist das eine wirklichkeitsnahe Forderung? Selbstverständlich, denn vieles kann delegiert werden, wenn Sie sich die nötige Konzentration gönnen, um die zu delegierenden Elemente präzise zu beschreiben. Viele Projekte sind überdies gar keine Projekte, sondern werden künstlich aufgeblasen und so wichtig gemacht, dass unbedingt ein Mitglied der Unternehmensführung als Auftraggeber herhalten muss. Lassen Sie häufiger einmal die Luft aus diesen Blasen, indem Sie den potenziellen Projektleiter bitten, den Kern herauszuarbeiten und alles, was „nice to have" ist, wegzulassen. Voilà: Ein „Projektchen" – und Sie sind raus.

Sorgen Sie dafür, dass Sie die nächsten drei Meilensteine für jedes Projekt kennen und wissen, was die zu erreichenden Resultate und die letzten Engpässe sind. Dies können Sie über Ihre Assistenz aufbereiten lassen und so sind Sie immer vorbereitet, wenn Sie als Auftraggeber auf Ihre Projektleiter treffen.

2. Persönliche Themen

Neben sachlichen Projekten haben Sie auch persönliche Entwicklungsthemen. Auch hier brauchen Sie – richtig: Prioritäten und Einzelschritte. „Na klar", sagen Sie? Natürlich ist das „klar", die Frage ist aber, ob wir diese Erkenntnisse schon mental verarbeitet und methodisch unterstützt haben.

Sind Ihre persönlichen Entwicklungsthemen kompatibel mit Ihrer Unternehmensentwicklung? Sind sie auch kompatibel mit Ihrem privaten Umfeld? Oder müssen Sie immer wieder zusätzliche Energie aufwenden, um Ihre persönlichen Themen voranzubringen? Dann bleiben Themen eher liegen, als dass sie vorankommen. Wenn Sie nur ein einziges persönliches Thema mit aller Kraft voranbringen wollten, welches wäre das? Was sind Sie bereit, dafür zu investieren? Was wäre ein konkreter Fortschritt, um aus dem „eigentlich müsste ich mal" herauszukommen?

Es ist tausend Mal besser, ein Thema einen Kilometer voranzubringen, als zehn Themen nur hundert Meter. Dokumentieren Sie dann Ihren Fortschritt. Tun Sie dies unbedingt, denn es wird wieder Ablenkungen geben, die Sie von Ihren persönlichen Themen abbringen werden und dann wird es wichtig, dass Sie auf Ihre Aufzeichnungen zurückgreifen können.

Wachstumstipp:
Reduzierung und Weglassen sind die Schlüssel zum Erfolg, insbesondere für Menschen, die sich vor Ideen nicht retten können. Weglassen ist eines der Kern-Erfolgselemente profitabel wachsender Unternehmen und ständig persönlich wachsender Menschen. Probieren Sie einmal aus, mit weniger Aktivitäten mehr zu erzielen. Was können Sie weglassen? Welche Veranstaltungen müssen Sie nicht besuchen? Welches Thema akzeptieren Sie nicht auf Ihrem Schreibtisch? Welches Meeting können Sie streichen? Das günstigste orale Verhütungsmittel lautet immer noch „Nein!"

1.6 Fokus und Disziplin – Zwei wesentliche Wachstumstreiber

Sich zu fokussieren und diesen Fokus diszipliniert zu verfolgen, ist ein wesentlicher Faktor sowohl für beruflichen als auch für persönlichen Erfolg. Vielfach wird der Diversifizierung zum Munde geredet oder es wird darüber gesprochen, möglichst viele Bälle in der Luft zu halten. Die Frage, die sich stellt, ist: Wo ist der Beweis, dass diese Empfehlungen wirklich richtig sind? Die Antwort: Es gibt den Beweis dafür nicht. Ein Jongleur, der zu viele Bälle in der Luft hat, riskiert allerlei.

Vielmehr gibt es einige Argumente, die dafür sprechen, fokussiert vorzugehen und eben nicht die Aufmerksamkeit auf zu viele Felder zu lenken. Das bedeutet nicht, eindimensional zu handeln oder blind in eine Richtung zu laufen. Es bedeutet vielmehr, die Aufmerksamkeit wie einen Laserstrahl fokussiert auf die wirkungsvollsten Punkte zu richten.

Fokus ist das Gegenteil von Zerstreuen

Fotografieren Sie? Oder drehen Sie Videofilme? Dann wissen Sie, dass ein Fokus zwingend erforderlich ist, um ein scharfes Bild zu erhalten. Viele moderne Kameras nehmen uns das Fokussieren ab, indem sie den Autofokus einschalten. Hochwertige Kameras erlauben jedoch, den Bildfokus manuell zu wählen. Wie im richtigen Leben obliegt uns auch hier die Entscheidung, welchen Teil des Bildes wir besonders betonen wollen. Wenn wir von fokussieren sprechen, dann meinen wir, dass wir ein Element des Bildes scharf stellen, sehr wohl berücksichtigend, dass dabei benachbarte oder weiter entfernte Bildelemente nicht mehr scharf erscheinen. Umso wichtiger ist es, das richtige Bildelement ausgewählt zu haben, bevor wir auf den Auslöser drücken. Wenn wir uns aber entschieden haben, welchen Teil des Bildes wir fokussieren wollen, dann ist die Basis für ein gutes Foto geschaffen. Was ist Ihr Zielfoto?

Nichts geht ohne Ziele

Worauf wollen Sie sich fokussieren, wenn Sie die Richtung nicht kennen? Erst wenn Sie Ihre Ziele definiert haben, kann es Ihnen gelingen, einen Fokus auf die gewünschten Endzustände zu richten. Vor dem Fokussieren steht also die Frage, inwieweit Ihre Ziele schon klar und erstrebenswert genug für Sie sind.

Wir haben nur 100 % Kraft pro Tag

Geht es Ihnen auch so, dass Sie an manchen Tagen versuchen, ein halbes oder gar ein ganzes Dutzend Themen gleichzeitig mit gleicher Aufmerksamkeit zu bearbeiten? Hier sind Nachrichten für Sie: Das kann nicht gut gehen. Wir haben pro Tag genau 100 % Kraft und können diese 100 % Kraft und Aufmerksamkeit entweder auf ein wichtiges Thema lenken und dieses voll zur Blüte bringen, oder wir verteilen unsere 100 % Kraft und Aufmerksamkeit auf mehrere Themen. Bei fünf Themen erhält jedes durchschnittlich 20 % unserer an diesem Tage verfügbaren Kraft und Energie. Wollen wir das?

Ich muss immer lachen, wenn Unternehmensführer ihre Mannschaft dazu auffordern, „200 %" zu geben. Das geht schlichtweg nicht. Wir können uns an jedem Tag nur zu 100 % einsetzen. 200 % Einsatz zu fordern ist genauso unsinnig wie der Versuch, aus einer Flasche Wein die Menge von zwei Flaschen herauszuholen. Schön wär's..

Ja, das Energieniveau zweier Menschen ist mit an Sicherheit grenzender Wahrscheinlichkeit unterschiedlich. Fakt ist aber, dass uns allen jeden Tag nur 100 % zur Verfügung stehen. Setzen wir also diese 100 % für unsere wichtigste Aufgabe ein und der Erfolg wird sich einstellen.

Wir haben nur einen Prozessor

Ein großer Irrtum ist die Annahme, wir seien multitaskingfähig. Wird sind es nicht. Nicht nur, dass wir unsere verfügbare Aufmerksamkeit, Kraft und Energie auf eine oder zumindest auf möglichst wenige Aufgaben lenken sollten, wir müssen auch zur Kenntnis nehmen, dass wir zu einer gegebenen Zeit nur in der Lage sind, eine einzige Aufgabe effektiv zu bearbeiten.

Es ist nicht möglich, gleichzeitig an einem Buch zu schreiben, einen Brief zu diktieren, ein Telefonat anzunehmen und die Hunde zu trainieren. Wir haben nur einen Prozessor, nämlich unser Gehirn. Und dieses kann eine ganze Menge. Aber eben nicht alles.

Ich habe einmal mit einem Projektleiter eines bedeutenden Unternehmens gesprochen, der mich davon überzeugen wollte, dass er 70 Projekte betreue. Natürlich habe ich ihm diese Zahl nicht abgenommen, bis er eine Schublade seines Schreibtisches aufzog und die Akten der Projekte zum Vorschein kamen. Wie kann ein einziger Mensch gleichzeitig 70 Projekte leiten? Gar nicht. Entweder ist er nicht der Projektleiter oder er kommt diesem Job nur unzureichend nach. Selbst bei 250 Arbeitstagen pro Jahr könnte er nicht einmal vier Tage pro Jahr pro Projekt einsetzen. In einem großen Unternehmen mit großen Projekten? Unmöglich.

Sie sind das Vorbild

Als Unternehmer, Geschäftsführer, Vorstand oder auch als seniorige Führungskraft müssen Sie sich stets vor Augen halten, dass Sie für Ihre Mitarbeiter ein Vorbild sind. Dies gilt in jeder Hinsicht und dies gilt nicht nur für Ihre direkten Mitarbeiter. Sie können vielmehr davon ausgehen, dass Sie von vielen weiteren Mitarbeitern sehr genau beobachtet werden, zumindest, wenn Sie an der Spitze Ihres Unternehmens stehen. Ihre Mitarbeiter orientieren sich an Ihrer Sprache, Ihrem Auftreten und auch an Ihrem Handeln. Wenn Sie sich Ziele setzen und diese konsequent verfolgen, dann können Sie es auch von Ihren Mitarbeitern verlangen. Was aber, wenn Sie dies nicht tun? Wenn Sie sich nicht fokussieren und die Kraft dafür einsetzen, die Energie auf die wirkungsvollsten Punkte zu lenken? Wie wollen Sie das dann von Ihren Mitarbeitern fordern? Nahezu unmöglich, oder? Wenn Sie möchten, dass Ihre Mitarbeiter ein bestimmtes Verhalten zeigen und erwünschte Resultate erzielen, dann beginnen Sie bei sich.

Keine Disziplin, kein Erfolg

Das Schwierigste, wenn es darum geht, sich zu fokussieren und die Kraft auf die wichtigsten Punkte zu legen, ist das Dranbleiben. Zu verführerisch sind die Ablenkungen, zu schnell werden anfangs modern und erstrebenswert geglaubte Wirkfelder durch neue Chancen überstrahlt, zu vielfältig ist das Angebot, seine Aufmerksamkeit auf andere als die ursprünglich beabsichtigten Ziele zu lenken.

Lassen Sie sich nicht irritieren: Disziplin ist einer der Königswege zum Erfolg. Nehmen Sie sich die Zeit, Ihre Ziele und die Ziele Ihres Unternehmens so bildhaft wie möglich zu beschreiben. Sorgen Sie dafür, dass Sie nicht nur mit dem Kopf, sondern auch mit Herz und Hand dabei sind, diese Ziele zu verfolgen. Machen Sie sich klar, dass es harte Zeiten geben wird, an denen diese Ziele mit neuen möglichen Optionen konkurrieren müssen und überlegen Sie, was Sie dann tun werden.

Wachstumstipp:
Es wird immer wieder Menschen geben, die Ihnen Dinge ausreden wollen, die Ihnen verdeutlichen wollen, dass das, worauf Sie Ihren Fokus gelegt haben und wo Sie Disziplin investieren wollen, nicht funktionieren kann. Oft sind dies aber Menschen, die genau das, was Sie sich vorgenommen haben, selbst noch gar nicht gemacht haben. Denken Sie kurz daran, was Sie denjenigen sagen werden, die Ihnen zu verdeutlichen versuchen, dass Ihr Fokus falsch, Ihre Ziele nicht sinnvoll, nicht hilfreich oder unerreichbar sind. Ignorieren Sie unerwünschten Rat von Amateuren. Und dann legen Sie los. Mit voller Kraft.

1.7 Gegenwartsklarheit – Volle Aufmerksamkeit auf das Jetzt

Gegenwartsklarheit – das ist ein Begriff, der mir bereits Anfang der 90er Jahre von Wilhelm Engel, dem Gründer der Königsteiner Akademie, nahe gebracht wurde. Seitdem ist dieser Begriff aus unserem Sprachgebrauch nicht mehr wegzudenken.

Die Wissenschaft definiert die Gegenwart als die Sekunde jetzt, die Sekunde zuvor und die Sekunde danach. Umso wichtiger ist es für uns, uns darüber im Klaren zu sein, dass die Gegenwart enorm wichtig ist, denn die Zukunft schmieden wir stets in der Gegenwart.

Wie oft haben Sie sich schon gefragt, ob der Herd ausgeschaltet ist, Sie Ihren Reisepass für die USA-Reise dabei haben, das Telefon korrekt umgeleitet ist, die Rollladen am Haus programmiert sind, um in Ihrer Abwesenheit einen Einbruchschutz zu bieten oder Sie Ihre Haustür abgeschlossen haben? Wie oft sind Sie eine längere Strecke im Fahrzeug gefahren und haben sich gefragt, wo die Zeit und die Strecke geblieben sind? Mitunter ereilt uns die Routine so, dass wir die Gegenwart vergessen.

Gegenwartsklar zu sein bedeutet, sich auch die vermeintlich selbstverständlichen Dinge einmal bewusst anzusehen: Wie geht es mir gerade? Was sehe ich wirklich? Was erlebe ich wirklich?

Gegenwartsklar zu sein bedeutet auch, Nuancen beim Gegenüber festzustellen. Beispiel: das Mitarbeitergespräch. Erfahre ich gerade die Wahrheit über einen bestimmten Sachverhalt in einem offenen Gespräch von meinem Gegenüber oder höre ich gerade eine erfundene Geschichte? Ist die Beziehung zu meinem Gegenüber von Vertrauen geprägt oder von Misstrauen durchzogen?

Tiere sind häufig wesentlich gegenwartsklarer als Menschen. Dies ist sicherlich in der Evolution begründet, denn auf der Jagd kann man sich keine Fehler und Schwächen erlauben. Entweder man wird selbst Opfer oder man wird nicht satt.

Wenn Sie als CEO also das nächste Mal in einem Meeting sind, innerhalb dessen wieder bunte Bilder einer möglicherweise erstrebenswerten, aber in keiner Weise konkret gefassten Zukunft gemalt werden, ohne dass sich jemand auf die Gegenwart bezieht und sich darauf verpflichtet, in der Gegenwart, im Jetzt, etwas für diese erstrebenswerte Zukunft zu tun, weisen Sie nachdrücklich darauf hin.

Beispielhafte Fragen in einem Meeting:

- Worüber sprechen wir genau gerade?
- Warum sprechen wir über genau diesen Gegenstand?
- Was ist das Ziel, das wir heute in diesem Gespräch realistischerweise erreichen wollen und können?
- Wenn die beschriebene Zukunft so erstrebenswert ist: Wer kümmert sich exakt worum jetzt?
- Welche Auswirkungen hat das, was wir gerade besprechen, auf unsere jetzige Situation?
- Was haben unsere Kunden jetzt davon, dass wir uns jetzt treffen?

Wachstumstipp:
Es ist wichtig, sich auf die Zukunft zu konzentrieren, da dies, wie Einstein es bereits formulierte, die Zeit ist, in der wir leben wollen. Aber, bei aller Ambition: Zu häufig werden Diskussionen über die Zukunft zu blumig, zu ambitioniert und es werden entweder keine Ziele gesteckt, oder die Ziele werden so hoch gesteckt, dass sie kaum erreichbar erscheinen. Wenn Sie ein erstrebenswertes Bild der Zukunft skizziert haben, vertiefen Sie sich hinein und überlegen Sie, was Sie genau jetzt, in der Gegenwart, tun können, um einen konkreten Fortschritt in Richtung dieses Bildes zu erzielen. Behalten Sie im Kopf: Zukunft gestalten Sie stets im Jetzt.

1.8 Weniger ist mehr – Seien Sie präsent

Sie haben – dazu ist keine große Prognosefähigkeit erforderlich – eine erhebliche Terminfülle in Ihrem elektronischen oder konventionellen Kalender. Nicht immer – auch dazu bedarf es keinerlei wahrsagerischer Fähigkeiten – gelingt es Ihnen dabei, Ihrem eigenen Anspruch der hinreichenden Tiefe pro Thema gerecht zu werden.

Geistige Arbeiten können buchstäblich immer stattfinden, man kann angesichts der elektronischen Medien immer mit jedem in Kontakt treten und Aufgaben, die schneller erledigt wurden als gedacht, hinterlassen Lücken, die rasend schnell wieder gefüllt werden.

Genau hier liegt der sprichwörtliche Hase im Pfeffer. Es geht nicht darum, möglichst vieles in möglichst kurzer Zeit zu erledigen. Es geht darum, die richtigen Dinge einzutakten, die es Ihnen erlauben, sicher (zumindest sicherer) zu sein, dass Ihre Wachstumsstrategie aufgeht. Dazu aber bedarf es Ihrer Präsenz; und zwar nicht nur Ihrer physischen Anwesenheit, sondern auch Ihrer geistigen Aufmerksamkeit und Klarheit.

Hier sind vier Hinweise, wie Sie Ihre Präsenz und dadurch Ihre Wirksamkeit erhöhen:

1. Gehen Sie an den Ort des Geschehens

Zu viele Themen werden unnützerweise in Meetingräumen besprochen. Wenn es sich um ein Produktionsproblem handelt, das Ihren Fortschritt behindert, klären Sie das Thema direkt an der Maschine. Wenn die Entwicklung nicht weiterkommt, sprechen Sie die Engpässe an den Entwicklungsrechnern durch. Wenn die Logistik mit der anstehenden Umstellung nicht zurechtkommt, gehen Sie in die Kommissionierbereiche, ins Lager, in die Versandhalle. Wenn der Vertrieb über massive Kundenbeschwerden klagt, reisen Sie für einen oder zwei Tage in das entsprechende Gebiet. Sie werden feststellen, dass Ihre Präsenz für Lösungen sorgt. Wichtig ist, dass nicht Sie die Lösung schaffen, sondern die Mitarbeiter und dass das ganze Unternehmen musterhaft etwas aus der Lösung lernt.

2. Streichen Sie rigoros Termine

Sie können es sich als CEO nicht leisten, zu Terminen zu gehen, von denen Sie keinen Nutzen haben. Senden Sie einen Vertreter, sagen Sie ab oder versuchen Sie zumindest, den Termin für sich optimal zu gestalten, zum Beispiel durch eine Verlegung des Ortes. Wenn Sie an einem Termin teilnehmen, stellen Sie sicher, dass Sie nicht abgelenkt werden und sich ganz auf das Geschehen konzentrieren können.

3. Kein schlechtes Gewissen

Ein schlechtes Gewissen ist ein schlechter Ratgeber. Freuen Sie sich darüber, dass Sie eine Lücke in Ihrem Kalender haben. Definieren Sie Ihre Wirksamkeit nicht über die Terminfülle. Und haben Sie kein schlechtes Gewissen, wenn Sie eine Stunde Ruhe zum Nachdenken haben. Davon lebt Ihr Unternehmen.

4. Definieren Sie das Ergebnis von Meetings vorab

Welches Ergebnis wollen Sie mit einem bestimmten Meeting erzielen? Wissen die Teilnehmer dies? Kommunizieren Sie die erwarteten Resultate vorab, damit sich alle Teilnehmer einstellen können. Fokussieren Sie sich dann im Meeting ausschließlich auf diese Resultate. Spitz statt stumpf – für den Rest gibt es den „Themensammler". Zu häufig gibt es nur eine Agenda, zu selten gibt es Ziele von Meetings. Die Agenda ist Input, Ziele sind Output.

Wachstumstipp:
Um aus weniger Aktivität mehr Resultate zu erzielen – wobei diese Resultate quantitativ, aber auch qualitativ sein können -, ist ein klares Prioritätengerüst erforderlich. Wie wollen Sie etwas weglassen, wenn Sie nicht wissen, was wirklich wichtig ist und dies nicht auch andere wissen? Definieren Sie erst Ihre Prioritäten, dann fällt das Weglassen wesentlich leichter. Betrügen Sie sich dabei nicht selbst. Es geht um zu Wichtiges.

1.9 Nehmen Sie die Lupe und . . . bereiten Sie sich vor

Einer unserer langjährigen Klienten war in seiner Zeit als Ressortvorstand und später als Vorsitzender des Vorstands einer börsennotierten Aktiengesellschaft dafür bekannt, dass er nicht nur in der Lage war, das große Ganze zu sehen, sondern dass er auch die Fähigkeit besaß, Dinge im Detail zu betrachten. Dieser Ressortvorstand war in der Lage, die Lupe in die Hand zu nehmen und auch auf den ersten Blick vermeintlich unwichtige Dinge an die Oberfläche zu holen, um Engpässe gemeinsam mit seiner Mannschaft zu analysieren. Häufig stellte sich ein augenscheinlich „kleiner" Engpass bei näherer Betrachtung als große Hürde in der Realisierung von Erfolg versprechenden Veränderungen heraus, und die gemeinschaftliche Beseitigung solcher Engpässe, die ohne „Lupe" nicht möglich gewesen wäre, hat dem Vorstand bei seiner Mannschaft einen großen Respekt eingebracht.

Einer seiner leitenden Mitarbeiter brachte irgendwann einmal die Ursache für die Fähigkeit des Detailsehens, ohne das Ganze aus dem Auge zu verlieren, auf den Punkt. Er sagte: „Es ist zum Mäusemelken, du kannst ihm [dem Vorstand] nichts vormachen, er kommt immer vorbereitet in ein Meeting. Da bist du gut beraten, deine Gedanken geordnet zu haben."

Vorbereitung ist das A und O

Genau hier liegt der Hase im Pfeffer: Die Vorbereitung auf ein Meeting ist das A und O –, und das gilt auch und gerade für den CEO. Natürlich werden Vorstände und

Geschäftsführer nicht dafür bezahlt, dass sie sich um jedes Detail selbst kümmern, aber die Vorbereitung auf ein Meeting zahlt sich stets schon dadurch aus, dass ein Top-Manager eine enorme Erfahrung mit einbringen kann. Wird diese Erfahrung in Form von Fragen vermittelt und nicht in Form von Wissen doziert, bringt dies die Mannschaft erstens zum Denken und idealerweise zum Handeln.

Warum ist die Erfordernis der Vorbereitung überhaupt erwähnenswert, sollte es sich doch um eine Selbstverständlichkeit handeln? Weil Vorbereitung heute längst nicht mehr selbstverständlich ist. Prüfen Sie sich: Wie oft gehen Sie nicht gut genug vorbereitet in ein Meeting? Wie oft haben Sie die Unterlagen nicht gelesen? Wie oft stellen Sie im Meeting Fragen, die Sie hätten vorher stellen können, um das Meeting zu beschleunigen? Ihre Mitarbeiter merken sehr wohl, ob Sie vorbereitet sind oder nicht. Die wenigsten Mitarbeiter werden Ihre mangelnde Vorbereitung aber thematisieren, weil sie Sie nicht brüskieren wollen oder sich nicht trauen – ganz nach dem Prinzip „Des Kaisers neue Kleider".

Bitten Sie Ihren Assistenten oder Ihre Assistentin darum, keine sich nahtlos aneinander reihendenTermine mehr zu machen, sondern sorgen Sie dafür, dass Sie zwischen Terminen einen gewissen Freiraum haben. Dies kann eine Viertelstunde zur Vorbereitung eines Telefonates oder eine halbe Stunde zur Vorbereitung eines wichtigen Meetings sein. Auch die Nachbereitung sollte in Ihre Terminfindung Einzug halten, denn eine gute Nachbereitung ist die Basis einer guten Vorbereitung für das nächste diesbezügliche Gespräch.

Weniger ist mehr

Lassen Sie jedenfalls nicht mehr zu, dass Sie von Termin zu Termin hetzen. Streichen Sie lieber unnütze Meetings, die kein definiertes Ziel haben, und Sie gewinnen wertvolle Zeit, sich auf die wirklich wichtigen Meetings vorzubereiten. Legen Sie mitunter Ihre „Lupe" auf wichtige Engpässe und Ihre Mitarbeiter werden es Ihnen durch eine dramatisch höhere Qualität der Resultate danken.

Wachstumstipp:
Vielfach wird die Vorbereitung auf ein Meeting dadurch erschwert, dass Unterlagen entweder zu spät eingereicht werden oder dass der Umfang zu groß ist. Lehnen Sie Verspätung ebenso rigoros ab wie einen zu großen Umfang. Setzen Sie einen Termin, und wenn bis zu diesem Termin keine Unterlagen bei Ihnen eingegangen sind, die hinreichend prägnant sind und die Sie gut als Vorbereitung nutzen können, sagen Sie das Meeting oder zumindest Ihre Teilnahme ab. Bringen Sie sich selbst und Ihre Mitarbeiter dazu, Dinge auf den Punkt zu bringen, denn einen langen Brief kann jeder schreiben. Die Kunst liegt in dem kurzen Brief.

1.10 Klarheit – Was bedeutet Erfolg für Sie?

In meinen Vorlesungen stelle ich den Studierenden und in meinen Vorträgen den Teilnehmern häufig die folgende Frage: „Was bedeutet Erfolg für Sie?“

Die Antworten variieren. Manche sprechen von „Glücklich sein“, „Ein erfülltes Leben haben“, „Spaß haben“. Andere wiederum sagen „Vorstand werden“, „Mitarbeiter zum Erfolg führen“ oder „Menschen helfen können“.

Zwei wichtige Punkte dazu:

Es gibt keine richtige oder falsche Antwort auf die Frage „Was bedeutet Erfolg für Sie?“. Die Frage ist deshalb relevant, weil sie zeigt, ob sich jemand mit dem Thema „individueller Erfolg“ auseinandergesetzt hat und weil sie zum Nachdenken über eben dieses Thema anregt.

Bisher hat niemand – niemand! – auf meine Frage „Was bedeutet Erfolg für Sie?“ die Antwort „Viel Geld haben“ gegeben. Kann man auch davon ausgehen, dass manch einer der Gefragten dies vielleicht gedacht haben mag, ist es doch bemerkenswert, dass diese Antwort bislang nicht gegeben wurde, sei es, weil es sich vermeintlich nicht schickt, diese Antwort zu geben – was Unsinn ist –, oder sei es, weil die Definition von Erfolg individuell tatsächlich andere Dimensionen umfasst als Geld.

Für mich bedeutet Erfolg, möglichst viel frei einteilbare, frei verfügbare Zeit zu haben, ganz unabhängig davon, was ich in dieser Zeit tue. Es kann sein, dass ich diese Zeit nutze, um ein Buch zu schreiben, ein Klientenprojekt zu planen, eine Wachstumsstrategie mit einem Klienteam zu entwickeln oder in der Hängematte zu liegen.

Ist diese Definition von Erfolg „richtig“ oder „falsch“? Nein. Es ist meine Definition.

Was ist Ihre Definition von Erfolg? Wann wissen Sie, dass Sie erfolgreich sind? Gerade als Geschäftsführer, Vorstand, Unternehmer benötigen Sie eine solche Definition, damit Sie im Geflecht der vielen Themen, mit denen Sie sich beschäftigen, erkennen können, ob sie zu Ihrem persönlichen Erfolg beitragen oder nicht. Natürlich sind Sie Ihrer geschäftlichen Aufgabe und Ihrem Unternehmen sowie den damit verbundenen Zielen verpflichtet, aber es hindert Sie niemand daran – oder besser: Es sollte Sie niemand daran hindern –, die geschäftlichen mit den privaten Zielen zu verbinden. Sie leben ein ganzheitliches Leben. Wenn die geschäftlichen Ziele mit den privaten Zielen nicht übereingebracht werden können, wird es Zeit, dies zu ändern. Schon mancher hat bei dieser Gelegenheit erkannt, dass das derzeitige Arbeitsumfeld nicht förderlich für den persönlichen Erfolg ist.

Ich möchte Sie nicht dazu ermuntern, Ihren Job infrage zu stellen, einmal ganz abgesehen davon, dass man einen Unternehmer ja ohnehin verkaufen muss und ihn nicht entlassen kann, aber ich möchte Sie sehr wohl dazu aufrufen, sehr präzise zu definieren, was Erfolg für Sie bedeutet. Und wenn Sie schon dabei sind, dann machen Sie auch direkt fest, welche Messgrößen Sie zu Rate ziehen, um festzustellen, ob dieser Erfolg auch eingetreten ist oder zumindest auf dem Weg ist.

Ist das Arbeit? Jawohl. Und zwar eine Denkarbeit, die sich für Sie in mehrfacher Hinsicht lohnen wird.

Wachstumstipp:
Erfolg erfolgt. Er ist das Resultat des vorangegangenen richtigen Tuns. Dieses Tun darf durchaus ebenso viel Freude bereiten wie der Erfolg selbst. Genießen Sie nicht nur den Erfolg, sondern auch den Weg dorthin, denn anderenfalls hetzen Sie von Punkt zu Punkt. Vor allem aber machen Sie sich klar, dass ein einzelner Erfolg flüchtig ist. Zu viele Menschen haben sich schon auf ihren Erfolgen der Vergangenheit ausgeruht, nur um später festzustellen, dass sie von anderen überholt wurden und nicht mehr wuchsen. Sorgen Sie dafür, dass sich nach angemessener Zeit ein weiterer Erfolg anschließen kann. Geben Sie ihm dazu die Chance der richtigen Aktivität.

1.11 Musts und Nice-to-haves – Auch persönlicher Erfolg will gemessen werden

Wenn alles gleich wichtig ist, ist nichts wichtig. Davon war schon an anderer Stelle die Rede. Sind manche CEOs sehr rege, wenn es um die Regelung von Prioritäten und Messen von Erfolgen im geschäftlichen Umfeld geht, findet das Messen des privaten Erfolgs wesentlich seltener statt. Das stellen wir häufig fest, wenn wir in einem Executive Coaching-Mandat mit einem CEO auch über die Verbindung von beruflichen und privaten Aspekten sprechen.

Warum ist das eigentlich so? Es wäre doch schön, zu wissen, ob man privat ebenso erfolgreich ist wie beruflich. Häufig wird bestritten, dass es notwendig sei, sich privat auch noch Ziele zu setzen, mitunter fehlt einfach die Perspektive, manchmal die Methode.

Hier ein Tipp:

Definieren Sie, was Sie unbedingt privat erreichen wollen („Musts") und stellen Sie dann fest, was Sie bereit sind, dafür zu investieren – zeitlich und finanziell. Bleiben Sie – wie in der Unternehmensstrategie – nicht beim WAS stehen, sondern fragen Sie sich auch, WIE Sie diese Ziele erreichen werden. Sprechen Sie mit Ihrem Lebenspartner und Ihrer Familie darüber.

Ist nur eine bessere Organisation erforderlich, oder muss an anderer Stelle Verzicht geübt, muss etwas weggelassen werden?

Es liegt in der Natur der Sache, dass die Dinge, die Sie unbedingt erreichen wollen, nicht sehr zahlreich sind und wohlgeordnet auf die Zeitachse passen, denn sonst besteht die Gefahr, dass Sie sich überfordern.

Wenn nach den unbedingten Zielen noch Platz ist, können Sie sich über die „Nice-to-haves" Gedanken machen, also die Dinge, die überdies noch wünschenswert wären. Tun Sie dies aber wirklich nur, wenn Sie noch Raum haben für weitere Ziele.

Woran messen Sie, dass Sie Ihre unabdingbaren Ziele erreicht haben? Was tun Sie, um sicherzustellen, dass für diese unabdingbaren privaten Ziele genügend zeitliche und finanzielle Ressourcen verfügbar sind? Machen Sie sich einen Plan, den Sie oft bei sich haben: Ob es eine Datei auf dem Computer oder ein Zettel im Portemonnaie ist, das spielt keine Rolle. Auf diese Weise können Sie sich erstens an Ihre Ziele erinnern und zweitens feststellen, wie sehr Ihr privater Erfolg mit Ihrem beruflichen Erfolg korreliert.

Wachstumstipp:
Der Begriff „Work-Life-Balance“ ist unpassend, man kann es gar nicht oft genug aussprechen. Dieser Begriff suggeriert, dass es die Arbeit („Work“) und das Leben („Life“) gibt. Das ist schlichtweg falsch. Es geht darum, die einzelnen „Hüte“, die jeder von uns im Leben trägt, sinnvoll zu balancieren: Der Selbst-Hut, der Eltern-Hut, der Berufs-Hut usw. Jeder dieser „Hüte“ geht mit einer bestimmten Rolle, einem bestimmten Verhalten, einem bestimmten Zeitbedarf einher. Es geht nicht um die Konkurrenz gegen die Zeit, welche durch die Arbeit in Anspruch genommen wird. Lassen Sie nicht zu, dass man Ihnen suggeriert, dies sei ein Nullsummenspiel. Balancieren Sie die einzelnen Hüte, die einzelnen Rollen auf Basis der jeweils an der Reihe befindlichen Verantwortung. Dann wird plötzlich aus der Work-Life-Balance eine Life-Balance und diese macht wiederum großen Sinn.

2 Organisieren und Zusammenarbeiten: Der Wille zum gemeinsamen Wachstum

Zusammenfassung

Immer dann, wenn ein Mensch mit weiteren Menschen in einem organisatorischen Gebilde, wie auch immer dieses aussehen mag, zusammenarbeitet, gilt es, die Zusammenarbeit zu regeln und eine geeignete, wachstumsunterstützende Organisationsform zu finden, um eine erfolgreiche Zukunftsgeschichte zu schreiben. Da unsere Klientenunternehmen üblicherweise hochkomplexe organisatorische Gebilde mit unzählbaren täglichen Interaktionen sind, legen wir viel Wert darauf, dass diese Gebilde wachstumsintelligent(er) werden. Dies bedeutet, dass die Zusammenarbeit auf einem höheren Niveau erfolgt als es landläufig üblich ist, dass wachstumsrelevanten Themen ein höheres Augenmerk gilt als Routinethemen, die es zu vereinfachen oder gar zu beenden gilt, und dass dem Weglassen eine wesentliche Rolle zukommt.

Wachstumsintelligenz zu schaffen bedeutet auch, eine Organisationsform zu finden, die geeignet ist, die Verantwortung für relevante Themen an den richtigen Stellen zu verankern und nicht denjenigen Verantwortung zu übertragen, die nicht schnell genug ausweichen konnten. Es bedeutet auch, eine Organisation zu gestalten, die schlank ist, aber nicht mager, denn wer mager ist, kann nicht erfolgreich handeln. Der Fokus auf Wachstumsintelligenz hilft dem kritischen Betrachter auch, auf manche Mode zu verzichten und an Stellen zu improvisieren, wo andere sich in der Perfektion verlieren. Es gilt schließlich, schnell zu sein, um schnell zu lernen – auch aus Fehlern. Perfektion ist im Kaufmännischen meist gänzlich unnötig.

Die Betrachtung des unternehmensrelevanten Umfeldes tritt häufig in den Fokus, wenn wir Wachstumsstrategien entwickeln, denn jedes Unternehmen hat eine Historie, eine Kultur und eine Einbindung in ein Umfeld. Kulturrevolutionen in Unternehmen scheitern mitunter allein dadurch, dass sie das sind, was sie versprechen: eine Revolution. Meist genügt aber eine Evolution. Der Unterschied ist auch ein Unterschied in der Denkhaltung: Eine Revolution ist ein Projekt, das mit der Veränderung beendet ist. Evolution aber ist ein Prozess, der in Unternehmen nur dann vonstatten gehen

G. Quelle, *Wachstum beginnt oben*,
DOI 10.1007/978-3-658-03658-4_2,

kann, wenn es eine Mehrheit gibt – oder zumindest eine kritische Masse –, die diesen Prozess unterstützt. Dafür aber ist es erforderlich, sich den Nutzen einer Veränderung gemeinsam zu erarbeiten und die Verantwortung sorgsam zu delegieren; nicht nur an sogenannte „Teams", in denen man sich verstecken kann, sondern sehr konkret an einzelne Personen.

Wachstumsintelligente Unternehmen beschäftigen sich mit der Vergangenheit, um Muster zu erkennen, mit der Gegenwart, um das Gestaltbare zu gestalten und mit der Zukunft, um eine Richtung zu erhalten, in die das gegenwärtige Handeln weisen soll. Dies zu balancieren ist Aufgabe der Führung und mit der Führung beginnen auch die Beiträge in diesem zweiten Kapitel, schließlich beginnt Wachstum oben in der Unternehmenshierarchie.

Räumen wir also mit den Titeln auf.

2.1 Wie viele C's braucht ein Unternehmen? – Räumen Sie mit Ihren Titeln auf

Sage noch einmal jemand, Orden hätten heute keine Bedeutung mehr. Wer jemals bei einer bedeutenden Preisverleihung war, weiß: Ein Preis, ein Orden, ein neues Abzeichen auf den Schulterklappen wirkt auch heute noch sehr wohlwollend auf das Ego. Dabei muss es noch nicht einmal das Bundesverdienstkreuz sein. Die Wirkung auf das Ego bezieht sich übrigens auf beide Seiten: Auf denjenigen, der den Preis empfängt, genauso wie auf denjenigen, der den Preis verleiht, hat er doch etwas Gutes getan.

Im Unternehmenskontext kennen wir ebenfalls Auszeichnungen: Freundlichster Mitarbeiter, Vertriebsmitarbeiter des Monats, Abteilung mit der besten Arbeitsqualität usw. Aber wie sieht es mit Funktionsbezeichnungen aus?

Zunächst stellen wir eine Internationalisierung der Begriffe fest. Bereichsleiter Marketing? Nein, „Vice President Marketing" muss es schon sein. Qualitätsbeauftragter? „Chief Quality Officer" klingt weit weniger operativ und erheblich wichtiger. Personalleiter? „Executive Vice President Human Resources" darf es schon sein.

Natürlich müssen mit den zunehmenden internationalen Geschäftsbeziehungen auch entsprechende Funktionsbezeichnungen einhergehen. Aber wird es nicht manchmal etwas übertrieben? Meine Kollegen und ich erhalten jährlich einige hundert Visitenkarten von Klienten und Projektpartnern. Was wir dort lesen ist den Inhabern der Karten vermutlich selbst nicht immer klar. Bezeichnungen wie das reale Beispiel „Dipl.-Ing., MS, OTM (CPO(D))" sind dabei keine wirklichen Treiber für Klarheit. Klarheit ist aber eine Grundbedingung für die präzise Funktion einer Organisation.

C-Mania

Viel wichtiger noch: Die „C-Mania" hat Deutschland längst erreicht. Wer etwas auf sich hält, ist ein „C-Level Executive". War in der Vergangenheit das „C" in der Funktionsbezeichnung noch auf die Geschäftsführungs- oder Vorstandsebene beschränkt, gibt es heute kein Halten mehr. Hier sind einige Beispiele:

- CSO: Handelt es sich um den Chief Sales Officer oder war es der Chief Service Officer, der hier gemeint ist?
- CPO: Chief Product Officer oder Chief Procurement Officer?
- CCO: Ist dies ein Chief Communications Officer oder verbirgt sich der Chief Customer Officer hinter der Bezeichnung?
- Meinen wir mit dem CMO den Chief Marketing Officer oder ist der Chief Maintenance Officer hier aktiv?

Die Liste lässt sich beliebig fortsetzen. Meiner Meinung nach treiben manche Unternehmen es einfach zu weit mit den Titeln. Wir brauchen einen CEO und einen CFO. Punkt. Alles Weitere ist Verhandlungssache. Auch dazu zwei Anmerkungen:

CEO – Chief Executive Officer

Was fällt Ihnen auf? In erster Linie steht hier das Wort „Executive" im Fokus. Es steckt dort also etwas von „Ausführung" im Titel. Das wird gern vergessen, weil mancherorts der Job des CEO auf eine eher anordnende Funktion reduziert wird. Eher legislativ, sozusagen. Wenn die Legislative aber betont werden sollte, hieße der CEO aber „CLO" und könnte mit dem Chief Legal Officer verwechselt werden, ein Titel, der nicht selten den Hausjuristen schmückt.

Unsere besten Klienten sind diejenigen CEOs, die ihren Job genau so verstehen wie es der Titel vorgibt: Ausführend, als Chef der Exekutive. Dass der CEO dabei natürlich nicht alles selber ausführt, versteht sich von selbst, es verbietet sich ob seiner Funktion ja sogar. Dennoch: Fokus ist, dass etwas getan und geschaffen wird.

CFO – Chief Financial Officer

Wer versucht, diese Funktion irgendwo im Unternehmen zu integrieren oder – was auch nicht selten getan wird – durch den CEO übernehmen zu lassen, handelt fahrlässig. Ob wir es mögen oder nicht: Die erforderlichen finanzspezifischen Kenntnisse werden immer umfangreicher und jedes Unternehmen ab einer gewissen Größenordnung sollte sich den Gefallen tun, über einen leistungsfähigen CFO zu verfügen, der genau eines im Blick hat: die Finanzen. Ein CEO, der den Job des CFOs „mit macht", kann seiner Funktion als Treiber der Organisation nicht mehr hinreichend gerecht werden. Überdies fehlt dann auch das gesunde Spannungsfeld zwischen operativem Geschäft und Finanzen.

Ob ein Chief Operating Officer, ein Chief Compliance Officer, Chief Communications Officer, Chief Product Officer, Chief Information Officer oder sonst ein weiterer C*O in einem Unternehmen sinnvoll ist, muss jedes Unternehmen selbst entscheiden. Zu spezifisch ist die jeweilige Unternehmenssituation. Fakt ist aber: C-Titel gehören ausschließlich auf die Ebene der Unternehmensführung. Auf Bereichs- oder gar Abteilungsleiterpositionen haben diese Begriffe nichts zu suchen.

Viele Titel sind aber schier überflüssig. So ergibt zum Beispiel ein Chief Logistics Officer in der Regel keinen Sinn, weil auf C-Ebene keine Querschnittsfunktionen dargestellt werden sollten. Auch ein Chief Customer Officer erscheint nicht sinnvoll, denn niemand kann sich um alle Belange kümmern. Der Wahn schlechthin ist allerdings ein Titel, der immer stärker in den Fokus tritt: Was um alles in der Welt ist ein Chief Restructuring Officer und was macht dann der CEO noch?

Wachstumstipp
Zur Aufgabe des CEO gehört es auch, die richtigen Funktionen in die Unternehmensführung zu berufen. Nehmen Sie diese Chance wahr. Und spätestens bei der nächsten anstehenden Personalie: Räumen Sie Ihre Titel auf. Die Organisation dankt es Ihnen mit größerer Klarheit und stärkerem Fokus. Organisationale Klarheit ist ein das Wachstum wesentlich unterstützendes Element.

2.2 Wachstum von innen – Jeder Einzelne zählt

Bei aller Liebe zu Teamarbeit und bei aller Wertschätzung von bereichsübergreifender Kollaboration kommt es doch auf jeden Einzelnen an, Wachstum in einem Unternehmen zu generieren. Das Unternehmen und seine Führungskräfte sollen und müssen den erforderlichen Rahmen schaffen, der es den Mitarbeitern ermöglicht, zu wachsen und zum Wachstum des Unternehmens beizutragen. Die Verpflichtung, innerhalb dieses Rahmens Wachstum zu schaffen, obliegt jedem Mitarbeiter eigenverantwortlich. Nur wenn die Mitarbeiter eigenverantwortlich dafür Sorge tragen, dass sie selbst wachsen, und wenn die Mitarbeiter ihren Beitrag dazu leisten, dass das Unternehmen wächst, ist das Unternehmen gesund. Hier folgen sechs Aspekte des selbst verantworteten Wachstums:

Mythos Motivation

Mitarbeiter, die darauf warten, dass sie motiviert werden, begehen einen Fehler. Erstens machen sie sich abhängig von einem externen „Motivator", womit sie einen wesentlichen Teil ihres Glücks und Unglücks in fremde Hand geben, und zweitens sind die Mitarbeiter unter einer gewissen Erwartungshaltung eingestellt worden, nämlich der, dass sie dem

Unternehmen bei dessen Erfolg helfen – gerne auch mit entsprechendem Erfolg für den einzelnen Mitarbeiter, aber das Unternehmen steht im Vordergrund. Aufwachen! Der Anspruch an eine intrinsische Motivation besteht auch nach Vertragsunterzeichnung fort!

Für Führungskräfte bedeutet dies, dass diese es sich nicht zur Aufgabe machen müssen und dürfen, Mitarbeiter permanent zu motivieren, sondern sich vielmehr darauf konzentrieren, ihre Führungsaufgabe zu erfüllen. Dies bedeutet konkret, einen geeigneten Rahmen für die Mitarbeiter zu schaffen und die Entwicklung der Mitarbeiter innerhalb dieses Rahmens konsequent sicherzustellen. Es geht nicht um permanentes Bespaßen, sondern darum, gemeinsam Ziele zu erreichen und daraus die erforderliche Motivation zu schöpfen, der es bedarf, um immer wieder einen Schritt weiterzugehen. Wenn Mitarbeiter nicht mehr in der Lage sind, sich selbst zu motivieren, sollten sie sich einen neuen Job suchen.

Das Ego hinten anstellen

Es kommt nicht darauf an, gut auszusehen, sondern zu Erfolgen beizutragen. Bei aller Wertschätzung der einzelnen Personen darf niemand so tun, als sei er alleine auf der Welt. Akzeptieren Sie die Erfolge anderer, nehmen Sie Ihr Ego gelegentlich beiseite und sorgen Sie dafür, dass Ihr Beitrag zum Erfolg zwar bekannt, aber nicht überbewertet wird. Kontinuierlicher Erfolg ist nachhaltiger als große Einmalerfolge.

Für Führungskräfte gilt, dass es wichtig ist, auch die eigenen Mitarbeiter ins Rampenlicht treten zu lassen. Der Erfolg färbt automatisch auch auf die Führungskraft ab und führt zu wiederum höherem Erfolg. Es soll derjenige das Lob ernten, der es verdient und nicht derjenige, der zufällig disziplinarisch verantwortlich ist. Wer dauernd laut ruft wird irgendwann nicht mehr beachtet, und wer selbst im Scheinwerferlicht steht, kann nicht leuchten.

Konsequent weiterentwickeln

Bilden Sie sich konsequent weiter. Nur wenn Sie selbst wachsen, können Sie auch zum Wachstum Ihres Unternehmens beitragen. Langweilen Sie sich? Verharren Sie in Routine? Es liegt an Ihnen, ein neues Aufgabenfeld zu finden, ein Seminar zu besuchen, sich in einem spannenden Projekt zu engagieren oder auch eine neue Firma zu finden. Dies ist für Sie und auch für Ihre aktuelle Firma allemal besser, als wenn Sie unproduktiv (ersatzweise auch kontraproduktiv) auf Ihrem Stuhl verharren.

Führungskräfte müssen Sorge dafür tragen, dass die ihnen anvertrauten Mitarbeiter sich nicht nur permanent weiterbilden können, sondern dies auch tun. Dabei ist Weiterbildung stets zweckgerichtet zu verstehen und muss in den situativen Kontext des jeweiligen Mitarbeiters und seines Aufgabenfeldes bzw. seines zukünftigen, angestrebten Aufgabenfeldes passen und bedarf einer Erfolgskontrolle.

Selbstzufriedenheit

Geben Sie sich nicht mit dem Erreichten zufrieden. Es geht immer noch einen Schritt besser. Unterscheiden Sie dabei allerdings zwischen notwendiger Verbesserung und Perfektion. Perfektion ist eine Wachstumsbremse, während eine gewisse kreative Unruhe ein Wachstumstreiber sein kann.

Führungskräfte müssen sicherstellen, dass ihre Mitarbeiter realistisch einschätzen, ob das Aufwand-/Nutzenverhältnis ihrer Arbeit noch effektiv ist. Führen Sie dazu ein Messverfahren ein, anhand dessen erkennbar ist, ob der Output, der erzielt wurde, den Input, der geleistet wurde, noch rechtfertigt. Oft verharren Mitarbeiter in der Optimierung und in Perfektionsroutinen, statt sich neuen Themen zu widmen. Dies kostet die Wirtschaft jährlich Milliarden.

Teams – wenn, dann richtig

Führungskräfte sind gut beraten, sich dem Zwang zu mehr „Teams" oder „Teamarbeit" nicht kritiklos hinzugeben. Mitunter ist eine Arbeitsgruppe zielführender als ein Team. Rufen wir uns in Erinnerung, dass ein Team für eine begrenzte Zeit an einer klar abgegrenzten Aufgabe arbeitet und sich gegenseitig auf den Erfolg verpflichtet. Wenn ein solches Team ins Leben gerufen wird, dann nur mit gutem Grund und mit starken Mitspielern. Ein Team ist nicht dazu da, schwache Mitarbeiter, die ihre Hausaufgaben noch nicht gemacht haben, durchzuziehen. Differenzieren Sie zwischen Arbeitsgruppe und Team und machen Sie deutlich, dass es auch im Team auf jeden Einzelnen ankommt.

Wenn ein Team gebildet werden soll – und dafür gibt es gute Gründe –, sorgen Sie dafür, dass es funktioniert. Eine nicht hinreichende, aber notwendige Bedingung dafür ist, dass alle Teammitglieder fachlich kompetent sind (und nicht nur gerade mal Zeit für die entsprechende Aufgabe haben). Eine weitere notwendige Bedingung ist, dass die Fähigkeiten, Einstellungen und Präferenzen der Teammitglieder einander ergänzen. Das führt zwar mitunter zu äußerst kontroversen Diskussionen, ist aber unabdingbar, wenn eine echte Teamleistung erbracht werden soll.

Sie machen aus einem Kreativen keinen Controller und umgekehrt geht das auch daneben. Auch ein Experte wird nicht unmittelbar zu einem Verkäufer. So offensichtlich dies auch erscheint: Häufig werden wir zu Projekten gerufen, die nicht weiterkommen und wir stellen dann fest, dass einer der Gründe exakt darin besteht, das Team unangemessen besetzt zu haben. Ein Aspekt, auf den ein Augenmerk zu werfen sich lohnt.

Es kommt auf SIE an

Geht eine Seilschaft über einen Gletscher, kommt es auf die Stärke jedes einzelnen Mitglieds der Seilschaft an. Verlassen sich alle auf einen unfähigen Führer und auf die Stärke der anderen und sind selbst nicht fähig, die Gefahren richtig abzusehen, eine Bergung aus einer Gletscherspalte zu organisieren oder das Wetter richtig einzuschätzen, ist die gesamte Truppe verloren. Nicht allein die Gemeinschaft macht stark, sondern das Zusammenspiel der Stärken kompetenter Einzelpersonen bringt den Erfolg. Eine erfahrene Seilschaft, in der sich jeder auf den anderen tatsächlich verlassen kann und nicht nur meint, sich verlassen zu können, kommt sicher zum Gipfel und wieder zurück. Eine Laienspieltruppe, die ihre vermeintliche Sicherheit aus der schieren Gruppengröße schöpft, ist im Ernstfall verloren.

Fazit

Die Annahme, dass eine Gruppe es schon richten wird, dass Führungskräfte Mitarbeiter motivieren müssen, dass Wachstum sich von selbst „irgendwie" einstellen wird, ist so irrig wie gefährlich. Auf der anderen Seite die gute Nachricht: Wenn jeder sich auf seine Verantwortung besinnt, dass das Wachstum bei ihm selbst beginnt, ist ein wesentlicher Baustein für das unternehmerische Wachstum hergestellt.

Wachstumstipp
Fragen Sie sowohl Ihre Mitarbeiter in der Linie als auch Projektmitarbeiter in einem persönlichen 1:1-Gespräch nach deren Verantwortung: „Wofür sehen Sie sich in Ihrer Funktion als . . . verantwortlich?" Diese Frage wird zumeist zunächst mit einer beliebig langen Aufzählung an Tätigkeiten beantwortet. Unterbrechen Sie den Redenden nicht, außer Sie haben etwas nicht verstanden. Wenn der Vortrag beendet ist, weisen Sie darauf hin, dass es interessant war, die Tätigkeiten einmal gehört zu haben und kommen Sie dann wieder auf Ihre Eingangsfrage: „Wofür sehen Sie sich in Ihrer Funktion als . . . verantwortlich?" Der Unterschied zwischen Tätigkeit und Verantwortlichkeit ist so groß, dass sich der Aufwand des Gesprächs lohnt. Nicht selten erfolgt auf diese Weise eine deutliche Bewusstseinsveränderung hin zum Schaffen von Resultaten, weg von Zeiteinsatz in Tätigkeiten.

2.3 Stakeholder-Perspektive – Die unterschiedlichen Sichten kennen und wahren

Der Duden bietet neben der Definition des Begriffs „Perspektive" als „Aussicht für die Zukunft" noch eine weitere bildungssprachliche Definition an, derer wir uns hier bedienen wollen: Eine Perspektive ist demnach auch eine „Betrachtungsweise oder -möglichkeit von einem bestimmten Standpunkt aus; Sicht, Blickwinkel".

Ein Stakeholder hingegen ist, ebenfalls nach Duden, eine „Person, für die es aufgrund ihrer Interessenlage von Belang ist, wie ein bestimmtes Unternehmen sich verhält (z. B. Aktionär, Mitarbeiter, Kunde, Lieferant)".

Wenn wir in diesem Fachbeitrag also die „Stakeholder-Perspektive" einnehmen, schauen wir also auf die unterschiedlichen Betrachtungsweisen derer, die ein Interesse daran haben, wie sich ein Unternehmen verhält.

Shareholder-Value: Was soll daran falsch sein?

Vorab ein Wort zu Shareholdern, also den Eigentümern des Unternehmens. Auch sie sind natürlich gleichermaßen Stakeholder, denn sie haben ein vitales Interesse daran, wie sich ein Unternehmen verhält beziehungsweise wie es sich in Sachen „profitables Wachstum" entwickelt. Insofern ist nichts dagegen zu sagen, wenn Unternehmensführungen einen „Shareholder-Value-Ansatz" wählen. In der jüngeren Vergangenheit wurde dieser Ansatz ja wieder einmal hinreichend verteufelt und es wurde der Versuch unternommen, ihn in die Ecke eines „Irrtums der Vergangenheit" zu rücken. Lassen Sie sich nicht beirren: Shareholder haben Geld investiert und dieses Geld darf sich bitte mehren, daran ist überhaupt nichts auszusetzen. Wer den Shareholder-Value-Ansatz in Misskredit bringen will, hat entweder Scheuklappen auf, handelt aus ideologischen Gründen oder ist schlicht seiner Profilierungssucht erlegen. Dass der SV-Ansatz keine Krawallmethode ist, sollte sich inzwischen herumgesprochen haben.

Shareholder: Hohe Aufmerksamkeit garantiert

Klassischerweise genießen die Shareholder – ggf. vertreten durch ihre Handlungsbevollmächtigten – eine hohe Aufmerksamkeit durch die Unternehmensführung. Board-Meetings, Beiratssitzungen, Aufsichtsratssitzungen, aber auch Elemente der Finanzkommunikation, Geschäftsberichte etc. richten sich im Wesentlichen an die Eigentümer des Unternehmens. Es sind Routinen eingerichtet, operative Prozesse, die sich darum kümmern, die Kommunikation zu lenken. Das ist gut, aber darf nicht alles sein. Insbesondere gilt es, nicht nur zu senden, sondern auch zu empfangen, sei es zu offiziellen Anlässen oder auch im kleinen, inoffiziellen Rahmen: Welchen Blickwinkel nehmen die Eigentümer auf das Unternehmen ein? Welche Perspektive haben sie?

Mitarbeiter: In der Regel gut eingebunden, aber.

Die Mitarbeiter als Stakeholder des Unternehmens sind oft vermeintlich gut informiert: Newsletter, Chefletter, das Intranet, Informationsveranstaltungen, Jahresstart-Tagungen, Strategiekommunikation. Dies alles können geeignete Informationsformen sein, aber oft kommt der Dialog zu kurz. Selbst der Dialog mit der ureigenen Mitarbeitervertretung, dem Betriebsrat, missrät nicht selten in ein taktisches Geplänkel, das von Prinzipien beherrscht wird, statt sich auf Inhalte und die Unternehmensperspektive zu konzentrieren. Einmal abseits von Forderungen nach mehr Geld, flexiblerer Arbeitszeit, Teilzeitmodellen, abgesehen von einer neuen Dienstwagenregelung, von Kündigungsschutzforderungen oder von

Betriebsvereinbarungen: Was ist denn der Blickwinkel, den Ihre Mitarbeitervertretung auf Ihr Unternehmen hat? Welchen Blickwinkel nehmen Ihre Mitarbeiter ein? Welche Perspektive haben sie?

Analysten: Viel „gepampert"

Natürlich sind die Analysten, die Ihr Unternehmen auf dem Radar haben, wenn es börsennotiert ist, auch Stakeholder. Als Vorstandsgremium haben Sie sich stets abgestimmt, welche Informationen die Analysten in der nächsten Tele- oder Videokonferenz erhalten sollen und welche nicht. Schließlich haben die Analystenempfehlungen nicht selten einen unmittelbaren Effekt auf den Börsenwert des Unternehmens. Unserer Beobachtung zufolge werden die Analysten häufig mehr „gepampert" als die meisten anderen Stakeholder. Aber kennen Sie auch den Blickwinkel, den Ihre Analysten auf Ihr Unternehmen einnehmen? Welche Perspektive haben sie tatsächlich?

Lieferanten und Dienstleister: Gern vergessen

Jawohl, meine Damen und Herren Einkäufer, Ihre Lieferanten sind auch Stakeholder, denn auch sie haben ein mitunter vitales Interesse daran, dass sich Ihr Unternehmen exzellent entwickelt. Allerdings gehen die Dialoge mit den Lieferanten und Dienstleistern häufig leider völlig nach hinten los, denn das Gedrücke und Geschiebe, das sich ergibt, wenn versucht wird, eine Konditionsverbesserung ohne Gegenleistung zu erreichen, ist ebenso wenig geeignet, Ihr Image in Ihrem Stakeholder-Universum zu verbessern, wie der Eindruck der Beliebigkeit, der durch ein gepflegtes „Lieferanten-Hopping" entsteht. Bevor Sie das nächste Mal mit Ihren Lieferanten reden – und damit „Senden" meinen: Fragen Sie doch einmal nach: „Welche Perspektive haben Sie bezüglich unseres Unternehmens?"

Wir könnten jetzt noch über Banken und andere Bereitsteller von Fremdkapital ohne gesellschaftsrechtliche Beteiligung sprechen, wir könnten die Bundesregierung oder spezifische Bundesministerien anführen, die bei einigen unserer Klienten durchaus Stakeholder sind, die Liste ließe sich weiter ergänzen.

Wachstumstipp
Klar ist eines: Jeder Stakeholder möchte die Frage „WIFMD?" – „Was ist für mich drin?" – beantwortet bekommen. Dass Sie diese Frage nicht in jedem Einzelfall individuell, sondern eher institutionell beantworten, liegt auf der Hand. Aber um sie zu beantworten, müssen Sie zunächst einmal die Ansprüche Ihrer Stakeholder gegenüber Ihrem Unternehmen und die Perspektiven Ihrer Stakeholder auf Ihr Unternehmen kennen. Verlassen Sie sich nicht auf Gespür und Ahnung.

Fragen Sie: „Was ist Ihre Perspektive auf unser Unternehmen? Welchen Nutzen erwarten Sie von uns?“ – Das ist übrigens auch eine ganz herrliche Frage für ein Mitarbeitergespräch – dann eben doch im Einzelfall.

2.4 Nachfolge, Beurteilung, Beförderung – Die unterschätzten Aufgaben der Führung

Thema 1: Nachfolge

Haben Sie „Dream-Teams“ in Ihrem Unternehmen? Kleine Gruppen von Mitarbeitern, die einem gemeinsamen Ziel verpflichtet sind und die sich maßgeblich darauf konzentrieren, dieses Ziel zu erreichen und dabei einander zu helfen? Echte Teams, die sich darum sorgen, dass jedes Teammitglied voran kommt und nicht nur das Ego gewinnt? Herzlichen Glückwunsch; pflegen Sie diese Teams.

Abgesehen davon, dass die meisten sogenannten Teams diesen Namen nicht verdienen, weil sie maximal Arbeitsgruppen sind, sind echte Teams wirklich selten. Noch seltener sind Hochleistungsteams, denen zugrunde liegt, dass alle scheitern, wenn ein Teammitglied scheitert. Nehmen wir aber nur einmal an, dass Sie das eine oder andere „Dream-Team“ in Ihrem Unternehmen haben. Wie lange, meinen Sie, bleibt das noch so?

Jedes Unternehmen, jede Führungskraft muss die Dynamik der Fluktuation vor Augen haben. Nichts ist für immer. Es gibt keine Garantie dafür, dass Mitarbeiter ihre gesamte Karriere in einem Unternehmen verbringen. Dass ein Job-Hopping immer förderlich für die Karriere ist, ist ein Märchen, aber darum geht es nicht. Es geht darum, dass das Thema „Nachfolge“ in vielen Unternehmen immer noch sehr kurz kommt. Wenn ein Mitarbeiter dann plötzlich ausscheidet, ist eine unnötige Notlage geschaffen. Hektik bricht aus, Headhunter werden aktiviert, es wird intern fieberhaft nach einer Lösung gesucht.

Es ist Aufgabe einer jeden Führungskraft, für Nachfolgen zu sorgen. Deutlicher? Gern: Jede Führungskraft, die nicht selbst dafür Sorge trägt, sukzessive zwei potenzielle interne Kandidaten pro Schlüsselstelle aufzubauen und zugleich dafür Sorge trägt, ihr externes Netzwerk permanent zu pflegen, macht einen Teil ihrer Aufgabe schlecht.

Thema 2: Beurteilung

Gerade zum Jahresende stehen wieder die Performance-Reviews, die Jahresgespräche, an. In den meisten Unternehmen verlaufen sie wie immer: Es wird ein wenig geplaudert, mehr oder weniger über Input (sprich: Tätigkeiten) statt über Output (sprich: erzielte Resultate) gesprochen, ein neues Gehalt wird festgelegt, der Bonus wird vereinbart, man verabschiedet sich und der nächste Mitarbeiter steht schon in der Tür.

Das ist unzureichende Führung. Beginnen wir bei der inhaltlichen Erörterung: Tätigkeiten sind nur dann relevant, wenn der Mitarbeiter sein Verhalten auf eine bestimmte Art und Weise verändern sollte. Wenn es sich um den ureigenen Job handelte, den es gut zu machen galt, dürfen nur die Resultate als Bewertungsbasis herhalten. Anderenfalls ist Wachstum massiv erschwert – persönlich und wirtschaftlich.

Schauen wir dann auf die „Belohnung": Warum werden unternehmensergebnisunabhängige Boni, Tantiemen, Prämien an Mitarbeiter ausgeschüttet, die nur die Erwartungen erfüllt haben? Dazu gibt es keinen – ich wiederhole: keinen – Grund, denn zur Kompensation der Erfüllung der Erwartungen dient das Grundgehalt. Motivation wird durch eine solche Zahlung auch nicht ausgelöst, denn Geld ist ein Hygiene-, nicht aber ein Motivationsfaktor. Prämien, Tantiemen, Boni machen nur dann Sinn, wenn jemand die an ihn gestellten Erwartungen übererfüllt. Auch dann wird keine Motivation erreicht, aber dann macht es Sinn, den Mitarbeiter am Erfolg teilhaben zu lassen.

Führungskräfte müssen sich die Mühe machen, die individuellen Resultate ihrer Mitarbeiter individuell zu würdigen. Ist das aufwendig? Jawohl. Ist das nötig? Jawohl, ansonsten braucht die Führungskraft gar kein Beurteilungsgespräch zu führen.

Thema 3: Beförderung

Wir müssen akzeptieren, dass nicht alle Mitarbeiter befördert werden können. Damit meine ich nicht, dass es an Stellen mangelt, auf die jemand befördert werden könnte, sondern damit meine ich, dass jeder Mensch seine eigenen Grenzen kennen muss, damit das Peter-Prinzip nicht überhand nimmt. Eine gute Führungskraft hilft Mitarbeitern dabei, ihre Talente bestmöglich einzusetzen und ihren Job so erfüllend und so wirksam wie möglich zu machen. Eine gute Führungskraft schafft den idealen Rahmen für ihre Mitarbeiter. Eine gute Führungskraft erkennt, wo Mitarbeiter Grenzen haben. Eine gute Führungskraft artikuliert dies auch.

Die Beförderung, die Übergabe von mehr Verantwortung, die Ausweitung von Handlungskompetenzen, möglicherweise sogar die Übertragung von Führungsaufgaben darf überdies niemals als Belohnung für vergangene Leistungen geschehen. Eine Beförderung ist im Sinne des Unternehmens stets ein taktischer, mitunter sogar ein strategischer Schritt. Vergangene Leistungen sind kein – ich wiederhole: kein – Indikator für künftige Resultate. Um eine Beförderung vorzunehmen, muss die Stelle, die ein Mitarbeiter wahrnehmen soll, hinsichtlich ihrer verbundenen Verantwortung genau auf diesen Mitarbeiter passen. Zumindest aber muss die Annahme begründet sein, dass die erforderlichen Potenziale vorhanden sind.

Um diese Potenziale zu finden, gibt es kein Patentrezept. Auch Tests sind hier wenig hilfreich. Vielmehr ist die Führungskraft gefragt, sich ein Bild zu machen. Ist dieses Bild subjektiv? Jawohl, das ist es, aber dies ändert nichts an dem Erfordernis, sich dieses Bild zu verschaffen. Ein einheitlicher Kriterienkatalog im Unternehmen kann helfen und auch das Hinzuziehen eines Kollegen oder einer Kollegin auf gleicher Ebene kann bei der Einschätzung nützlich sein. Welche Anforderungen stellt die potenzielle Stelle und warum passt der Kandidat (nicht) darauf? Stellenbeschreibungen können dabei meist getrost beiseite gelassen werden, weil sie oft das Papier nicht wert sind, auf das sie gedruckt wurden. Mechanistisch werden Tätigkeiten aufgezählt. Resultate? Fehlanzeige.

Wachstumstipp
Entwickeln Sie gemeinsam mit Ihren Führungskräften eine Methode und Vorgehensweise zur Potenzialeinschätzung und wenden Sie diese konsequent an. Entwickeln Sie die Methodik periodisch weiter. Es geht weniger um Perfektion als um ein gemeinsames Verständnis; der Prozess ist hier mitunter wichtiger als die Methodik selbst. Bedenken Sie, dass es immer Unschärfen geben wird und versuchen Sie erst gar nicht, ausschließlich objektive Messgrößen zu definieren. Und bitte: Wenn Sie die Personalabteilung einbinden wollen: gern. Delegieren Sie aber nur Teile, nicht aber die gesamte Verantwortung für die Themen „Nachfolge", „Beurteilung", „Beförderung" dorthin, denn die Personalabteilung ist damit schlicht überfordert.

2.5 Experten – Wie Sie Ihre besten Spezialisten finden

Sie kennen diese Menschen in Ihrem Unternehmen, denen keine Hürde zu hoch ist, um ein neues, wichtiges Detail zu lösen. Sie wissen, dass Sie Mitarbeiter haben, die sich mit einigen speziellen Sachverhalten auskennen wie kein Zweiter. Es sind diejenigen Menschen, die, wenn man als „Normalsterblicher" vor einem bestimmten Problem steht, hinzukommen und – metaphorisch gesprochen – eine kleine Schraube ein kleines Stückchen weiter anziehen und alles funktioniert wieder. Es folgt eine völlig unverständliche dreiminütige Anweisung, die dem Experten aber locker von den Lippen geht, weil er sich auskennt.

Experten sind das Gegenteil von „Schlaubergern". Schlauberger reden viel, wissen wenig und bewirken nichts. Experten reden in der Regel wenig, wissen viel und bewirken vor allem viel.

Im Unternehmen besteht idealerweise ein guter Mix aus Experten und Generalisten, sodass Fach-, Führungs- und Prozesskompetenz im Einklang stehen. Die Frage ist: Wie finden wir Spezialisten?

Die Außensuche

Bevor Sie einen Experten außerhalb des Unternehmens suchen oder suchen lassen, müssen Sie sich völlig im Klaren darüber sein, wofür der Experte tatsächlich Experte sein soll und welchen Wertbeitrag er bei Ihnen leisten soll.

Wenn Sie einen oder mehrere Kandidaten gefunden haben, lassen Sie sich echte Arbeitsresultate zeigen oder verlangen Sie einen anderen Beweis dafür, dass der Experte wirklich ein solcher ist und sich nicht nur theoretisch dazu berufen fühlt.

Testen Sie, ob die erforderliche Detailtiefe vorhanden ist, lassen Sie den Kandidaten unbedingt reale Probleme aus Ihrem Unternehmen durchdenken und lösen. Idealerweise handelt es sich um Probleme, die Sie bereits gelöst haben, sodass Sie feststellen können, wie gut die Lösung des Kandidaten ist.

Stellen Sie sicher, dass der Kandidat nicht nur Wissen hat und bunkert, sondern auch Wert auf Dokumentation und Vermittlung von Wissen legt.

Prüfen Sie die Teamintegrität des Kandidaten. Ein isolierter Experte ist heute nicht mehr zeitgemäß.

Die Innensuche

Stellen Sie fest, wer für welche Probleme (nicht „Problemchen", sondern echte Probleme) immer wieder angesprochen wird und diese Probleme löst. Hören Sie sich dazu in Ihrer Mannschaft um.

Wenn Sie entdecken, dass Sie unentdeckte Experten im Hause haben, die genau die Eigenschaften mitbringen, die Sie für ein bestimmtes Themenfeld benötigen, sprechen Sie mit ihnen über ein gezieltes Einbringen ihrer Expertise.

Die übrigen Punkte sind analog zur Außensuche.

Wachstumstipp
Klassischerweise wird unter „Karriere" in Unternehmen eine Position mit vielen Mitarbeitern, großem Büro und hohem Budget verstanden. Expertenkarrieren werden völlig unterschätzt und führen ein stiefmütterliches Dasein. Wenn Sie feststellen, dass sich exzellente Mitarbeiter eher als Experten denn als Führungskräfte darstellen, bieten Sie ihnen Entwicklungsmöglichkeiten, sowohl inhaltlich als auch gehaltlich. Dies sichert Ihnen einen echten Wettbewerbsvorteil – siehe dazu auch den nachfolgenden Beitrag.

2.6 Führungskarriere oder Spezialisten? – Fördern Sie beides

Indikatoren für eine tolle Karriere? Euro, Köpfe, Quadratmeter; ersatzweise auch Anzahl dirigierter Lkw, Anzahl der Fensterachsen – ein herrlicher Begriff aus der Konzernwelt – des Büros, Höhe der Bürostuhllehne, Verfügbarkeit oder Nicht-Verfügbarkeit von Armlehnen am Bürostuhl, Größe des Besprechungstisches. Ach ja, der Dienstwagen, nicht zu vergessen – ein Thema, das ganze Heerscharen von Personalern, Mitarbeitern und Beratern beschäftigt. Dabei wird so hitzig diskutiert, dass Strategie zur Nebensache wird.

Nicht genug damit, dass diese Indikatoren derart alt hergebracht sind, dass die Anzahl derer, die sich mit einer solch simplen Definition von Karrierekriterien zufrieden geben, sinkt. Es sind auch überdies völlig unzureichende Indikatoren.

Wie wäre es stattdessen mit diesen Kriterien?

- Eigene erzielte Resultate der letzten Jahre und deren Wertbeitrag zum Unternehmen,
- Resultate der geführten Mitarbeiter und deren Wertbeitrag zum Unternehmen,
- Fluktuationsrate und Verbleib exzellenter Mitarbeiter im Unternehmen,
- Beitrag zur Positionierung des Unternehmens als Vordenker,
- Profitabilitätsentwicklung der betreuten Kunden,
- Anzahl erfolgreich abgeschlossener Projekte,
- Wahrgenommene Entwicklungschancen,
- Umfang der übertragenen inhaltlichen Verantwortung.

Bedauerlicherweise ist das alles nicht sichtbar, deshalb wird es wohl im Rahmen des Bewusstseinswandels auf absehbare Zeit noch auf die Schulterklappen, Orden und Türschilder ankommen. Ein ganz wesentlicher Vorteil der obigen Kriterien ist, dass die meisten von ihnen sowohl auf Führungskräfte als auch auf Experten anwendbar sind.

Expertenkarrieren?

Expertenkarrieren kommen in vielen Unternehmen wesentlich zu kurz. Es wird suggeriert, dass Karriere mit Führungsverantwortung zusammenhängt. Genauer gesagt: Es wird nicht nur suggeriert, sondern auch gelebt, ausgesprochen, prozessual unterstützt. Natürlich ist das vor allem für die Personalabteilungen einfacher. Eine Gehaltsstufe höher bedeutet mehr Verantwortung. Mehr Verantwortung bedeutet Führungsverantwortung, ein größeres Büro, ein größeres Auto, also mehr Quantität. Irgendwann steht man oben auf der Leiter der Unternehmenshierarchie – oder eben nicht. Wenn es nach Personalabteilungen geht, bleibt es so einfach.

Personalabteilungen sind häufig akute Veränderungsbremser und Standard-Zementierer, daher darf es nicht nach dem Wohlgefallen von Personalabteilungen gehen. Vielmehr ist die Unternehmensführung gefragt, sich intensiv darüber Gedanken zu machen, wie auch Experten, dezidierte Fachspezialisten, Karriere im Unternehmen machen können, ohne gleich Führungsverantwortung übernehmen zu müssen. Nur weniges ist in Sachen Personalentwicklung schlimmer als einen guten Experten vermeintlich zu „befördern", ihm Führungsverantwortung zukommen zu lassen, der er nicht gerecht werden kann oder will und damit zwei Baustellen zu haben: eine Lücke auf der Expertenposition und eine Fehlbesetzung in der Führung. Das Peter-Prinzip lässt grüßen.

Sprache, Vergütung, Entwicklung

Wie aber können sowohl Führungskarrieren als auch Expertenkarrieren im Unternehmen gleichermaßen existieren, auf Augenhöhe?

Dies beginnt bei der Sprache und den Signalen, die bewusst oder unbewusst gesendet werden. Solange die anfaßbaren, sichtbaren Statussignale noch existieren, darf es keinen sichtbaren Unterschied geben zwischen einer Top-Führungskraft und einem Top-Fachexperten. All die sichtbaren Symbole müssen signalisieren: Hier wird mit gleichem Maß gemessen. Auch in der Kommunikation müssen Experten gleichermaßen betont werden, wie Führungskräfte. Es darf eben nicht so sein, dass der Experte als introvertierter Sonderling abgestempelt und der Top-Manager als genialer Herrscher über das gemeine Volk heroisiert wird. Hier kann Kommunikation Wunder bewirken und zwar sowohl mit dem gesprochenen als auch mit dem in internen und externen Medien geschriebenen Wort.

Die Schaffung von Expertenkarrieren darf auch bei der Vergütung nicht enden. Viele Experten sehen sich genötigt, Führungsverantwortung zu übernehmen, weil sie mehr verdienen möchten und dies auf den Expertenpositionen nicht funktioniert. Warum eigentlich nicht? Geld ist kein Motivationsinstrument, aber es ist ein Hygienefaktor und es gibt überhaupt keinen sinnvollen Grund, einen Top-Experten schlechter zu bezahlen als eine Top-Führungskraft –, ebenso, wie es übrigens keinen Grund dafür gibt, Frauen und Männer mit identischer Verantwortung unterschiedlich zu bezahlen, aber das ist ein anderes Thema.

Schließlich gilt es, mit den Mitarbeitern möglichst früh zu entdecken, ob sich eine Führungs- oder eine Expertenkarriere empfiehlt. Dabei geht es nicht um Vermutungen, sondern um gestützte Beobachtungen, die der Mitarbeiter selbst und die der Vorgesetzte macht. Wenn die Rahmenbedingungen im Unternehmen geschaffen sind, kann darüber offen gesprochen werden. Es kann individuell auf die Arbeitspräferenzen eingegangen werden und jeder Mitarbeiter fühlt sich bestmöglich berücksichtigt. Ziel ist es, dass Mitarbeiter ihre Kompetenzen gezielt einbringen, ihre Stärken ebenso gezielt zum Wohle des Unternehmens einsetzen können und sich die Reibungsverluste durch die Erkenntnis, die falsche Aufgabe zu tun, in Grenzen halten.

Nicht ausbremsen lassen

Wenn es Ihnen gelingt, sowohl Führungskarrieren als auch Fachkarrieren in Ihrem Unternehmen zu fördern, haben Sie einen Riesenschritt in Richtung Wettbewerbsvorteil getan, denn Sie binden gute Mitarbeiter langfristig, indem Sie ihnen Optionen bieten. Überdies sparen Sie Zeit, Kraft, Nerven und Geld durch den Wegfall unnötiger Personalersetzungen. Lassen Sie sich nicht von den oft starren Standards und den mäßigen, aber oft vorgetragenen Argumenten der Personaler einwickeln, die Ihnen weismachen wollen, dass das alles ganz schwierig und eigentlich sogar unmöglich sein soll. Suchen Sie sich Unternehmen, die schon einige Schritte in diese Richtung gegangen sind und erkundigen Sie sich bei Ihren dortigen Kollegen, welche Erfahrungen gemacht wurden.

Wachstumstipp
Die Parallelisierung von Fach- und Führungskarrieren ist nicht nur möglich, sie gewinnt immer mehr an Bedeutung für die Wettbewerbsfähigkeit der Zukunft. Das wird die eine oder andere Personalabteilung noch lernen müssen – vielleicht von Ihnen. Verdeutlichen Sie daher auch in internen Veranstaltungen und in unternehmensinternen Veröffentlichungen, wie man in Ihrem Unternehmen als Experte ebenso eine Karriere machen kann wie als Führungskraft. Gerade dann, wenn sich dies in der Vergangenheit nicht so dargestellt hat, sind erst Pläne, dann erfolgreiche Beispiele hilfreich. Kulturwandel bedürfen einer gewissen Zeit.

2.7 BSMKF-BSMA – Bringen Sie mir keine Fragen, bringen Sie mir Antworten

Wie häufig denken Sie, Sie hätten etwas erfolgreich delegiert? Sei es eine komplexe Aufgabe oder nur eine einfache Übergabe, immer wieder werden wir davon überrascht, dass wir trotz vermeintlich klarer Anweisung und trotz Beachtung sämtlicher relevanten Delegationsregeln Rückfragen erhalten, die uns mehr beschäftigen als uns lieb ist.

Häufig ist uns diese Art der Rückdelegation nicht einmal bewusst. Den Mitarbeitern können wir es auch nicht vorwerfen, denn wenn wir nicht klar gemacht haben, dass wir keine Fragen, sondern Antworten erwarten, können wir auch nicht davon ausgehen, dass dieses Prinzip der Antwortlieferung sofort verstanden wird. Zu einfach ist es, noch einige klärende Fragen „mal eben“ zu stellen.

Ein ausgesprochen wirksames Mittel gegen Rückdelegation ist das folgende Prinzip, das ich vor mehr als zwanzig Jahren auf einem Seminar kennen- und seitdem schätzengelernt habe:

BSMKF-BSMA: Bringen Sie mir keine Fragen, bringen Sie mir Antworten.

Dieses Prinzip, das man sich auch als Schild auf den Schreibtisch stellen kann, führt dazu, dass drei Dinge eintreten:

- Der CEO überlegt sich genau, was er in welcher Form delegiert.
- Es findet eine hinreichend intensive Abstimmung über den zu delegierenden Gegenstand statt.
- Es kommen keine Fragen mehr, sondern Vorschläge.

Lassen Sie sich keine Äffchen auf den Rücken binden. Diese tun nämlich was sie wollen, spielen hinter und auf Ihrem Rücken und führen dazu, dass Sie hinterher mehr Arbeit haben als zuvor. Es ist wichtig, dass Sie Ihre Freiräume erhalten und gestalten, damit Sie Ihre strategischen Aufgaben wahrnehmen können.

Für diejenigen, die das BSMKF-BSMA-Prinzip nicht von Null auf Hundert einführen wollen, hat sich folgende Vorgehensweise bewährt, die wir als das Prinzip der Auftragsklärung definiert haben: Briefing – Rebriefing – später: Debriefing.

Stellen Sie in der Briefing-Phase exakt dar, was Sie von dem Mitarbeiter hinsichtlich der delegierten Aufgabe erwarten und wann und in welcher Form das Ergebnis vorzuliegen hat.

Im Rebriefing, häufig nicht durchgeführt oder vergessen, erläutert der Mitarbeiter, was er verstanden hat. Es bietet die Chance, dass CEO und Mitarbeiter noch einmal das Briefing präzisieren, falls erforderlich. Ist das Rebriefing erfolgreich, ist der Auftrag geklärt und damit die formale Voraussetzung geschaffen, dass ein gutes Ergebnis vorliegt.

Das Debriefing erfolgt idealerweise unter Vorlage von drei Vorschlägen. Je nach Komplexität der Aufgabe kann im Einzelfall auch ein Vorschlag genügen. Diese drei Vorschläge sollen vom Mitarbeiter mit Vor- und Nachteilen versehen sowie mit einer abschließenden Empfehlung ausgestattet sein. Auf diese Weise werden Sie schnell entscheidungsfähig.

BSMKF-BSMA: Führen Sie dieses Prinzip ein und Sie werden staunen, wie sich die Äffchen auf Ihrem Rücken Stück für Stück von Ihnen zurückziehen.

Wachstumstipp
Gehen Sie nicht davon aus, dass jedermann direkt Sympathie für Ihre neue Vorgehensweise hegt; in der Regel ist Unverständnis die Erstfolge. Verdeutlichen Sie, welchen Vorteil es für Ihr Gegenüber hat, wenn Sie sich auf dieses Verfahren einlassen: Abstimmungen werden präziser, die Anzahl der erforderlichen Abstimmungen sinkt, es wird also Zeit gespart und Ihr Gegenüber ist stärker in der Verantwortung, was ja „eigentlich" etwas Positives im Sinne einer Anreicherung des Jobs bedeuten sollte. Nimmt Ihr Gegenüber dies nicht so wahr, ist dies ja auch ein Signal.

2.8 „Das ist aber komplex, Chef!" – Ja, und?

Wie häufig hören wir, dass etwas „ganz schön komplex", ersatzweise auch „zu komplex" sei? Dass gewisse Dinge eben nicht „einfach" seien, sondern eben „komplex" und man sie nicht so einfach lösen könne?

Hier sind Nachrichten: Die meisten unternehmerischen Vorgänge sind heute komplex. Auch wenn die Unterscheidung akademisch klingt: Was komplex ist, muss nicht zwingend auch kompliziert sein. Ich habe mich dieser Unterscheidung ein wenig annähern müssen, weil sie sich mir nicht sofort erschloss. Dennoch ist die Unterscheidung logisch und richtig.

Komplexe Dinge sind durch eine hohe Zahl von Interdependenzen gekennzeichnet. Da wir heute nahezu immer eine Interaktion zwischen verschiedenen Bereichen, Abteilungen, Prozessen, Systemen, Unternehmen, Beteiligten haben, sind unternehmerische Zusammenhänge fast immer komplex.

Diese Zusammenhänge müssen dabei aber nicht notwendigerweise kompliziert sein. Kompliziert meint „schwierig".

Die Beziehungen in der Welt sind komplex, aber sie sind nicht immer kompliziert. Als CEO muss es Ihnen darum gehen, Ihre Mitarbeiter zu gewinnen, sich mit der Komplexität anzufreunden, denn grundlegend einfacher werden die Dinge nicht mehr. Im Gegenteil: Durch die zunehmende Vernetzung in allen Bereichen unseres Lebens nimmt die Komplexität eher noch zu. Natürlich macht es Sinn, nach dem Motto „Es geht auch einfacher" immer wieder nach einfacheren, entflochtenen Möglichkeiten zu schauen; eine Matrixorganisation zum Beispiel kann meist prima durch eine – obendrein wirksamere – Linienorganisation ersetzt werden, oder ein Beziehungsgeflecht kann meist um einige Schnittstellen bereinigt werden. Die grundsätzliche Aussage, dass die Komplexität eher steigt als sinkt, bleibt davon aber unberührt.

Wenn Mitarbeiter sich scheuen, sich der Komplexität anzunehmen und sich mit komplexen Themen auseinanderzusetzen, ist dies oft der Tatsache geschuldet, dass sie keine Fehler machen wollen. Diese drohenden Fehler sind vermeintlich offensichtlich, denn die Auswirkungen des eigenen Handelns sind nicht immer unmittelbar vorabsehbar.

Beim Umgang mit Komplexität geht es also nicht nur um Techniken (Sache), sondern um eine Einstellung (Emotion). Wir wissen, dass zunächst emotionale Hürden genommen werden müssen, bevor die sachlichen Hürden angegangen werden können, also sind wir gut beraten, unsere Mitarbeiter dafür zu gewinnen, sich mit der Komplexität freudig auseinanderzusetzen. Es macht schließlich Spaß, komplexe Zusammenhänge zu beherrschen – und zwar idealerweise so, dass sie gar nicht erst kompliziert werden müssen.

Wachstumstipp

Welche komplexen Vorgänge können Sie mit Ihren Mitarbeitern angehen, sodass sie reibungsloser laufen? An welchen Stellen hören Sie – ggf. auch zwischen den Zeilen –, dass Dinge zu komplex seien? Gehen Sie diese Themen mit Ihrer Mannschaft an und versuchen Sie unbedingt auch herauszufinden, ob mit „komplex" nicht in Wirklichkeit doch „kompliziert" gemeint ist.

2.9 Disziplin – Das Dranbleiben als Fitnesskur

Es vergeht kein Tag, an dem nicht in zahlreichen Unternehmen neue Projekte begonnen, neue Themen sondiert und neue Initiativen gezündet werden. Die Frage, die sich stellt, ist aber, was mit den Initiativen, Themen und Projekten geschieht, die am Tage, in der Woche oder im Monat zuvor gestartet, initiiert oder gezündet wurden. Neues ist hipp, Altes verblasst leicht angesichts der drohenden Routine.

Angesichts der sich vermeintlich immer schneller drehenden Welt wird das Dranbleiben an bestehenden Themen, die zuvor als Erfolg versprechend identifiziert wurden, immer wichtiger. Sorgen Sie dafür, dass Ihre Organisation es lernt, an wichtigen und richtigen Themen dranzubleiben, dass sie lernt, dass es sich lohnt, Themen konsequent zu verfolgen und zur Reife zu bringen und belohnen Sie nicht per se diejenigen, die immer wieder neue Themen finden, die irgendwann einmal interessant sein können.

Natürlich ist es wichtig, Innovationen ins Leben zu rufen, am Puls der Zeit zu sein und relativ schnell neue Gedanken zur Marktreife zu entwickeln. Aber genau hier ist der Punkt: „... zur Marktreife zu entwickeln." Nur das, was auch zur Marktreife entwickelt wird, kann später überhaupt für profitables Wachstum sorgen.

Das Dranbleiben als Fitnesskur bedeutet also für Ihr Unternehmen, dass Sie Sorge dafür tragen, Themen in der gebotenen Tiefe und Breite zu diskutieren, um dann zu entscheiden, welche Ressourcen ins Spiel kommen, um den gewünschten Erfolg später zu ernten. Entscheidend dabei ist, dass Sie erkennen, wann genug Zeit auf ein Thema verwendet wurde –, sei es, weil das Thema sich doch nicht als Erfolg versprechend erweist oder sei es, weil das Thema reif genug ist, um in der realen Welt getestet zu werden.

Bringen Sie Ihrer Organisation bei, dass es wichtiger ist, wenige Themen einen Kilometer voranzubringen als viele Themen nur einen Meter. Es gilt auch hier das Prinzip der Speerspitze, das es Ihnen erlaubt, zielgerichtet vorzugehen, statt in konzeptioneller Selbstverliebtheit zu verharren.

Sie fragen sich, wie Sie dieses Denken und Handeln in der Organisation realisieren können? Auch hier gilt wieder: Disziplin. Mithilfe von regelmäßigen und strukturierten Meetings, die ausschließlich zum Ziel haben, die wichtigsten Themen und deren Fortschritt zu sichten, bringen Sie Ihrer Organisation sehr schnell bei, dass es sich lohnt, diszipliniert an einem Thema dranzubleiben und es nicht übereilt aufzugeben, nur weil ein neues Thema am Horizont lockt.

Disziplin hat etwas mit Durchhalten zu tun und hier ist es wie beim Sport: Fitness erreicht man nicht über Nacht, sondern durch kontinuierliche Arbeit – eben durch Disziplin. Für Ihre Fitness. Für Ihr Wachstum.

Wachstumstipp

Ein „Disziplin-Killer" ist regelhaft zu beobachten: zu viele Themen auf der Agenda, zu viele Veränderungen zur gleichen Zeit. Was als ambitioniertes Vorhaben startet, wird mitunter abgebrochen, verschoben, anderen Prioritäten geopfert, weil man sich zu viel vorgenommen hat. Wenn Sie wesentliche Veränderungen in Ihrem Unternehmen oder bei sich selbst vornehmen möchten, achten Sie darauf, dass Sie nicht alles parallel starten, sondern behalten Sie im Hinterkopf, dass sowohl Ihre Organisation als auch Sie selbst nur ein gewisses Maß an Veränderungen zur gleichen Zeit stemmen können. Ordnen Sie die Dinge wie an einer Perlenschnur und arbeiten Sie sie Stück für Stück ab.

2.10 Gesprächspartner – Frage nicht den Friseur, ob Du Dir die Haare schneiden sollst

Ein erfolgreicher CEO zeichnet sich auch dadurch aus, dass er neben fachlicher und persönlicher Expertise nicht davor zurückscheut, ergebnisoffen zu fragen und zu diskutieren. Meiden manche CEOs diese ergebnisoffene Diskussion und das ehrliche Fragen um jeden Preis, weil sie beispielsweise annehmen, sie würden dadurch Schwäche zeigen – schließlich muss ein CEO alles selbst am besten wissen, oder? –, nutzen erfolgreiche CEOs konsequent die Möglichkeit, durch gezieltes Fragen mehr zu erfahren als sie es durch reines Anweisen könnten.

So weit, so gut. Allerdings sind CEOs – wie auch andere Vorstände, Geschäftsführer, Unternehmer und seniorige Führungskräfte – gut beraten, sich ein Bild darüber zu machen, wer welchen Nutzen an welcher Antwort haben könnte. Einen IT-Leiter nach seinen Ideen zur Senkung der IT-Kosten zu fragen, wird nicht notwendigerweise die Antwort „Wir sollten das Outsourcing der IT prüfen" zur Folge haben. Einem Vertriebsleiter die Frage zu stellen, wie denn die Effektivität und Effizienz des Vertriebs gesteigert werden könne, führt nicht unbedingt zur Antwort „Wir können den Bürotag abschaffen".

In der Regel gilt: Frage also nicht den Friseur, ob Du Dir die Haare schneiden sollst. Frage nicht den Steuerberater nach Ideen zur „Steuererklärung auf dem Bierdeckel". Und frage nicht den Mineralölmanager nach seiner Meinung zur Förderung von Elektroautos.

Insbesondere neue CEOs müssen sich sorgsam ein Bild darüber verschaffen, wer unabhängig genug ist, eine ehrliche und offene Antwort zu geben. Und auf der Position erfahrene CEOs tun gut daran, Mitarbeitern regelmäßig die Chance zu geben, zu beweisen, dass sie sich das unabhängige Denken bewahrt haben. Denn eine Vorverurteilung, nach dem Motto: „Der (oder die) wird mir ohnehin keine offene Antwort geben", ist unfair. Ihre Mitarbeiter müssen zumindest die Chance gehabt haben, offen und ehrlich zu antworten – und Sie und Ihre Führungskollegen dürfen Mitarbeiter nicht dafür bestrafen, offen gewesen zu sein. Sonst ist die Ja-Sager-Produktion unaufhaltsam gestartet. Das können Sie nicht wollen.

Frage nicht den Friseur, ob Du Dir die Haare schneiden sollst ... es sei denn, der Friseur hat die Möglichkeit, durch eine ehrliche Antwort Ihr Vertrauen zu gewinnen. Insofern liegt das Gemeinsame zwischen Fragen und Antworten im gegenseitigen Vertrauen. Probieren Sie es aus und Sie werden sich wundern.

Wachstumstipp

Um herauszufinden, welche Veränderungen in einem bestimmten Bereich tatsächlich erforderlich sind, erkundigen Sie sich bei anderen Bereichen – aber in einer offenen Runde. Veranstalten Sie ein bereichsübergreifendes halbtägiges Meeting mit den Ressortleitern und – je nach Größe Ihres Unternehmens – ggf. noch der Hierarchieebene darunter. Fragen Sie nach erforderlichen Veränderungen aus Sicht der internen Kunden. Ermutigen Sie zu Offenheit und Kritik, machen Sie klar, dass nicht all das, was geäußert wird, auch umgesetzt wird, aber lassen Sie die Anregungen dokumentieren. Ergeben sich Muster? Gibt es an bestimmten Stellen starke Einwände? Könnte wiederum jemand eine „Agenda", eine bestimmte Intention verfolgen? Sie werden staunen, welches Ergebnis ein solches Treffen mit sich bringt. Es ist überdies ein Test in Sachen Unternehmenskultur.

2.11 Achtung Strategiemeeting – Was tun Ihre Leute, während Sie an der Strategie arbeiten?

„Strategiemeeting – Bitte nicht stören"

So prangte es an der Meetingtür, hinter der sich der Vorstand in den letzten Wochen mit und ohne Berater regelmäßig eingeschlossen hat. Inzwischen hat es sich im gesamten Unternehmen herumgesprochen, dass die Unternehmensführung ganz offensichtlich an einer neuen Strategie – oder ist es doch nur die Veränderung der bestehenden Strategie (welche Strategie überhaupt?) – arbeitet. Das wurde aber auch Zeit. Schließlich ist die alte Strategie schon … ja, wie alt ist sie eigentlich? Und wo steht sie? Gehen wir erst einmal auf die Suche.

Das Unternehmen wird unruhig, viele Leute stellen viele Fragen, Berater gehen durch das Haus und führen Interviews. Warum das Ganze? Sicher kommt wieder irgendeine neue Idee, die dann mit aller Kraft verfolgt werden soll. Eigentlich müsste es doch einmal eine Informationsveranstaltung geben, worum es genau geht. Ist das wieder nur so ein teures Beratungsprojekt? Oder kommt diesmal wirklich der große Wurf einer genialen Strategie, die uns gegenüber dem Wettbewerb dramatisch abheben lässt?

Als Geschäftsführer, Vorstand oder Unternehmer können Sie es nicht verhindern, dass Ihre Mitarbeiter über Ihr Strategieprojekt sprechen. So geheim Sie es auch zu halten versuchen – irgendwann wird an die Oberfläche kommen, dass Sie gemeinsam mit einem Team, alleine, mit Beratern oder internen Ressourcen, an einer neuen Strategie oder an der Justierung der bestehenden Strategie arbeiten. Die Frage ist: Was passiert dann?

Die größte Gefahr besteht darin, dass einige, viele, vielleicht sogar sehr viele Ihrer Mitarbeiter das Tagesgeschäft aus der Hand legen und sich darauf verlassen, dass die Strategie, die von Ihnen und Ihren Mitstreitern bearbeitet wird, einen neuen Weg weisen wird. Im Zweifel wird sie alles Bestehende infrage stellen, viele Dinge werden neu aufgerollt, viele neue Fragen werden gestellt. Möglicherweise ist es sogar nur alter Wein in neuen Schläuchen. Meist ist aber mindestens eines der Fall: Es werden sich Positionen verändern, möglicherweise werden Mitarbeiter freigesetzt oder versetzt und das ist doch eigentlich das, was zählt, oder? Wie auch immer Sie mit der Erarbeitung einer neuen Strategie umgehen;

ob Sie die Tatsache, dass Sie an einer neuen Strategie arbeiten, offen kommunizieren oder ob Sie in einem geschlossenen, neutralen Umfeld arbeiten: Die ersten Gedanken Ihrer Mitarbeiter werden um Köpfe, Positionen und Organisationsdiagramme gehen. Dies ist menschlich und kaum verhinderbar – warum auch?

Das Wichtigste, wenn Sie sich entscheiden, eine neue Strategie zu erarbeiten und sie anschließend einzuführen, ist, dass Sie sicherstellen, dass das derzeitige Geschäft nicht unter den konzeptionellen Arbeiten leidet. Es ist wichtig, dem Jetzt die größte Aufmerksamkeit zu widmen, denn Ihr Geschäft der nahen Zukunft – mindestens der nahen Zukunft – machen Sie im Jetzt. Daher plädieren wir auch dafür, dass die Erarbeitung einer neuen Strategie oder die Überarbeitung der bestehenden Strategie offen an die relevanten Mitarbeiter in Form eines Kaskaden-Prinzips kommuniziert wird. Dies ist unserer Auffassung zufolge die einzige Möglichkeit, die Kommunikation zu steuern und Gerüchte so gering wie möglich zu halten.

Wie kann das geschehen?

Fast jedes Unternehmen hat eine feste Struktur regelmäßiger Meetings und Unternehmensveranstaltungen. Anlässlich einer Führungskräfteveranstaltung kann die Unternehmensführung die Absichten, eine neue Strategie zu erarbeiten oder die bestehende Strategie zu überarbeiten, gezielt kundtun und auch erläutern, was die Gründe für dieses Ansinnen sind. Allen Teilnehmern dieses Führungsmeetings soll eine Sprachregelung an die Hand gegeben werden, mit deren Hilfe die Führungskräfte wiederum Ihre Mitarbeiter informieren können. Verzichten Sie nicht darauf, diese Sprachregelung auszuhändigen, denn nur auf diese Weise ist sichergestellt, dass die von Ihnen gewünschten Botschaften auch tatsächlich transportiert werden. Genauer gesagt, ist es nicht hundertprozentig sichergestellt, aber die Wahrscheinlichkeit wird drastisch erhöht gegenüber der Situation, in der Ihre Führungskräfte frei kommunizieren können, ohne – außer ihren eigenen Notizen – einen Anhaltspunkt zu haben.

Sorgen Sie dafür, verpflichten Sie Ihre Mitarbeiter darauf, dass diese wiederum ihre eigenen Mitarbeiter zeitnah informieren. So muss der Bereichsleiter „Vertrieb" in einem der nächsten Meetings mit seinen Regionalleitern einen Tagesordnungspunkt einräumen, um die Tatsache zu kommunizieren, dass an der Strategie gearbeitet wird, der Betriebsleiter muss dies ebenso tun wie der Marketing-, Einkaufs- und Produktionsleiter. Auch in den administrativen Abteilungen ist die Kommunikation Pflicht.

Die wichtigsten Elemente der Kommunikation sind die folgenden drei:

- der Grund für die Strategiearbeit,
- der Zeitplan für die Strategiearbeit,
- die unbedingte Fokussierung auf das Hier und Jetzt.

Nutzen Sie gerade in größeren, verteilt arbeitenden Unternehmen die Möglichkeit, einen einseitigen „Chefletter" zu versenden, um auch direkt jeden Mitarbeiter zu erreichen und das Erfordernis zu verdeutlichen, an der Strategie zu arbeiten. Machen Sie deutlich, dass es sich zunächst auf die Ebene der Unternehmensführung konzentriert und dass alle Mitarbeiter zu gegebenem Zeitpunkt informiert und einbezogen werden.

Sorgen Sie im Strategie-Team dafür, dass Klarheit nicht nur über Vorgehen und Inhalte, sondern auch für die Kommunikation besteht, sodass sichergestellt ist, dass Sie die Kommunikationskaskade aufrecht erhalten. Beziehen Sie Schritt für Schritt Fach- und Führungsexperten aus dem eigenen Unternehmen ein, um die inhaltliche Arbeit an der Strategie fundiert zu vertiefen. Werden Sie sich zunächst im Kreis der Unternehmensführung über das „WAS" klar und diskutieren Sie dann mit den Fach- und Führungsexperten Schritt für Schritt das „WIE". Sorgen Sie dafür, dass aus dem Projekt zur Strategierealisierung ein strukturiertes, schnell getaktetes Vorgehen wird, das es erlaubt, möglichst viele Mitarbeiter einzubinden.

Im Rahmen einer Strategietagung, die ein möglichst breites Publikum einschließt, erläutern Sie das Vorhaben detailliert, lassen Sie weitere Inhalte in Gruppen erarbeiten und fokussieren Sie immer wieder darauf, wie wichtig es ist, vor dem Ausrollen der neuen Strategie das existierende Geschäft weiter zu optimieren – schließlich werden Sie ja auch mit der neuen Strategie das bestehende Geschäft nicht komplett über Bord werfen. Lehren Sie Ihren Mitarbeitern, was es bedeutet, über das Zukünftige nachzudenken, ohne das Hier und Jetzt zu vernachlässigen und tragen Sie Sorge dafür, dass nicht die buchstäbliche Hängematte ausgerollt wird, während Sie an der Strategie arbeiten, frei nach dem Motto „Die Unternehmensführung wird das schon irgendwann richten".

Kurz: Ziehen Sie alle Register, damit Ihr Unternehmen jetzt profitabel wächst, damit die Strategie als Turbo zugeschaltet werden kann.

Wachstumstipp

Das Wort „Strategie" ist in vielen Unternehmen ein Unwort geworden. Zu unangenehme, langatmige Treffen werden oft damit verbunden, zu viele nicht umgesetzte gute Vorhaben gelangen in Erinnerung. Laden Sie den Begriff mit einer neuen Dynamik auf. Gestalten Sie Ihre Strategiemeetings anders. Lassen Sie Ihre Mannschaft rechtzeitig an der Strategie teilhaben. Sorgen Sie dafür, dass Sie den Nutzen kommunizieren – idealerweise für jede einzelne Person. Ermöglichen Sie eine rege Diskussion über die Strategie. Dieser Einbezug, diese Lebendigkeit wird Mitarbeiter Stück für Stück von Strategiegegnern aus Prinzip zu Strategie-Mitentwicklern aus Überzeugung führen.

2.12 Innen hui und außen pfui? – Operative Intelligenz benötigt strategische Fitness

Wir erleben es nicht selten in unserer Beratungspraxis, dass die operativen Bereiche exzellent aufgestellt sind, während sich die Unternehmensstrategie – vorsichtig ausgedrückt – in einer Grauzone aufhält. Insbesondere diejenigen Bereiche, die auf Basis entstehender oder vermiedener Kosten beurteilt und bewertet werden, verstehen es häufig blendend, diese Kosten mustergültig im Griff zu behalten, um sicherzustellen, dass die vereinbarten Ziele auch erreicht werden. Ebenso verhält es sich mit Bereichen, die auf Basis von Produktivitätskennzahlen, Mengen oder sonstigen messbaren Kriterien beurteilt werden.

Profitables Wachstum durch die internen Bereiche?

In einem Großhandelsunternehmen haben wir es beispielsweise erlebt, dass die internen Bereiche fast vollständig für das profitable Wachstum des Unternehmens im Sinne von Ergebniswachstum gesorgt haben, da in diesem Bereich permanent optimiert wurde. Die Produktivität wurde permanent gesteigert, unter anderem durch ausgefeiltere Produktionsverfahren, aber auch durch den gezielten Einsatz von moderner Technologie. Die Prozesse wurden permanent geschliffen durch ein leistungsfähiges Qualitätsmanagementsystem und der zuständige Vorstand für diese Bereiche wurde nicht müde, weitere Ergebnisbeiträge zu realisieren.

Die Kehrseite der Medaille: Der erforderliche Umsatz, um dem Markt einen Schritt voraus zu sein, wurde nicht in der gebotenen Höhe realisiert. Das Unternehmen wuchs also nicht extern, sondern realisierte seinen Ergebniszuwachs ausschließlich intern. Dies konnte – und kann im Allgemeinen – nicht auf Dauer gut gehen.

Nicht nur, dass an den Schnittstellen der einzelnen Abteilungen innerhalb eines Unternehmens Gefahren lauern, denn jeder Bereich optimiert sich im Allgemeinen ja nur bis zu seiner Bereichsgrenze, auch innerhalb der einzelnen Bereiche sind den Optimierungsbestrebungen irgendwann Grenzen gesetzt. Erste Optimierungen fallen noch vergleichsweise leicht, weil es vieles zu optimieren gibt und die Wirkungen dieser ersten Optimierungen fallen besonders stark ins Gewicht, weil sie oft signifikante Resultate erzeugen. Nachfolgende Optimierungen sind in der Regel zunehmend schwieriger zu realisieren. Dies liegt einerseits daran, dass das erste große Potenzial schon abgeschöpft wurde, andererseits ist es darin begründet, dass die Aufmerksamkeit auf die Optimierungsresultate nicht mehr so hoch ist wie zu Beginn, denn das Optimieren wird zum Normalfall. Gefährlich werden Optimierungsbemühungen, wenn an den Schnittstellen der einzelnen Bereiche Kluften entstehen, die durch das Belohnungs- und Bestrafungs- (oder sagen wir besser Sanktionierungs-) system des Unternehmens zusätzliche Nahrung erhalten. Wie soll eine Produktion, die für geringe Produktions-Stückkosten belohnt wird, mit einer Lagerlogistik, die für geringe Lagerkapazitäten belohnt wird, harmonieren?

Strategische Perspektive ist unverzichtbar

Doch selbst, wenn alle Bereiche miteinander verzahnt sind, selbst, wenn alle Bereiche so optimiert sind, dass eine hohe Produktivität, geringe Kosten und ein hoher Ergebnisbeitrag erzielt werden, ist nicht gewährleistet, dass dies unter einer strategischen Perspektive geschieht. Zu häufig erleben wir, dass es genau der strategische Rahmen ist, der den Kostenoptimierungsbestrebungen fehlt, wodurch Letztgenannte schnell – zwar kurzfristig – einen hohen Ergebnisbeitrag liefern können, langfristig aber dem Unternehmen das Wachstum nehmen und somit als Bremse fungieren.

Erst das Was, dann das Wie

Ich möchte an dieser Stelle nicht die Euphorie für Kostenoptimierungsbestrebungen bremsen, aber wir müssen schon darüber reden, dass Kostenoptimierungsbemühungen, Prozessoptimierungen und operative Hochintelligenz nur dann Sinn machen, wenn die strategische Fitness des Unternehmens gegeben ist. Als Kompensation für mangelnde Strategie taugen operative Intelligenz und damit verbunden operative Wirtschaftlichkeit nur bedingt. Wie ist es um Ihre Verzahnung zwischen Strategie und Operative bestimmt? Wie ist es vor allem um die Auswirkungen der operativen Optimierungsbemühungen auf die langfristige Marktperspektive Ihrer Produkte und Ihres Unternehmens bestellt?

Ich bin der festen Überzeugung, dass die Qualitätsprobleme, die Toyota in den Jahren 2009 und 2010 hatte und hat, auf den Sieg des Controllings über die Strategie und den Vertrieb zurückzuführen ist. Die strategische Intelligenz des Unternehmens ist zugunsten der operativen Überanstrengungen vollkommen ins Hintertreffen geraten. Mangels Möglichkeiten, sich zusätzliche Märkte und Mengen zu erobern, wurden Kostenoptimierungen herbeigeführt, die letztendlich dazu geführt haben, dass die sprichwörtliche Qualität der Toyota-Produkte heute vollständig erodiert ist. Dies muss allen Unternehmen, die den Markt im Visier haben, eine Lehre sein.

Klare Ziele

Sorgen Sie dafür, dass Sie innerhalb der Unternehmensführung das Bild der Zukunft, also das WAS, klar vor Augen haben, dieses Bild der Zukunft möglichst formell in einen Plan (WIE) übersetzt haben und dieses WIE gemeinsam mit den Führungskräften Ihres Unternehmens in die Tat umsetzten. Auch hier gilt: Disziplin ist der Schlüssel zum Erfolg –, wenn das Ziel klar ist.

Operative Intelligenz nicht ohne strategische Fitness

Sie meinen, Ihr Unternehmen ist strategisch bereits fit genug, um die operative Intelligenz voll ausspielen zu können? Gut, dann fragen Sie einmal innerhalb Ihres Branchenverbandes, wie über Ihr Unternehmen gesprochen wird. Fragen Sie Ihre Mitbewerber. Was sagen diese über Ihr Unternehmen? „Exzellente interne Prozesse"? „Präziser Abwickler"? „Enorme Effizienz"? Oder sagen Ihre Mitbewerber „Ehrlich gesagt, Ihr Unternehmen stellt uns immer wieder vor neue Herausforderungen"? „Innovationsführer"? „Maßstab der Branche"?

Wo positionieren Sie sich in dem folgenden Portfolio? Woran machen Sie dies fest?

Entscheiden Sie selbst, was Ihnen wichtiger ist. Fest steht: Operative Intelligenz braucht strategische Fitness, um zielgerichtet wirken zu können. Ohne die strategische Fitness irren Sie einfach orientierungslos herum.

Oder wie sagte Einstein: „Lieber im Groben einigermaßen richtig, als im Detail perfekt."

Wachstumstipp
Immer, wenn Sie in einem Meeting sind, in dem OB, WAS und WIE vermischt werden – meist geschieht dies durch extensive Diskussion des WIE vor einem verabschiedeten WAS oder gar vor der Frage, OB man sich mit einer bestimmten Fragestellung überhaupt beschäftigen soll –, weisen Sie auf diese Fehlstellung hin. Helfen Sie Ihren Mitarbeitern auch in Ihren Einzel-Arbeitsgesprächen dabei, die drei Elemente der „Weltformel", wie ich sie gerne nenne, voneinander zu unterscheiden und sich darüber bewusst zu werden, in welcher Ebene sich eine Diskussion bewegt.

2.13 Wir haben ein Problem! – Es gibt immer nur einen Kern-Engpass

„Chef, wir haben ein Problem!" – Wie oft haben Sie das schon gehört? Wahrscheinlich – unabhängig von der Anzahl – zu oft.

Wie reagieren Sie darauf? Beginnen Sie sofort mit der Lösung? Vorsicht! Die erste Frage ist: Haben „wir" tatsächlich ein Problem oder hat der Mitarbeiter ein Problem, in das er uns einbinden möchte. Die erste Reaktion sollte also sein: „Sie haben also ein Problem, schildern Sie mir, warum das für mich auch wichtig ist."

In der Regel folgen dann eine ganze Reihe von Erklärungen, warum eine bestimmte Situation sich nicht so entwickelt hat wie sie sich hätte entwickeln sollen, und es ist schwer, an den Kern der Sache heranzukommen. Die Rede ist von Problemen, Schwierigkeiten, ja, auch von Engpässen.

Nehmen wir einmal an, nicht nur der Mitarbeiter hätte ein Problem, sondern dieses Problem beträfe Sie auch. In diesem Fall gilt es, den Kern-Engpass herauszufinden und ihn aus der Fülle der möglichen Stolpersteine zu isolieren und sauber zu beschreiben.

Die wesentliche Erkenntnis: Es gibt immer nur genau einen Kern-Engpass

Konzentrieren Sie in der Problemlösung Ihre Aufmerksamkeit auf den wirkungsvollsten Punkt: Wo müssen Sie ansetzen, um den Teil des Problems zu lösen, der den behinderten Prozess wieder in Gang bringt, auch wenn dies vielleicht noch nicht in voller Leistungsbreite möglich ist? Wo ist der hauptsächliche limitierende Faktor?

Wenn Sie im Frühjahr Ihren Außen-Wasserschlauch an die Außenzapfstelle Ihres Hauses anschließen, um einen Baum zu bewässern und an der Wasserdüse tritt kein Wasser aus –, was machen Sie dann? Eine neue Wasserdüse kaufen? Den Schlauch auf Löcher untersuchen? Ja, die Düse ist ein wenig verstopft und auch der Schlauch hat ein paar frostbedingte Löcher bekommen, aber ein wenig Wasser dürfte doch austreten, oder? Auch die zwei Knicke im Schlauch sind es nicht, die den Wasserfluss unterbinden.

Sie würden vermutlich zur Außenzapfstelle gehen und sich vergewissern, dass diese funktioniert. Tut sie dies nicht, gingen Sie zum Haupthahn im Haus und öffneten ihn. Wenn auch jetzt kein Wasser flösse, würde Ihnen vermutlich auffallen, dass am Tag zuvor eine Nachricht in Ihrem Briefkasten lag, dass das Wasser heute für zwei Stunden abgestellt werden würde. Hier war der Kern-Engpass.

Um auf diesem Bild aufzubauen: Suchen Sie bei der Problemlösung – sei sie mit einem Mitarbeiter oder ohne ihn – nicht in den Details. Stellen Sie vermeintlich Selbstverständliches infrage. Stellen Sie sicher, dass Sie nichts Bedeutendes übersehen haben, damit Sie die Systemleistung schnell wieder herstellen. Und arbeiten Sie nie an zu vielen Baustellen gleichzeitig, es gibt nämlich immer nur einen aktuellen Kern-Engpass, den es zu lösen gilt, bevor Sie sich dem nächsten Engpass widmen.

Wenn Sie also das Problem Ihres Mitarbeiters („Wir haben ein Problem, Chef!") auf die Gesamtebene des Unternehmens projizieren, stellen Sie vielleicht fest, dass auf dieser Ebene ein ganz anderer Engpass besteht, dem Sie sich widmen sollten.

Schicken Sie Ihren Mitarbeiter dann einfach allein oder mit anderen in eine Problemlösungsrunde. Widmen Sie sich dem Kern-Engpass.

Wachstumstipp
Erneut haben wir es wieder mit einem Prioritätenthema zu tun. Auch Engpässe gilt es zu priorisieren. Statt operativer Hektik ist Umsicht geboten. Nicht jeder Engpass, der auf sich mit lautem Geräusch aufmerksam macht, ist auch der wichtigste. Unterstützen Sie Ihre Mitarbeiter dabei, nach Behandlung derjenigen Engpässe, die unmittelbar existenziell sind, nach den Ursachen zu suchen und statt symptomatischen Reagierens ein kausales Therapieren zu üben. So handeln auch gute Ärzte.

2.14 Erkenntnis – Was weiß Ihr Unternehmen über das, was es nicht weiß?

„Ich weiß, dass ich nichts weiß". Dieser Satz, der Sokrates zugeschrieben wird, ist uns allen gängig, leider aber vermutlich falsch. Richtig soll Sokrates nämlich gesagt haben: „Ich weiß, dass ich nicht weiß" – also ohne additives „-s" bei dem Wort „nicht".

Haarspalterei? Mitnichten. Die beiden Sätze sagen völlig Unterschiedliches aus und helfen uns, die wir uns in diesem Beitrag um „Strategie und Führung" kümmern, das Thema „Wissen" im Unternehmen ein wenig zu fokussieren.

Was Unternehmen wissen

Viele Unternehmen wissen schon eine ganze Menge. Sie betreiben Wettbewerbsanalyse, die häufig – und idealerweise – durch den Vertrieb geschieht (und nicht allein durch die Marktforschung), es werden Kundenzufriedenheitsanalysen durchgeführt (die idealerweise durch die interne oder eine externe Marktforschung durchgeführt wird und nicht durch den Vertrieb) oder es werden Trendanalysen initiiert (die wiederum weder durch den Vertrieb noch durch eine Marktforschung, sondern durch – potenzielle – Mitglieder der Zielgruppe erfolgen sollten). Unternehmen wissen allerhand.

Abgesehen davon, dass es in vielen Unternehmen an Mechanismen und Verfahren mangelt, das Wissen, das die Mitarbeiter in den Köpfen haben, zu materialisieren, ohne dabei auf Hypes wie „Wissensmanagement" hereinzufallen, fehlt häufig die Einsicht darüber, dass man den Themen, die man nicht weiß, auch Aufmerksamkeit schenken muss. Dazu müssen Unternehmen aber erst einmal wissen, was sie nicht wissen (aber wissen sollten).

Was Unternehmen nicht wissen

Zu kompliziert? Beginnen wir mit dem Einfachen: Es gibt keine absolute Sicherheit und es gibt nicht das absolute Wissen, ebenso wenig wie es „die Wahrheit" gibt. Dies vorausgeschickt, gibt es gleichwohl Bestandteile des Wissens, über die jedes Unternehmen verfügen sollte, um weiter zu wachsen. In der Regel gehören diejenigen Wissensdimensionen, in denen sich der Vertrieb, die Marktforschung oder Trend-Scouts bewegen, nicht dazu. Der Grund ist einfach: Der meiste Teil der aufwendigen Recherche bezieht sich auf das Schaffen von Sicherheit im angestammten Produkt- und Dienstleistungsbereich. Es ist eine Fokus-Frage.

Wir müssen auch gar nicht darüber diskutieren, ob sich der Fokus verbreitern sollte. Nein, das soll er nicht. Die Unternehmensführung muss, um etwas mehr Sicherheit darüber zu erlangen, wie ihr Unternehmen weiter wachsen will, einen – oder besser zwei –

weitere Fokusse schaffen: den einen auf mögliche Quereinsteiger in die spezifische Branche und den anderen auf mögliche verwandte Branchen, in denen das Unternehmen selbst Quereinsteiger sein kann.

Mit Quereinsteigern vertraut machen

Wir stellen in unseren Beratungsmandaten häufig fest, dass Unternehmen in der Vergangenheit völlig überrascht darüber waren, dass plötzlich Quereinsteiger in ihrer Branche auftauchten. Beispiele? Gesundheitsmarkt: Versandhändler, deren Haupt-Kompetenz nicht die Apotheke, also der Betrieb eines hochspezifischen und reglementierten Einzelhandelsgeschäftes nebst Beratung in ethischen und OTC-Produkten ist, sondern die effektive Versendung umschlags- und renditestarker Medikamente: Die Versandapotheke.

Gesundheitsmarkt, zum Zweiten: Einzelhändler, die für sich das Thema „Gesundheit“ entdeckt und ein Sortiment frei verkäuflicher Arzneimittel angeboten haben. Die Verbraucher haben dies dankbar im Sinne eines „One-Stop-Shoppings“ angenommen, denn die jeweilige Einzelhandelsmarke hatte bei den Verbrauchern schon die Sympathie und das Vertrauen. Beispiel: dm Drogeriemarkt.

Handel mit Gebrauchs- und Verbrauchsgütern: Der ehemalige Buchversender, der seine Kernkompetenz „Versandhandel“ auf sämtliche denkbare und undenkbare Sortimente ausdehnt und mit hochbequemen Einkaufsmethoden direkt auf den heimischen Tisch liefert: Amazon.

Nur wenige Unternehmen der oben angesprochenen Branchen hatten die Wettbewerber aus der „Nebenbranche“ rechtzeitig auf dem Radar. Mit einigen unserer Klienten haben wir diese und andere Entwicklungen antizipiert und mögliche Szenarien entwickelt, was dazu geführt hat, dass die Unternehmen nicht nur wussten, was sie bislang nicht wussten, sondern auch zusätzliches neues Wissen akquiriert hatten und wir die Geschäftsmodelle entsprechend justieren konnten.

Selbst Quereinsteiger sein

Noch ein Stück weiter als das proaktive Einstellen auf Gegebenheiten, die man zuvor nicht in Augenschein genommen hatte, ist das proaktive Eintreten in einen fremden Markt mithilfe der eigenen Kernkompetenzen. Sie können dazu die obigen Branchenbeispiele einfach umdrehen, aber es lohnt sich, noch weitere gelungene Ideen anzuschauen:

Baumarkt: Hornbach, Hellweg, u. a. Baumarktbetreiber, in der Vergangenheit auf den Privatkunden (und den Schwarzarbeiter, was natürlich niemand zugibt) fokussiert, haben gezielt Profi-Center aufgebaut, um dem traditionellen Großhandel Kunden abzujagen. Dies, in Verbindung mit einer Handwerkervermittlung gegenüber dem Endkunden, macht dem Profi-Vertrieb schwer zu schaffen.

Musikindustrie: Apple, als vormals reiner Computerhersteller, hat die Musikindustrie und die Art, wie wir heute Musik konsumieren, revolutioniert. Das Unternehmen hat seine Kernkompetenzen konsequent genutzt.

Lizenzen: Porsche hat mit Porsche Design seine Markenkraft perfekt in Lizenzen umgesetzt. Porsche Design-Produkte konkurrieren auf hochwertigen Flächen mit anderen Luxusmarken, die mit Autos nur wenig zu tun haben – zu deren Leidwesen.

Das Prinzip: Auf Kernkompetenzen bauen und auf die Marke setzen

Sie haben zwei große Chancen, um Quereinsteiger zu werden und andere Märkte ein wenig aufzumischen: Sie brauchen übertragbare, echte Kernkompetenzen oder eine starke Marke – am besten beides.

Kernkompetenzen

Mit der Kenntnis der Kernkompetenzen ist es in vielen Unternehmen leider nicht weit her, reduzieren sich Angaben zu Kernkompetenzen bei genauem Fragen doch gern auf Platzhalter. Das unbequeme Nachbohren lohnt sich – viele Unternehmen wissen nicht, dass sie ihre Kernkompetenzen gar nicht kennen. Fast alle derjenigen unserer Klienten, mit denen wir rigoros an die Herausarbeitung ihrer Kernkompetenzen gegangen sind, konnten nachher erstens wesentlich wirkungsvoller kommunizieren, weil sie die Resultate, die aus der Anwendung der Kernkompetenzen stammten, wesentlich besser pointieren konnten, und waren zweitens in der Lage, einen anderen Markt unter Nutzung zweier oder dreier Kernkompetenzen und einem entsprechenden Investment ordentlich in Unruhe zu bringen. Sage noch einmal jemand, Wachstum mache keinen Spaß.

Marke

Der Begriff „Marke“ wird häufig auf den B2C-Bereich reduziert, was schade und zu kurz gesprungen ist. Jedes Unternehmen ist eine Marke, ob es das will oder nicht. Auch jedes Produkt ist eine Marke, unabhängig davon, wie erfolgreich es ist. Der Punkt ist, dass die Markenkraft gezielt gestärkt werden muss, will ein Unternehmen, wie beispielsweise Porsche im obigen Beispiel, Lizenzen vergeben und auf diese Weise relativ risikofrei in andere Märkte eintreten, die die Kernmarke noch anreichern. Auch hier gilt: Zu viele Unternehmen sind sich über die eigene Marke noch gar nicht bewusst, was diese Unternehmen aber nicht stört, weil sie gar nicht wissen, dass ihnen dieses Wissen fehlt.

Wachstumstipp
Bevor Sie sich mit all den Facetten eines Wissensmanagements herumärgern, sorgen Sie dafür, dass Sie – gegebenenfalls mit einem Vertrauten Dritten – schonungslos Ihre echten Kernkompetenzen herausarbeiten und diese bekanntmachen und sorgen Sie ebenfalls dafür, dass Sie Klarheit über Ihre Marke haben – und hier spreche ich besonders den B2B-Bereich an, denn im B2C-Bereich kann man sich zwar bei weitem noch nicht zurücklehnen, ist aber eher gewohnt, in der Kategorie „Marke" zu denken. Wenn Sie beides beisammen haben, fokussieren Sie sich konsequent auf die Übertragbarkeit Ihrer Kernkompetenzen und Ihrer Markenkraft auf tangierende – oder sogar weiter entfernte – Bereiche. Sie werden staunen, wie viel Wissen Sie addieren und welche großartigen Ideen und Pläne dabei für Ihr weiteres Wachstum entstehen.

2.15 Den Erfolg beginnen – Wie Sie und Ihre Mannschaft den Erfolg starten

Wer würde auf die Frage „Wollen Sie erfolgreich sein?" nicht mit „Ja" antworten? Als wäre es nicht schon anspruchsvoll genug, für sich persönlich zu definieren, was Erfolg genau bedeutet, erhält dies auf der Unternehmens-Ebene noch einmal eine wesentlich höhere Komplexität – und eine höhere Dynamik.

In unseren Beratungsprojekten geht es immer darum, noch erfolgreicher oder wieder erfolgreich zu werden. Damit dies geschehen kann, muss einiges geschehen. Nachfolgend finden Sie die wesentlichen Aspekte, die wir als relevant erachten, wenn es um das Thema „Erfolg" geht:

1. Messgrößen

Erfolg zu wollen, ohne definiert zu haben, woran der Erfolg, wenn er denn eingetreten ist, erkannt werden soll, ist fahrlässig. Gelingt die Definition quantitativer Messgrößen grundsätzlich eher leicht, stellt sich bei der Definition qualitativer Messgrößen rasch die eine oder andere Hürde ein. Aber auch bei den quantitativen Messgrößen wird schnell eine Ambiguität erkennbar: Woher wissen wir zum Beispiel, dass ein Wachstum von 10 % im nächsten Jahr a) realistisch und b) richtig ist? Warum nicht 8 Prozent? Oder 17? „From good to great" – netter Buchtitel von Jim Collins, aber was bedeutet „good", was bedeutet „great"?

Definieren Sie Messgrößen, und zwar ausdrücklich auch qualitative Messgrößen, für den Erfolg mit Ihrer Mannschaft. Der Prozess allein bringt Ihnen schon wesentlichen Fortschritt auf dem Weg zum Ziel.

2. Sprache

Welche Sprache wird in Ihrem Unternehmen verwendet? Wird Erfolg innerhalb des Unternehmens anerkannt? Werden erfolgreiche Mitarbeiter besonders positiv herausgestellt? Werden Initiativen unternommen, um Kunden erfolgreicher zu machen? Oder wird doch wieder nur „ein Deal" gemacht? Werden Führungskräfte für ihre Inspiration gelobt? Wird anerkannt, dass Erfolg auch besonders vergütet wird? Oder ist eher eine Neid-Kultur vorhanden? Wie sieht es aus, wenn der Chef ein neues Auto hat? Was sagen die Mitarbeiter? „Toller Wagen!" oder „Das viele Geld hätte er mir lieber als Gehaltszuwachs geben sollen!"? Wird positiv über die Zukunft gesprochen? Oder ist es doch eher eine „Alles-ist-so-schlimm-warum-arbeite-ich-eigentlich-hier"-Mentalität?

Achten Sie darauf, welche Sprache gesprochen wird. Sorgen Sie dafür, dass positiv über Erfolg gesprochen wird. Wirken Sie darauf ein, dass über Kunden nicht gelästert oder in irgendeiner Weise abfällig gesprochen wird. Sprache ist Ausdruck des Denkens.

3. Best Practices

Best Practices sind ein probates Mittel, um zu lernen. Die wahren Best Practices liegen aber nicht – wie landläufig gelehrt wird – außerhalb von Unternehmen, sondern sie liegen im Unternehmen selbst. Das permanente nach außen Schauen, um zu sehen, was in irgendeiner Branche wesentlich besser gemacht wird als in der eigenen, muss begrenzt werden, denn damit wird Verantwortung abgegeben. Es ist nichts dagegen zu sagen, wenn beispielsweise ein Büromaterial-Großhandelsunternehmen sich ein Beispiel am Pharma-Großhandel nimmt, um zu studieren, welche Prozesse dort zu einer so geringen Fehlerquote und zu einer so hohen Produktivität führen. Aber der Blick nach innen darf nicht vergessen werden. Zu häufig wird intern gar nicht erst nach Best Practices gesucht – ein vergebenes Potenzial.

Wesentliche Best Practices sind in Ihrem Unternehmen verborgen. Arbeiten Sie sie heraus – besser noch, lassen Sie sie herausarbeiten: Wo laufen Dinge überaus gut und warum? Lernen Sie daraus und multiplizieren Sie die Erkenntnisse.

4. Planung

Wenn Sie definiert haben, woran Sie Erfolg festmachen, ist dies ein wesentlicher Schritt, den wir das „Was" nennen. Zu häufig geschieht es, dass man sich nach der, zweifelsohne anstrengenden, Definition des „Was" zurücklehnt und den weiteren Verlauf nur mehr oder weniger vage beschreibt. Ein fataler Irrtum, denn die Energie, die in das „Was“ gesteckt wurde, verpufft, wenn nicht ein substanzielles „Wie“ hinterlegt wird. Wie also soll der Weg zum Erfolg sein? Was sind die Phasen? Was sind die Schritte? Welche möglichen Umwege müssen wir gehen? Der Klassiker in dieser Fehlstellung sind Planungsrunden, die regelmäßig im Spätsommer oder Herbst eines Jahres beginnen – vorausgesetzt das Geschäftsjahr ist das Kalenderjahr. Es wird geplant auf Biegen und Brechen und niemand fragt: „Wie sollen diese Zahlen denn genau erreicht werden? Welche Maßnahmen sollen dazu führen, dass der Erfolg mit hoher Wahrscheinlichkeit eintritt?“

Lassen Sie sich und Ihre Mitarbeiter nicht aus der Verantwortung. Die Entscheidungen, die wir treffen, die Handlungen, die wir vornehmen, sind die Aktivitäten, die letztlich zum Erfolg führen sollen. Ein reines Definieren des Erfolgs ist notwendig, aber nicht hinreichend.

5. Vergangenheit abhaken

Erfolgreiche Unternehmen haken ihre Vergangenheit relativ schnell ab –, und zwar unabhängig davon, ob sie erfolgreich waren oder nicht. Die Vergangenheit lässt sich nicht mehr verändern und es lässt sich auch nicht zu viel aus ihr lernen. Das Einzige, was verlässlich funktioniert, ist das Suchen nach (Miss-)Erfolgs-Mustern. „Muster“ bedeutet dabei ein nachvollziehbares, regelhaft auftretendes Phänomen. Die Frage, die es zu stellen gilt, lautet: „Haben wir bestimmte Prozesse eingeführt, die regelhaft zu (Miss-)Erfolg geführt haben?“ Die Betonung liegt dabei auf „regelhaft“. Lernen Sie daraus.

Schauen Sie sich die Vergangenheit nicht aus Einzelfallsicht an, sondern suchen Sie nach Mustern. Idealerweise spenden Sie mehr Zeit dafür, nach Erfolgsmustern zu suchen, als nach Misserfolgsmustern, denn wenn es Ihnen gelingt, die Erfolgsmuster zu multiplizieren, reduzieren sich die Misserfolge rapide.

6. Innovation als Erfolgstreiber

Schauen wir beispielsweise auf Wachstumsziele: Betrachten Sie Wachstum nicht als reine Addition oder reine Vergrößerung. Schauen Sie bei der Definition von Erfolg auch und vor allem auf Innovation. Muss wirklich immer mehr eines bestimmten Produktes verkauft werden? Oder kann man es nicht einfach langsam einmal auslisten? Ist es wirklich erforderlich, so viele Produkte zu führen? Kennt eigentlich noch jemand alle Produkte und Dienstleistungen des Unternehmens? Woher kommt Ihre Innovationskraft?

Sorgen Sie für einen starken und nachvollziehbaren Innovationsprozess. Lassen Sie es nicht zu, dass sich eine „Mehr des Gleichen“-Mentalität im Unternehmen Raum schafft. Mit „Mehr des Gleichen“ lässt sich auf lange Sicht kein Besenstiel gewinnen.

7. Auf den Erfolg vorbereiten

Unternehmen haben fast immer einen sogenannten Plan B, für den Fall, dass in neuen Wachstumsinitiativen etwas schiefgeht. Dabei gibt es, genauer, meist mehrere „Pläne B", nämlich sowohl Pläne für kleinere Schieflagen als auch den „Masterplan B", der eintritt, wenn sich eine größere Fehlstellung einstellt. Es wird minutiös, auch unter Risikogesichtspunkten, geplant, was geschehen muss, wenn der große Plan A nicht aufgeht.

Risikomanagement ist ein gutes Stichwort. Ich bin der Meinung, dass es einen Plan C geben muss, der dann eintritt, wenn der Erfolg überdimensional stark eintritt. Unter Risikogesichtspunkten geht dies aber völlig unter. Was passiert denn, wenn die neue Vertriebsstrategie tatsächlich greift und nicht nur zahlreiche neue Kunden hinzukommen, sondern die bestehenden Kunden auch noch mehr kaufen? Können wir den Ansturm verkraften oder sieht unser Plan dann eine Lücke vor? Was geschieht, wenn unser neues Produkt ein Volltreffer wird und man es uns aus den Händen reißen will? Können wir auch eine starke Nachfrage bedienen? Machen unsere Lieferanten das mit?

Eine der größten Schwächen, wenn wir über Wachstum sprechen, ist, dass Unternehmen nicht auf den Erfolg vorbereitet sind. Man stelle sich vor: Der sorgsam geplante Erfolg wird durch Über-Erfolg vernichtet. Fatal. Dabei ist es gar nicht so schwer, sich auf den Erfolg vorzubereiten, wenn man diesen Gedanken einmal verinnerlicht hat.

Sind Sie auf den Erfolg vorbereitet?

Wachstumstipp

Um Erfolg sehen und würdigen zu können, bedarf es einer guten Balance zwischen einer kreativen, gesunden Unzufriedenheit auf der einen und einer gewissen Gelassenheit, das Erreichte zu genießen, auf der anderen Seite. Wir haben es uns sowohl bei der Arbeit an unserer eigenen Unternehmensstrategie als auch in Wachstumsklausuren mit unseren Klienten zur Gewohnheit gemacht, neben dem erforderlichen Blick in die Zukunft auch jeweils das innerhalb eines sinnvoll zu betrachtenden Zeitraums – ein Kalenderjahr oder ein Geschäftsjahr sind hier sinnvolle Perioden – Erreichte zu betrachten, und zwar in Form von Resultaten. Zwar ist die Vergangenheit nicht mehr änderbar, aber sie ist auch unbestechlich faktisch. Der Rückblick hat schon manchem Unternehmen gezeigt, was möglich ist, das zuvor nicht für möglich gehalten wurde.

Wachstum schaffen, halten, wiederherstellen: Den Wachstumsphasen gemäß agieren 3

Zusammenfassung

Die drei Phasen des Wachstums

- 1: Mehr oder weniger starkes Wachstum
- 2: Stagnation
- 3: Abschwung

erfordern unterschiedliche Vorgehensschwerpunkte. Müssen in Phase 1– dies ist die Phase, in der es häufig heißt, dass das Schlimmste, was eintreten kann, ein weiterer Auftrag ist – vor allem die Kräfte darauf konzentriert werden, die Organisation stabil zu halten und dafür Sorge zu tragen, dass das Wachstum getragen werden kann und die Organisation nicht auseinanderdriftet, ist die Situation in Phase 2 schon prekärer, denn anders als in der ersten Phase fehlt es hier an Dynamik, die genutzt werden kann. Insgesamt ist die Phase 2, Stagnation, ohnehin die gefährlichste Phase des Wachstums, denn hier entscheidet sich, ob neue Wachstumsimpulse gesetzt werden, oder ob sich das Unternehmen mit dem Erreichten arrangiert und das Bestehende verwaltet. Aufrütteln ist hier die Botschaft der Stunde – was nicht unmittelbar einsichtig erscheint, denn eigentlich ist ja alles in bester Ordnung.

In Phase 3 ist der wesentliche Vorteil, dass es keines Aufrüttelns bedarf, denn bei hinreichender Unternehmenstransparenz ist die Situation für jedes Mitglied des Unternehmens ersichtlich und auch hier, im Abschwung, sind dynamische Elemente, die genutzt werden können. Die Devise lautet hier: Die eventuell erforderliche Restrukturierung so schnell wie möglich hinter sich bringen und den nächsten Wachstumspfad gehen.

Jede dieser drei Phasen erfordert unterschiedliche Handlungen und unterschiedliche Führungsstile. Allen Phasen ist gemein, dass es einer geordneten strategischen Vorgehensweise bedarf, an der es unserer Beobachtung zufolge häufig mangelt. Da die

G. Quelle, *Wachstum beginnt oben*,
DOI 10.1007/978-3-658-03658-4_3, © Springer Fachmedien Wiesbaden 2014

Strategie aber zu Beginn des Handelns stehen muss, wird bei ihrem Ausbleiben billigend in Kauf genommen, dass sich nachgeordnete Dinge eher zufällig ergeben – eine Fahrlässigkeit, die sich wachstumsintelligente Unternehmen nicht leisten.

Schauen wir also zu Beginn dieses dritten Kapitels zunächst auf das Thema „Strategie", unter besonderer Berücksichtigung der Landwirtschaft.

3.1 Strategie, Taktik, Ausführung, Konsequenz – Lernen Sie aus der Landwirtschaft

Strategie

Auch in Sachen „Strategie" können wir, wie so häufig, vieles aus der Natur und speziell auch aus der Landwirtschaft lernen: Ein Landwirt, der ein neues Feld erwirbt, beginnt nicht unbedingt sogleich mit der Bestellung, sondern er stellt sich sinnvollerweise zunächst die Frage, ob er das Feld für den Ackerbau oder zur Viehzucht nutzt. Vielleicht fragt er sich auch, ob sich das Feld besser zum Verkauf als Bau(erwartungs)land oder als Golfplatz eignet. Dies sind strategische Fragen. Erst, wenn diese beantwortet sind, wenn also die Art der Nutzung formal entschieden ist, gilt es, über das weitere Vorgehen zu entscheiden.

Taktik

Nehmen wir an, unser beispielhafter Landwirt hätte sich entschieden, das Feld zunächst für den Anbau von Weizen zu nutzen. Sind alle erforderlichen Maschinen im Fuhrpark vorhanden? Wenn nicht: Soll er die Maschinen erwerben? Oder reduziert er besser die Kapitalbindung durch das Teilen von wertvollen Produktionshilfsmitteln mit anderen Landwirten? Damit bleiben die Kosten in einem verträglichen wirtschaftlichen Rahmen, es senkt aber die Flexibilität, weil Absprachen mit den anderen Eigentümern erforderlich sind. Eine taktische Entscheidung. Zu den taktischen Entscheidungen gehört auch die Frage, wie die Bestellung des neuen Feldes in den Gesamtzeitplan passt, ob neue Mitarbeiter oder Aushilfen erforderlich sind oder ob die bestehenden Mitarbeiter ausreichen.

Ausführung

Sind auch die taktischen Entscheidungen getroffen, folgen die operativen Dinge. Das Saatgut wird erworben, dabei wird auf eine gute Qualität geachtet, das Feld wird vorbereitet und die Saat wird professionell ausgebracht. Anschließend wird gewässert und gedüngt und am Ende steht, mit ein wenig Glück, eine prächtige Ernte ins Haus, die zum richtigen Zeitpunkt eingefahren werden muss.

Konsequenz

Kein Landwirt käme auf die Idee, eine andere Reihenfolge zu wählen. Vor allem käme ein Landwirt nicht auf die Idee, immer wieder einmal auf das Feld zu fahren, dort zu graben und nachzusehen, ob die Saat auch tatsächlich aufgeht. Im Unternehmen ist dies häufig anders: Ohne Anbindung an das strategische Rahmenwerk des Unternehmens werden Initiativen, oft in Form von Projekten, gestartet, unbedacht durchgeführt, zwischendurch wird die Zielrichtung geändert und es wird immer wieder infrage gestellt, ob das Begonnene auch wirklich richtig ist. Es mangelt an Überlegung, Entscheidungsfreude, Konsequenz in der Durchführung, Disziplin und insgesamt mangelt es häufig schlicht an einer Strategie, die es viel leichter machen würde, bestimmte Dinge zu tun und auf andere Dinge strikt zu verzichten.

Lernen wir also aus der Landwirtschaft.

Wachstumstipp
Welches sind neue Felder, welche Felder werden bei Ihnen neu bestellt, was soll „angebaut" werden? Wo sehen Sie bei Anwendung der Landwirtschafts-Metapher unmittelbar Themen, die Ihrer Aufmerksamkeit bedürfen, weil sie nicht richtig aufgegleist sind? Fragen Sie den Status der Schlüsselprojekte Ihres Unternehmens in der nächsten Führungsrunde ab.

3.2 Vor der Strategie – Die (eigene) Vision

Das viel strapazierte Zitat, das unserem Alt-Bundeskanzler Helmut Schmidt zugesprochen wird, „Wer Visionen hat, sollte zum Arzt gehen", haken wir an dieser Stelle zunächst einmal getrost als überholte Sicht eines verdienten Politikers ab.

Zu den wesentlichen Aufgaben des CEOs gehört selbstverständlich die vorsichtige Justage und Fortschreibung der Vision des Unternehmens, für dessen Wohl er sich einsetzt. „Vorsichtig" deshalb, weil Vision nicht mit Strategie verwechselt werden darf. Eine Vision ist noch weniger alltagsanfällig als eine Strategie. Eine Vision ist unserem Verständnis zufolge das möglichst konkrete, Nutzen schaffende Bild einer erstrebenswerten Zukunft. Nicht mehr, aber auch nicht weniger.

Nicht selten fehlt die Unternehmensvision auch völlig, sodass der CEO Grundlagenarbeit betreiben und eine solche Vision erarbeiten muss, ist sie doch die Grundlage der strategischen Arbeit.

Hier sind drei Tipps für den CEO, um eine Vision wirksam werden lassen zu können:

1. Kongruenz

Zunächst, und das sollten Sie sich natürlich überlegen, bevor Sie den Kontrakt unterzeichnen, ist es erforderlich, dass die Vision des Unternehmens, dem Sie vorstehen, mit Ihrer eigenen Vision kongruent, kompatibel ist. Diejenigen von Ihnen, die bereits eine Vision verwirklichen sollten, welche diesem Kongruenzkriterium nicht entsprach, wissen, wovon ich rede. Verbiegen Sie sich nicht. Entweder passt das Unternehmen zu Ihnen oder es wartet ein besseres auf Sie.

2. Justage

Wenn Ihr Unternehmen bereits über eine Vision, also ein möglichst konkretes, Nutzen schaffendes Bild einer erstrebenswerten Zukunft verfügt, und diese Vision nicht „verstaubt" ist, belassen Sie es bei Justagen. Visions-Revolutionen gehen meist nach hinten los. Fragen Sie auch Ihre Mitarbeiter, welches die Unternehmensvision ist. Prüfen Sie die Prozesse, ob die Vision gelebt wird. Ist das nicht der Fall, bedarf die Vision einer Reaktivierung.

3. Erneuerung

Vielleicht verfügt Ihr Unternehmen auch gar nicht über eine Vision. Dann schaffen Sie eine. Vielleicht ist die Vision mangels Top-Management-Aufmerksamkeit in der Vergangenheit überholt, irreführend, irrelevant. Dann schaffen Sie eine neue. Scheuen Sie sich nicht vor der Mühe, es ist einfacher, als die meisten unserer Beraterkollegen es wahrhaben wollen. Kombinieren Sie dazu Top-down-Vorgaben mit Bottom-up-Erörterungen. Denken Sie lateral und lassen Sie Ihre Kollegen im Management ebenso daran teilhaben wie Ihre Mitarbeiter.

Wachstumstipp
Die Kernfrage, die Sie als CEO beantworten können müssen, ist: Wofür steht Ihr Unternehmen – jetzt und in Zukunft? Wenn Ihre Vision nicht weit genug in die Zukunft reicht, gar messbare Ziele enthält, ist es keine Vision, sondern möglicherweise ein Element der Strategie. Trennen Sie deutlich. Vision ist eine notwendige Voraussetzung für Strategie. Und bevor jeder Mitarbeiter selbst seine eigene Vision im Tagesgeschäft verfolgt, ist es allemal besser, Sie schaffen eine Integration.

3.3 Mitreißend – Die Kraft der Vision

War im vorherigen Beitrag bereits von den grundsätzlichen Elementen einer Vision die Rede, muss in diesem Beitrag eines vorweg genommen werden: Wenn Sie der Meinung sind, ein Unternehmen bedürfe keine Vision, brauchen Sie nicht weiter zu lesen, denn das Erfordernis einer Vision wird hier für den Erfolg des Unternehmens, für sein profitables Wachstum und sein gezieltes Wirken vorausgesetzt.

Wenn Sie die Sorge haben, dass der Prozess der Erarbeitung einer Vision ein massives Beratungsprojekt ist, das unendlich viel Zeit in Anspruch nimmt, können wir Ihnen diese Sorge nehmen: Die meisten „Visionsentwicklungsprojekte" sind aufgebläht. Luft herauszulassen, Substanz hereinzubringen muss das Ziel sein. Wie das gehen kann, werden wir hier gleich sehen. Dass die der Vision folgende Strategie und deren Realisierung ein aufwendiges Unterfangen ist, ist bekannt.

Um zu verstehen, was eine Vision ist und was sie nicht ist, hier unsere Definition von „Vision"

Eine Vision ist ein möglichst konkretes Bild einer Nutzen schaffenden, erstrebenswerten Zukunft. Dabei ist es unerheblich, ob die Vision jemals erreicht wird, denn sie dient nicht als Ziel, sondern als Orientierungspunkt, aus dem sich Wege und Ziele ableiten.

Greifbare Ziele – wie z. B. „2023 sind wir Marktführer im Bereich Multimedia Systeme" – gehören nicht in eine Vision. Ziele sind Bestandteile der Strategie. Verwechseln Sie dies nicht, genau das macht manche Visionsentwicklungsprojekte zu groß.

Fallbeispiel

Um zu verdeutlichen, welche Bedeutung eine Vision hat, welche Zyklen ein Unternehmen hinsichtlich einer Vision (und ohne eine solche) durchlaufen kann und mit welch relativ überschaubarem Aufwand eine wirksame Vision erarbeitet werden kann, möchte ich zu meinem eigenen Unternehmen, der Mandat Managementberatung GmbH, greifen. Dies hat den Vorteil, dass ich als Unternehmer sprechen kann und nicht als Berater sprechen muss.

Wurzeln

Mandat hat seine Wurzeln in der Logistik. Als Spin-Off des Fraunhofer Instituts Materialfluss und Logistik Ende der 1980er Jahre hatten wir ein entsprechendes Profil. Unsere Vision damals war es, jegliche Unternehmensprozesse simulierbar und das (Logistik-)Know-how von Großunternehmen im Mittelstand verfügbar zu machen.

Problem

Als Prozessexperten mit dem Kennzeichen „Logistik“ wurden wir in die „Transportieren-Umschlagen-Lagern“-Ecke gestellt und genau da gehörten wir nicht hin. Überdies kamen wir mit Logistik-Themen nur schwer mit der Unternehmensführung ins Gespräch, wir wurden oft weiterdelegiert zur Logistik-Leitung. Der Unternehmensführung fehlte oft der klare Nutzen unserer Arbeit.

Zu einer neuen Vision

Der Loslöseprozess war nicht leicht. Unsere gesamten Kontakte fokussierten sich auf die Logistik. Wir erweiterten unsere Zielgruppe auf Handels- und Dienstleistungsunternehmen und entwickelten uns zum „Kraftverstärker des Managements“, vorwiegend durch unsere Fähigkeit, jegliches Projekt, gleich welchen Themas, massiv beschleunigen zu können. In dieser Zeit jedoch fehlte uns eine Vision. „Kraftverstärker des Managements“ war selbstreferenziert. Wir waren dennoch (opportunistisch) recht erfolgreich, aber nicht gezielt wirksam.

Der Markt als Veränderungsinitiator

Immer mehr Klienten kamen auf uns, weil sie meinten, dass unsere Beschränkung auf Branchen (Handel und Logistik) zu eng und künstlich sei – und sie hatten Recht, denn die Themen waren branchenunabhängig die gleichen. Es ging nicht um eine Branche, es ging um zu schaffenden Wert. Wir gaben den Branchenfokus auf, allerdings immer noch ohne Vision.

Neuer Fokus

Irgendwann besannen wir uns auf den Nutzen, den unsere Klienten stets aus der Arbeit mit uns hatten und kamen Stück für Stück zu dieser Erkenntnis: Immer war es profitables Wachstum, das unsere Klienten bewegte und das wir – auf die verschiedensten Weisen – schaffen konnten. Dieses profitable Wachstum war nicht nur auf finanzielle Kenngrößen beschränkt, sondern unsere Klienten hatten stets eine ganzheitliche Sicht auf das Thema Wachstum. Überdies hatten unsere Klienten eines gemeinsam: Sie hatten mehr Ideen als Arme zur Realisierung dieser Ideen und waren uneitel genug, um nicht zu meinen, alles selber können zu müssen. Der neue Fokus, der aus der Bündelung des Alten und des erstrebenswerten Neuen entstand, mündete in unsere heutige Wertaussage: „Wir helfen Unternehmen dabei, profitabel zu wachsen“.

Die neue Vision

Die daraus abgeleitete Mandat-Vision lautet: „Unser Anspruch ist es, einen entscheidenden Beitrag dafür zu leisten, dass führende Unternehmen, die in ihrer Branche häufig bereits einen Weltklasse-Standard setzen, langfristig erfolgreich sind. Wir wollen die führende Beratungsgesellschaft sein, wenn es um die Schaffung von profitablem, nachhaltigen Wachstum geht. Dies ist kein Selbstzweck, sondern kommt unmittelbar unseren Klienten zugute. Unsere Klienten definieren, ob und wann wir dies erreicht haben.“ (siehe auch: www.mandat.de/de/menu/ueberuns/ueber-mandat/)

Implementierung und Konsequenzen

Die Implementierung der Vision war selbst in einem mittelständischen Unternehmen wie Mandat nicht einfach, galt es doch, Kollegen zu überzeugen, mitzunehmen, ihre eigenen Gedanken einfließen zu lassen und die Vision zu konkretisieren. Heute dreht sich alles, was wir tun, um das Thema „profitables Wachstum", und alle Beteiligten wissen, worauf sie sich einlassen. Zu uns kommen nur Mitarbeiter, die nicht müde werden, Wege zu suchen, unsere Klienten wachsen zu lassen, und auch Klienten, die eine große Freude daran haben, gemeinsam mit ihren Mitarbeitern und uns anspruchsvolle Wachstumsprojekte Wirklichkeit werden zu lassen, kommen voll auf ihre Kosten. Die Konsequenzen einer Vision sind richtungsweisend.

Ich möchte an dieser Stelle nicht behaupten, dass wir die Welt neu erfunden haben, aber wir haben unserer Meinung nach für Mandat einen wirksamen Einklang zwischen Wertaussage, Vision und Strategie gefunden.

Zurück zu Ihnen

Sie haben gesehen, dass es keines perfekten Ansatzes für eine Vision bedarf. Wenn Ihr Unternehmen über eine Vision verfügt – unabhängig davon, ob sie veraltet ist oder nicht -, machen Sie sich die Mühe, festzustellen, ob die Vision gelebt wird. Wird eine veraltete Vision nicht gelebt: Gut für Sie. Das macht die Erarbeitung leichter. Wird eine aktuelle Vision nicht gelebt, sorgen Sie dafür, dass Ihr Management auf jeder Ebene Messgrößen einführt, anhand derer festgestellt werden kann, dass in die richtige Richtung gearbeitet wird.

Wenn Sie nicht über eine Vision verfügen oder eine neue Vision für erforderlich halten, beginnen Sie mit einer Wertaussage: Wie geht es Ihren Kunden besser, wenn sie mit Ihnen ein Geschäft abgeschlossen, ein Produkt von Ihnen gekauft oder eine Dienstleistung von Ihnen in Anspruch genommen haben?

Wachstumstipp

Das Erarbeiten der Wertaussage dieses einen Satzes darf im Kreise der Unternehmensführung nicht länger als 24 Stunden erfordern. Danach geht es an das Zukunftsbild. Auch dieses Erarbeiten muss binnen einer Woche erledigt sein. Danach geben Sie beides strukturiert in die Mannschaft und sammeln Sie ebenso strukturiert Feedback. Insgesamt sollten Sie nach spätestens vier Wochen eine Wertaussage und eine Vision haben, mit der Sie getrost starten können. Wir haben in den letzten 20 Jahren viele Unternehmensführungen dabei unterstützt, eine Vision zu entwickeln, häufig als Basis für eine neue Marktsegmentstrategie. Immer haben wir dabei Geschwindigkeit vor Perfektion gesetzt und sind gut damit gefahren.

3.4 Wachstum? Nicht um jeden Preis – Wann es Zeit ist, zu bremsen

Wachstum ist schick, Stillstand ist Rückschritt. Erhalten die Mitarbeiter und das Management von Unternehmen in der Krise noch eine „Wachstums-Verschnaufpause" zugebilligt, wird doch bereits bei ersten Anzeichen der konjunkturellen Erholung das Thema Wachstum wieder in Großbuchstaben geschrieben. Wir müssen größer, schneller und rentabler werden. Wenn es sein muss, auch um jeden Preis. Zahlreiche Mitarbeiter werden für das Wachstum des Unternehmens bezahlt, teilweise ohne Sinn und Verstand dafür, welchen Zweck das Wachstum überhaupt verfolgt.

Wachstum um des Wachstums Willen ist schlicht töricht, widerspricht dem gesunden Unternehmensverstand und darf keinesfalls zum Unternehmenszweck werden. Acht Gedanken dazu:

- Wachstum begründen
- Wachstum definieren
- Unsinn stoppen
- Belohnungssystem anpassen
- Aufklären
- Berechenbarkeit und Bewertung schaffen
- Restrukturierung und Wachstum trennen
- Wann bremsen?

Wachstum begründen

Warum soll das Unternehmen überhaupt wachsen? Ist Wachstum für dieses Unternehmen überlebenswichtig? Bedarf es einer kritischen Größe oder geht es um einen Rentabilitätsanspruch, der gewahrt werden soll? Ist es den Marktgegebenheiten geschuldet, dass das Unternehmen an Größe gewinnt oder ist es schier Eitelkeit, die das größenmäßige Wachstum treibt? Bedeutet Unternehmensgröße einen höheren Unternehmenswert? Oder ist dieser nicht eher durch die Rentabilität begründet? Ohne ein begründetes Wachstum kann eine Mannschaft nicht überzeugt werden, in die richtige Richtung zu laufen.

Wachstum definieren

Der Wachstumsanspruch muss exakt definiert sein. Was ist gewollt, was ist nicht gewollt oder sogar verboten? Wird ein Unternehmen ohne entsprechende Leitplanken auf die Wachstumsspur geschickt, geht zu leicht der Unternehmensfokus verloren. Es werden kontraproduktive Projekte gestartet, das Denken in Marktanteilen überwiegt das Denken in Rentabilität und die Komplexität steigt exponentiell. Der Dialog zwischen Shareholdern und Management über den Wachstumsanspruch und die Art und Weise des Wachstums muss sehr eng geführt werden, um Erwartungen und Ergebnisse in Einklang zu bringen. Ohne exakte Definition des Wachstums kann keine Wachstumsstrategie gedeihen.

Unsinn stoppen

Insbesondere als Eigentümer eines Unternehmens lassen Sie sich nicht das Blaue vom Himmel herunter versprechen. Dies gilt insbesondere, wenn Ihnen Ihr Management oder das Management eines anderen Unternehmens Versprechungen hinsichtlich extern generierten Wachstums macht. Gleichermaßen gilt für das Management eines Unternehmens, dass kritisch geprüft werden muss, ob Versprechungen, die seitens der Eigentümer bei Übernahme eines anderen Unternehmens gemacht werden, künftig auch eingehalten werden können. Zu häufig haben wir erlebt, dass Unternehmen durch wahllosen Zukauf, der selbstverständlich auf den ersten und vielleicht auch auf den zweiten Blick vielversprechend aussah, eine derart hohe Managementkomplexität erzeugten, dass das operative Geschäft darunter litt.

Schauen Sie vier, fünf, oder, wenn es sein muss, auch sechs Mal hin, bevor Sie einen externen Zukauf tätigen. Unsinniges Wachstum ist unmittelbar im Keim zu ersticken.

Belohnungssystem anpassen

Immer noch gibt es in Unternehmen Mitarbeiter – insbesondere im Vertrieb –, die ausschließlich für einen bestimmten Umsatz oder für Umsatzzuwächse belohnt werden, unabhängig davon, ob der generierte Umsatz rentabel ist oder nicht. Hier gehört unmittelbar Einhalt geboten, denn die Produktion von „faulem" Umsatz kann nicht im Interesse des Unternehmens sein. Ist unterdurchschnittlich rentabler Umsatz noch vertretbar, wenn es darum geht, kurzfristig Marktanteile zu erobern (wobei sich immer wieder die Frage stellt, wie diese Marktanteile mit einer höheren Preisposition später verteidigt werden können), gilt es grundsätzlich dafür Sorge zu tragen, dass die Mitarbeiter von der Rentabilität eines Unternehmens profitieren, nicht von dessen Größe. Gerade im Vertrieb hilft es, wenn Belohnungssysteme sich am Deckungsbeitrag eines Auftrages orientieren oder langfristige Komponenten eingebaut werden, wie beispielsweise Kundentreue oder Kundenentwicklung.

Stellen wir die Rentabilität in den Vordergrund, ist eine Beteiligung am Ergebnis einer Unternehmenseinheit, eines Profit Centers oder sogar am Unternehmensergebnis bei allen bekannten Schwächen zielführender als eine reine Umsatzbeteiligung, die dem Unternehmen sogar schaden kann.

Aufklären

Nur mit aufgeklärten Shareholdern, Investoren und Mitarbeitern lassen sich Wachstumsstrategien verfolgen. Ohne Kommunikation kein Wachstum. Gerade deshalb ist es elementar wichtig, die Gründe und die Ansprüche des Wachstums exakt zu definieren. Mangelnde Kommunikation führt häufig zu derart hohen Missverständnissen, dass selbst gute Wachstumsstrategien nicht aufgehen.

Berechenbarkeit und Bewertung schaffen

Wenn Ihnen Ihre Projektleiter nicht darlegen können, wie sich die letzten Expansionsprojekte hinsichtlich der verabschiedeten Wachstumsstrategie ausgewirkt haben, ist erhöhte Vorsicht geboten. Tragen Sie dafür Sorge, dass Wachstum berechenbar wird, indem es auf zuvor verabschiedeten Kriterien aufsetzt, und tragen Sie ebenso Sorge dafür, dass eine Bewertung der Qualität von Wachstumsprojekten erfolgt, sodass Sie feststellen können, ob Sie weiter Gas geben oder auf die Bremse treten müssen.

Restrukturierung und Wachstum trennen

Das Vorhandensein leistungsfähiger, effizienter Prozesse, einer ebenso leistungsfähigen Organisation und einer zielgerichteten Führung sind im Rahmen einer Wachstumsstrategie unabdingbar, um zum Erfolg zu gelangen. Ist ein Unternehmen in einer Restrukturierungsphase, ist es töricht, übermäßige Wachstumsziele auszurufen. Die Reihenfolge gilt nach wie vor: Erst restrukturieren, dann wachsen. Erst muss der Boden bereitet sein, bevor die Saat gesetzt werden kann. Geerntet wird später.

Wann bremsen?

Sie wissen, dass es Zeit ist, auf die Bremse zu treten, wenn einer oder mehrere der folgenden Punkte zutreffen:

- Sie können sich selbst und anderen den Grund für das angestrebte Wachstum nicht mehr in zwei Sätzen erklären.
- Sie können keinen konkreten, begründeten Wachstumsanspruch verdeutlichen.
- Sie haben den Eindruck, die Anzahl der vermeintlichen Wachstumsprojekte nimmt überproportional zu.
- Sie stellen fest, dass Mitarbeiter für Tätigkeiten belohnt werden, anstatt für Resultate.
- Ihre Shareholder, Analysten, Investoren wollen immer nur „mehr", ohne begründen zu können, warum, und es steht Ihnen aus diesem Kreise niemand für die Diskussion des „WIE" als Sparringspartner zur Verfügung.
- Sie stellen fest, dass Nachhaltigkeit bei allen Diskussionen keine Rolle mehr spielt.
- Sie sind der Ansicht, dass Sie in Ihrer Rolle als Top-Manager eigentlich gut daran täten, das Unternehmen gründlich auf stabilere Füße zu stellen und das Thema „Wachstum" für einige Zeit von der Agenda zu nehmen.

Wachstumstipp
Wachstum hat vieles mit „Weglassen" zu tun. Wenn Sie den Eindruck haben, dass zu viele Themen zu balancieren sind, dass Mitarbeiter von Thema zu Thema springen, ohne Dinge zu beenden, wenn sich keine Lernerfolge – und seien es Lernerfolge durch Fehlschläge – mehr einstellen, lassen Sie gezielt Initiativen weg. Das bedeutet nicht nur, keine neuen Initiativen in Ihr Unternehmen einzusteuern, sondern es bedeutet tatsächlich, Dinge gezielt von der unternehmensinternen Agenda zu streichen.

3.5 Expansion – Vorbilder sind vonnöten

Neulich in einem Strategie-Meeting sprachen wir im engsten Führungskreis des Unternehmens über die Werte, die das Unternehmen seiner internen und externen Öffentlichkeit vermitteln will und wofür das Unternehmen stehen will. Schnell waren einige Werte gesammelt, die (zumindest teilweise) bereits auf gelebter Praxis beruhten und zum Teil noch auf Wünschen basierten.

Einer dieser Werte war der Wert „Disziplin", sollte doch von allen Beteiligten eine hohe Disziplin abverlangt werden, idealerweise in allen Bereichen. Disziplin sollte ein wesentlicher Wert sein, auf dem das Unternehmen ruht.

So weit, so gut. In die nachdenkliche Stille sprach einer der Mitglieder des Strategie-Meetings aus, was vermutlich weitere dachten: „Wenn wir hier darüber reden, dass wir unter anderem für Disziplin stehen wollen, sollten wir bei uns selbst beginnen. Unser Meeting sollte um 14 Uhr starten und tatsächlich gestartet sind wir um 14.15 Uhr. Auch ich selbst war erst um 14.10 Uhr da. Wie wollen wir Disziplin von unseren Mitarbeitern und in unseren Abläufen verlangen, wenn wir sie im Führungsteam nicht selbst vorleben?"

Die Teilnehmer nickten zustimmend. Nach einem kurzen, nachdenklichen Schweigen wurde Zustimmung auch verbal signalisiert, was ich als Verpflichtung wertete. Das nächste Meeting wird zeigen, wie verpflichtend die verbal ausgesprochene Zustimmung tatsächlich war.

Für Vorstände, Geschäftsführer, Unternehmer ist es eminent wichtig, diejenigen Werte, für die ihrer Ansicht nach das Unternehmen stehen soll, auch vorzuleben. Wenn ein Wert „Pünktlichkeit" ist, gilt es für sie, besonders pünktlich zu sein. Ist ein Wert Disziplin, gilt es für sie, besonders diszipliniert zu sein und Versprochenes auch einzuhalten, denn Verbindlichkeit gehört auch zu Disziplin.

Leisten Sie das, was Sie fordern. Sie wissen selbst, dass Ihre Mitarbeiter Sie und Ihr Verhalten stets beobachten – mehr noch: Sie werden permanent bewertet, ob Sie es wollen oder nicht. Die Mitarbeiter orientieren sich an der Führung, denn was die Führung macht, muss ja richtig sein.

Denken wir nun daran, dass Ihr Unternehmen expandiert – und zwar unabhängig davon, ob es an einem gegebenen Standort wächst oder ob es sogar weitere Standorte national und international erschließt: Wie anders wollen Sie sicherstellen, dass die Werte Ihres Unternehmens tatsächlich getragen werden als auf die Weise, dass Sie als Vorbild vorangehen und diese Werte leben?

Stringenz ist eine wesentliche Voraussetzung für Expansion und diese Stringenz muss durch die Unternehmensspitze vorgegeben werden. Erst dann sind Sie berechtigt, sie auch einzufordern.

Wachstumstipp

Die Vorbildfunktion beginnt nicht erst an der Unternehmensspitze. Jeder Mitarbeiter ist Vorbild für andere. Lassen Sie nicht zu, dass sich Mitarbeiter, die keine Führungsverantwortung haben, darauf ausruhen, dass sie nicht vorbildhaft handeln müssten, denn das ist mitnichten der Fall. Wie soll ein Unternehmen kongruent sein, wenn nicht alle Mitarbeiter zumindest anstrebten, sich vorbildlich im Rahmen des vom Unternehmen Gewollten zu bewegen? Wie soll ein Unternehmen seinen Anspruch an Kundenorientierung glaubwürdig untermauern, wenn Mitarbeiter in der Auftragsannahme das Telefon lange klingeln lassen, weil sie noch interne Dinge zu besprechen haben? Was glaubt der Azubi, der dies mitbekommt? Äußern Sie den Anspruch des vorbildlichen Handelns und es werden sich fruchtbare Diskussionen über das WIE ergeben: „Wie machen wir denn das?", „Was bedeutet das denn genau für uns?" usw.

3.6 Erst die Pflicht, dann die Kür – Expansion beginnt zu Hause

(Basis: Vortrag, gemeinsam mit Horst Trimborn, auf einem Workshop des BGA und der Universität St. Gallen.)

Da reden nun alle von Expansion und Globalisierung und dabei wird vergessen, dass ein hoher Prozentsatz sämtlicher Expansions-, Internationalisierungs- und Globalisierungsprojekte gnadenlos scheitert. Natürlich kann man sagen, „Hinterher ist man eben schlauer", aber wir beobachten in unserer Beratungspraxis sehr wohl Prinzipien, die zum Erfolg eines Expansionsprojektes führen und solche Prinzipien, die mit hoher Wahrscheinlichkeit nicht zum Erfolg führen. Hier folgen sieben Fragen, die es zu beantworten gilt, soll die Wahrscheinlichkeit einer erfolgreichen Expansion deutlich gesteigert werden:

1. Warum wollen wir expandieren?

Es gibt zahlreiche Gründe, die einer Expansion zugrunde liegen. Interessanterweise wird meist auf die sachlichen Gründe referenziert und selten werden die nicht greifbaren, persönlichen Gründe aufgegriffen. Sachliche Gründe sind beispielsweise Stabilität durch Größe, Kompetenzzuwachs, Einkaufsvorteile, das Erreichen einer neuen Zielgruppe oder Synergien (die üblicherweise überschätzt werden). Häufig stehen aber auch persönliche Gründe im Raum, wie zum Beispiel die Verbesserung des Images oder die Befriedigung des persönlichen Egos. Es gilt, den sachlichen Gründen auf den Zahn zu fühlen, denn an die persönlichen kommen wir selten heran.

2. Was ist das Ziel der Expansion?

In diesem Schritt sind die genauen Ziele zu quantifizieren, um feststellen zu können, ob das angestrebte Expansionsvorhaben überhaupt realistisch ist. Es ist auch zu entscheiden, über welches Expansionsspektrum geredet wird: Handelt es sich um eine regionale Expansion innerhalb eines gegebenen geografischen Areals, in ein neues Bundesland hinein, oder sogar in mehrere Bundesländer? Soll eine flächendeckende Präsenz im Heimatland erreicht werden? Soll eine neue Dépendance in einem Nachbarland eröffnet werden? Soll ganz Europa erreicht werden oder will man sogar global präsent sein und in andere Kontinente hineinwachsen?

3. Welche Kenntnis haben wir über den Markt? Welche Annahmen haben wir?

Ganz unabhängig davon, welches geografische Spektrum für die Expansion gewählt werden soll, ist es zwingend erforderlich, die Annahmen zusammenzustellen, die der Expansion unterliegen, und die Kenntnisse zusammenzustellen, die über den angestrebten Markt vorliegen. Je präziser die Annahmen beschrieben sind und je umfangreicher die Kenntnisse über den Markt sind, desto besser können die Expansionsbestrebungen an den zu erreichenden Zielen gespiegelt werden. Nicht selten stellen wir bei dieser Diskussion im Führungsteam fest, dass erhebliche Lücken in der Marktkenntnis bestehen und dass völlig unterschiedliche Annahmen zwischen den einzelnen Beteiligten über den zu erreichenden Markt vorliegen.

4. Wie sind wir aufgestellt?

Natürlich ist es spannend, über eine Expansion zu diskutieren; leider wird die Realität dabei häufig aus dem Auge verloren.

Wenn wir ein Portfolio aufspannen, das auf der einen Achse die Leistungsstärke der Geschäftseinheiten – dies können Unternehmensbereiche, aber auch unterschiedliche Filialen, Standorte oder Betriebe sein – und auf der anderen Achse den Vernetzungsgrad dieser Geschäftseinheiten beschreibt, finden wir in Quadrant 1 die typische Ausgangssituation, eine maximal mäßige Leistungsstärke der Geschäftseinheiten gepaart mit einem geringen Vernetzungsgrad. Interessanterweiser wird gerade in solchen Situation häufig das Heil in der Expansion gesucht – ein nahezu aussichtsloses Unterfangen, wird doch hier versucht, das Chaos zu multiplizieren. Ziel muss es sein, erst die Leistungsstärke der Geschäftseinheiten und dann den Vernetzungsgrad der Geschäftseinheiten dramatisch zu erhöhen – und zwar in dieser Reihenfolge, denn zunächst müssen „zu Hause“ starke Standards geschaffen werden.

Uns ist keine Expansionsbemühung bekannt, mit der heimische Probleme gelöst wurden. Zunächst muss die lokale Stärke hergestellt werden, um diese dann zu multiplizieren.

5. Organische Expansion oder Zukauf?

Die Frage, ob das Wachstum durch die Entwicklung aus eigener Kraft oder durch einen gezielten Zukauf geschehen soll, ist auch von der jeweiligen Unternehmenskultur abhängig. Überdies ist auch die vorhandene Marktstruktur zu berücksichtigen. Ist im Zielgebiet eine Markstruktur vorhanden und verfügt das expandierende Unternehmen über die finanziellen Mittel, um einen Wettbewerber zu übernehmen, ist dies stets eine vorrangig zu diskutierende Option – vorausgesetzt man ist sich über die Aufwendungen im Klaren, die es zu tätigen gilt, wenn die Übernahme stattgefunden hat. Ist keine Marktstruktur vorhanden, gilt es, die Kompetenz zu analysieren, die im Hause verfügbar ist. Zur Kenntnis zu nehmen ist hier, dass der Aufbau einer Markstruktur ein erhebliches Zeitinvestment bedeutet. Man braucht schlicht einen langen Atem.

6. Haben wir die Mitarbeiter gewonnen?

Die Frage, ob wir die Mitarbeiter gewonnen haben, ist in doppelter Hinsicht relevant: Einerseits wollen die vorhandenen Mitarbeiter für das Vorhaben gewonnen werden, andererseits müssen wir neue Mitarbeiter gewinnen, die für das Vorhaben eingesetzt werden können. Dabei betonen wir ausdrücklich die Vorteile, die entstehen, wenn Mitarbeiter aus dem Zielmarkt in das Unternehmen eingebunden werden. Natürlich erhöht man auf diese Art und Weise die Komplexität, insbesondere dann, wenn die Muttersprache plötzlich nicht mehr für die Kommunikation ausreicht; gleichwohl ist die Internationalisierung der Mitarbeiterschaft bei einer internationalen Expansion auch auf Leitungsebene unabdingbar. Natürlich sind auch die bisherigen Mitarbeiter davon zu überzeugen, dass die Expansion von Vorteil für alle Beteiligten ist.

7. Wie kann das Projekt über den gesamten Zeitraum professionell geführt werden?

Sind alle Fragen beantwortet, ist ein Projekt zu planen, das mitnichten mit der Übernahme eines Wettbewerbers oder der Eröffnung eines neuen Standortes beendet ist. Die Projektziele im Auge zu haben, die mit der Expansion erreicht werden sollen, ist eine vorrangige Aufgabe. Stellen Sie sicher, dass das Projekt durch einen Projektleiter, der gegebenenfalls durch externe Experten unterstützt wird, nahtlos geführt wird und machen Sie bereits initial klar, dass das Projekt erst dann abgeschlossen ist, wenn die angestrebten Ziele erreicht sind. Auf diese Weise beugen Sie der Kurzatmigkeit vor und sorgen dafür, dass Ihre langfristigen Ziele im Fokus bleiben.

Wachstumstipp
Wenn Sie sich derzeit mit Expansionsgedanken tragen, fragen Sie Ihre Kolleginnen und Kollegen in der Geschäftsführung oder im Vorstand, welche Hausaufgaben Sie gemeinsam noch erledigen müssen, bevor die angestrebte Expansion beginnen kann. Machen Sie unmissverständlich klar, dass Sie einer Expansion nur dann zustimmen, wenn die Basis daheim geordnet ist. Ermuntern Sie eine lebhafte Diskussion über notwendige und weniger notwendige Standards. Sie werden davon profitieren, denn es werden sich zahlreiche Dinge richten und manche Prozesse, die schon lange im Argen lagen, werden plötzlich wie von Geisterhand standardisiert, denn wer möchte schon eine Expansionsbremse sein?

3.7 Dranbleiben – Der natürliche Feind der Strategie ist das Tagesgeschäft

Man kann es nicht oft genug schreiben: Strategien scheitern nie in der Konzeption, sondern in der Umsetzung. Was wie eine Binsenweisheit klingt, wird in der Praxis immer wieder bestätigt. Sobald Strategieentwicklung aus dem „Eigentlich-müssten-wir-mal"-Stadium herausgekommen ist, wird mit Feuereifer an Konzepten gearbeitet, die alle eines gemein haben: Sie sehen gut aus. Verstehen wir Strategie als ein zukunftsgerichtetes, wachstumsorientiertes, umsetzbares Konzept, das an das Unternehmen angepasst ist und den Kunden in den Fokus nimmt, fällt der Begriff „umsetzbar" besonders auf. Strategische Konzepte leiden akut unter mangelnder Umsetzbarkeit.

In der Praxis bedarf es eines enormen Durchhaltevermögens, um die einzelnen Maßnahmen im Tagesgeschäft zu realisieren. Um die Entwicklung der Strategie und die Realisierung derselben miteinander zu vernetzen, ist ein Vorgehen erforderlich, das es nicht erlaubt, sich nach der anstrengenden Strategiearbeit den Schweiß von der Stirn zu wischen, um die Umsetzung sich selbst zu überlassen. Es ist ein Verfahren erforderlich, das sicherstellt, dass der geplante Erfolg möglich wird. Dazu müssen wir in drei Ebenen denken:

Ebene 1: Wurzeln und Vision

Wachstum ist im Kern eines Unternehmens verankert.Also müssen wir uns die folgenden Fragen stellen

- Woher kommen wir? Wo sind unsere Wurzeln?
- Was können wir besonders gut? Wofür werden wir immer wieder gelobt?
- Wohin wollen wir? Was streben wir an?
- Wie bekannt sind die Wurzeln, die Vision und deren Bedeutungen?

Ebene 2: Entwicklung der Marktsegment-Strategie

Positionierung

- Wie sind wir im Markt positioniert?
- Sind wir Kosten-, Leistungs-, Innovationsführer?

Hüten Sie sich vor einer Position in der Mitte. Sorgen Sie dafür, dass das Unternehmen konturiert positioniert ist.

Ziele

- Welches sind unsere quantitativen/qualitativen Ziele?
- Welches Renditeversprechen haben wir unseren Anteilseignern gegeben?
- Wie realistisch sind unsere Ziele?
- Wie gut waren wir in der Vergangenheit im Hinblick auf unsere Zielerreichung?

Stellen Sie sicher, dass die Ziele realistisch und trotzdem anspruchsvoll sind. Bei der Sportart „Hochsprung" liegt die Messlatte möglicherweise bei 1,60 m, nicht aber auf 80 cm und auch nicht auf 3,20 m. Die Zielsetzung ist von wesentlicher Bedeutung für die Zielerreichung.

Marktsegment

- In welchem Marktsegment spielen wir?
- Was sind die Rahmenbedingungen des Marktsegments und was sind erwartete Entwicklungen?
- Wer sind die wesentlichen Wettbewerber? Welche Quereinsteiger können uns das Leben erschweren?

Stellen Sie sicher, dass Sie Ihr Marktsegment genau kennen und mögliche Entwicklungen antizipieren, sodass Sie als Vordenker wahrgenommen werden können.

Kunden

- Wer und wo sind unsere Kunden genau?
- Welche demografischen und persönlichen Gemeinsamkeiten haben unsere Kunden?
- Welche tatsächlichen Bedürfnisse bestehen?

Sorgen Sie dafür, dass die tatsächlichen Kundenbedürfnisse an das Tageslicht kommen und nicht diejenigen Kundenbedürfnisse, die Ihr Unternehmen gerne bei Ihren Kunden sehen würde. Zu unterscheiden ist auch, welche Kundenbedürfnisse derzeit bereits existieren und welche Kundenbedürfnisse möglicherweise geweckt werden können. Sowohl die Art der Ansprache als auch die Dauer bis zur Entfaltung einer Wirkung sind deutlich unterschiedlich.

Leistungsangebot

- Was ist unser Leistungsangebot?
- Wie treten wir am Markt damit auf?
- Was sind die Leistungen, die wir den Bedürfnissen unserer Kunden im Einzelnen entgegenstellen?
- Passen Leistungen und Bedürfnisse zusammen?

Eine Leistung ist nur dann etwas wert, wenn sie einen Nutzen erbringt. Welchen Nutzen hat er davon? Die Nutzenaspekte können qualitativ und quantitativ sein. Wichtig ist, dass sie vom Kunden wahrgenommen werden. Wenn die Vorteile Ihrer Produkte und Leistungen nicht deutlich sind, müssen Sie zwingend daran arbeiten.

Preis

- Wie ist unsere preisliche Positionierung?
- Passen die einzelnen Preise zu unseren Angeboten?
- Passt unsere Preisfindung zu unserer Positionierung bzw. zu unserer Wunschposition?

Die Preise für Ihre Produkte und Leistungen definieren sehr stark, wie Sie am Markt wahrgenommen werden. Wie gut ist Ihr Vertrieb darin, höhere Preise durchzusetzen?

Welche Auswirkungen haben Preissenkungen auf Absatz und Marge? Wann wurde zuletzt ausprobiert, welche Spielräume sich in der Preisstellung ergeben?

Vertriebsweg

- Welchen Vertriebsweg wählen wir?
- Welches sind unsere traditionellen Vertriebswege und welche Erfahrungen haben wir damit gemacht?
- Gibt es weitere Vertriebswege für uns, um unseren Kunden das Leben leichter zu machen?
- Gibt es innovative Vertriebswege, die wir im Rahmen der bestehenden Wege nutzen können, sodass wir eine Alleinstellung, oder zumindest eine Besserstellung

ermöglichen? Können wir beispielsweise stationäres und Online-Geschäft miteinander verbinden?

Systeme und Prozesse

- Welche Prozesse der Leistungserstellung setzen wir ein?
- Wie effektiv und effizient sind unsere Prozesse?

Stellen Sie Ihre wichtigsten Prozesse hinsichtlich der Qualität des erzielten Ergebnisses und der Qualität des Ablaufs gegenüber. Legen Sie besonderen Wert auf die Steigerung der Qualität des Ergebnisses, auch wenn Sie in Kauf nehmen müssen, dass einige Prozesse noch holprig laufen. Der Aufwand lohnt. Streichen Sie sämtliche Prozesse, die keinen Sinn ergeben.

Ebene 3: Realisierung

Wie gut es gelingt, ein strategisches Konzept zu realisieren, hängt von drei Faktoren ab: Kommunikation, Struktur, Führung.

Kommunizieren Sie intensiv darüber, was Sie mit der neuen Strategie bezwecken wollen, erläutern Sie Details, kommunizieren Sie zielgruppengerecht. Nicht jeder muss alles wissen, aber jeder, der etwas umsetzen soll, muss die Zusammenhänge kennen.

Geben Sie Ihrem Umsetzungsprogramm eine Struktur. Schaffen Sie Projekte, die mit klaren Zielen versehen sind und die dafür Sorge tragen, dass die einzelnen Teilaspekte Ihrer Strategie schrittweise greifbar werden, sodass Sie Korrekturen während der Realisierung durchführen können. Stellen Sie ein konsequentes Projektmanagement sicher.

Nichts geht ohne Führung. Sind Ihre Führungskräfte fit genug, die Strategie gemeinsam mit den einzelnen Mannschaften umzusetzen? Erst wenn die Führungskräfte vollständig auskunftsfähig sind, können sie auch ihre Mitarbeiter zum Erfolg führen. Dabei gilt es, nicht um den heißen Brei herumzureden, sondern sich konsequent auf die Sache zu konzentrieren.

Wachstumstipp

Es geht erneut um den Nutzen, denn die Realisierung einer Strategie während des Tagesgeschäftes – und zwar dergestalt, dass das Tagesgeschäft nicht als berühmte operative Hektik im Wege steht – ist eine Herausforderung, die nur gelingen kann, wenn auch Ihren Mitarbeitern der Nutzen aus dem Neuen klar ist. Erst wenn Sie die Frage „Was ist für mich drin?" für Ihre Mitarbeiter beantwortet haben, können Sie davon ausgehen, dass sie Ihre Kraft multiplizieren. Wenn Ihnen das gelungen ist, haben Sie eine wesentliche Voraussetzung für den Erfolg geschaffen.

3.8 Wo wollen Sie wirklich Spitze sein? – Setzen Sie auf Ihre Stärken

Man kann es gar nicht oft genug betonen: Um es an die Spitze – in gleich welchem Feld – zu schaffen, bedarf es eines intelligenteren Vorgehens als die vorhandenen Schwächen auszumerzen. Ein Leben lang werden wir angehalten, auf unsere Schwächen zu achten und an ihnen zu arbeiten. Es beginnt in früher Kindheit und hört nicht auf. Dadurch, dass dieses Mantra des „Schwächen-Ausmerzens" immer wieder gebetsmühlenartig wiederholt wird, wird es aber nicht richtiger.

Wir alle haben Schwächen. Unsere Unternehmen haben Schwächen. Unsere Mitarbeiterinnen und Mitarbeiter haben Schwächen. Wenn wir uns fortwährend darauf konzentrieren wollten, an diesen Schwächen zu arbeiten, kämen wir nicht nach vorne. Wir würden maximal mit jemandem gleichziehen. Kennen Sie das Schulbeispiel – vielleicht sogar aus Ihrer Vergangenheit? Ein Kind kommt heim mit zwei bewerteten Klassenarbeiten: Deutsch Zwei, Englisch Vier. Das Resultat? Der Familienrat beschließt, dass das Kind Nachhilfe in Englisch erhält. Ein halbes Jahr später: Deutsch Drei, Englisch Drei Minus. Ist das nun besser?

Es gibt nur zwei gute Gründe, an seinen Schwächen zu arbeiten:

Entweder es handelt sich bei der Schwäche um einen Aspekt, der nicht den Anforderungen genügt, sodass – um im Schulbeispiel zu bleiben – die Versetzung gefährdet wäre, oder es macht jemandem Spaß, an der Schwäche zu arbeiten – beispielsweise in einem Hobby.

Im unternehmerischen Umfeld macht das Arbeiten an Schwächen nur dann Sinn, wenn es darum geht, in einem Aspekt einen anerkannten Industriestandard zu erreichen, den das Unternehmen einhalten muss, um in der Liga, in der es spielen möchte, zu bleiben. Ansonsten gilt bedingungslos: Fokussieren Sie Ihr Unternehmen auf seine Stärken.

Das bringt uns automatisch zum Thema „Kernkompetenzen": Lassen Sie es sich nicht einreden, dass das Thema „Kernkompetenzen" und das Fokussieren darauf eine Modeerscheinung, eine Beraterbeschäftigungsmethodik oder gar überholt sei. Das Gegenteil ist der Fall: Das Fokussieren und das Ausbauen der eigenen Kernkompetenzen ist gerade heute, in den Zeiten des immer schnelleren Wandels, etwas, das von vielen Unternehmen gefährlich unterschätzt wird. Zu häufig werden immer neue Wege beschritten, selbstverständlich in dem guten Willen, Innovationen auf die Spur zu bringen. Zu kurzfristig wird gedacht, zu sehr wird dem schnellen Erfolg gehuldigt.

Wirklich erfolgreich werden Unternehmen aber nur dann, wenn sie sich ihrer Stärken bewusst sind und diese auch bewusst verfolgen. Dabei beschränkt sich das Konzept der Kernkompetenzen nicht darauf, dieselben zu kennen und artikulieren zu können, was allein schon eines Prozesses bedarf, sondern es geht vielmehr darum, in der Unternehmensführung gemeinsam mit den leitenden Mitarbeitern der entsprechenden Fachabteilungen Ideen zu entwickeln, wie aus diesen Kernkompetenzen zukunftsfähige Weiterentwicklungen entstehen können, die durchaus weit über das bestehende Leistungs- und Angebotsspektrum hinaus gehen können und sollen.

Beginnen Sie mit einer Frage in Ihrer nächsten Führungsrunde: „Welches sind unsere Kernkompetenzen?“ Bedenken Sie dabei: Kompetenzen haben etwas mit Können zu tun, nicht mit Haben. Und „Kern“ spricht auch für sich. Weniger als vier und mehr als sieben Kernkompetenzen sollten es am Ende nicht sein. Lassen Sie sich nicht beirren.

Nutzen Sie diese Kernkompetenzen dann, um wirklich an Ihrer Spitze zu feilen.

Wachstumstipp
Lassen Sie es sich nicht ausreden, zumindest in manchen Aspekten „Spitze“ zu werden. Sie benötigen diese Sichtbarkeit. Dabei ist es nicht erheblich, ob die ganze Welt Sie, oder besser: Ihr Unternehmen, als „Spitze“ ansieht, aber Ihre relevante Zielgruppe sollte dies klar erkennen. Wenn Sie einmal dieses Spitzenstreben etabliert haben, wird auch das Augenmerk intern die Arbeit an den Stärken eher betonen als die unbefriedigende Arbeit an den Schwächen.

3.9 Kundenfokus – Wie nah sind Sie an Ihren Kunden?

Kundennähe – ein Thema, das nicht an Aktualität verliert, gilt doch, dass derjenige gewinnt, der seinen Kunden am nächsten steht. Kundennähe entscheidet über Wachstum, denn wer seinen Kunden nahe ist, wird wahrgenommen und erfährt auch schneller, was seine Kunden tatsächlich bewegt. Somit muss man sich nicht mehr auf vage Vermutungen von Marktforschern oder blumige Geschichten des Vertriebs verlassen.

Bezog sich „Kundennähe“ früher hauptsächlich auf die physische Präsenz, ist es heute längst erforderlich, auch die virtuelle Präsenz in die Erörterungen einzubeziehen, ob man das nun mag oder nicht spielt eine untergeordnete Rolle.

Die nachfolgenden fünf Faktoren mögen Ihnen Anhaltspunkte dafür geben, wie Sie Ihre Kundennähe – Ihre Präsenz bei Ihren Kunden – erhöhen können, sowohl auf konventionellem als auch auf „virtuellem“ Wege. Es handelt sich dabei um Faktoren, die immer wieder auch in unseren Beratungsmandaten eine Rolle bei unseren Klienten spielen, die sich mit dem Bestehenden nicht zufrieden geben und das Wachstum weiter vorantreiben wollen:

1. Anzahl der Niederlassungen (Filialen, Stores, ...) optimieren

Die Anzahl der Niederlassungen spielt natürlich vor allem im Handel eine wesentliche Rolle. Im Großhandel definiert die Rentabilität der Produkte in Kombination mit dem definierten Lieferversprechen den Marktradius. Andersherum definiert das Wachstumsziel – hier zum Beispiel der rentable Marktanteil – bei gegebener Produktrentabilität und definiertem Liefer-/Leistungsversprechen die Anzahl der Niederlassungen. Mancher Großhandel ist besser beraten, rückwärts – also von dem Wachstumsziel ausgehend – zu rechnen und dann festzustellen, welche Investitionen an welchem Ort erforderlich sind als aus der Gefangenschaft der bestehenden Niederlassungen heraus zu versuchen, einen Zustand zu optimieren. Wann haben Sie zuletzt Ihre Niederlassungsstruktur hinterfragt?

Im Einzelhandel ist die Anzahl der Filialen einerseits für die Wahrnehmung verantwortlich, andererseits auch für die Verdrängung von Wettbewerbern. Nicht selten empfiehlt es sich, einen Standort zu eröffnen, um ihn nicht dem Wettbewerb zu überlassen. Da hier der Endverbraucher in den Store kommt, gilt hier die Frage: Welches Einzugsgebiet können wir der Marke und dem spezifischen Store zumuten? Bei Franchiseunternehmen gilt zusätzlich das Erfordernis, dass die Partner die Möglichkeit haben müssen, rentabel zu arbeiten, will das System erfolgreich sein. Nicht selten entstehen in wachstumsstarken Franchisesystemen Reibereien zwischen Franchisenehmern und Systemzentrale, wenn das Wachstum seitens der Zentrale auf Kosten der Rentabilität einzelner Standorte geht. Haben Sie das richtige Filialnetz? Was macht Sie sicher?

2. Leistungsfähigkeit der Niederlassungen (Filialen, Stores, ...) sichern

Unter Leistungsfähigkeit verstehen wir, um in der Systematik zu bleiben, im Großhandel vor allem die Versorgungsleistung. Wie leistungsfähig sind hier insbesondere die Beschaffungs- und Zufuhrprozesse? Wie lieferfähig ist die Niederlassung bezüglich des gängigen Kundensortiments? Nicht selten entscheidet die Leistung einer Niederlassung über den Kauf – oder Nichtkauf – eines Kunden. Der Preis tritt bei wichtigen Aufträgen auch im C-Teile-Bereich schnell in den Hintergrund, wenn die Niederlassung in der Lage ist, ein Problem zu lösen. Was ist Ihr Versprechen und wie rentabel können Sie es sicherstellen?

Im Einzelhandel entscheidet neben der Attraktivität des Sortiments, das Nähe zum Kunden symbolisiert, und der Verfügbarkeit eben dieses Sortiments auch die Attraktivität des Ladenbaus über die Nähe zum Kunden. Eines unserer Klientenunternehmen hat vor einiger Zeit einen neuen Ladenbau für seine Marken präsentiert, der einen wesentlichen Sprung in der Entwicklung und in der Modernisierung bedeutet. Um dies erfolgreich zu tun, müssen die Ansprüche des Kunden antizipiert und in Verbindung mit einer verkaufsfördernden Präsentation gebracht werden. Ein Balanceakt. Wie attraktiv ist Ihr Ladenbau?

3. Virtuelle Nähe aufbauen

Natürlich erleben wir zunehmend, dass unsere Klienten auch an ihrem virtuellen Auftritt feilen. Hier ist neben der Attraktivität des Leistungsangebotes und der Präsentation sowie der Benutzerfreundlichkeit vor allem die Geschwindigkeit der Reaktion entscheidend. Kunden, die ein Unternehmen im Web ansprechen, brauchen schnelle Antworten.

Online-Stores müssen schnell laufen, Twitter- oder Facebook-Anfragen müssen sofort beantwortet werden, Waren müssen schnell beim Kunden sein.

Hier wird unserer Beobachtung zufolge noch viel Potenzial verschenkt, denn wer schon eine virtuelle Präsenz hat, sollte auch wissen, dass eine Antwort binnen eines Tages wesentlich zu spät ist. Die Reaktionsgeschwindigkeit darf sich also nicht nur auf die Rechengeschwindigkeit beschränken, sondern es muss gewährleistet sein, dass Menschen Menschen antworten. FAQ sind eine Hilfe, aber die Mensch-Mensch-Kommunikation nimmt durch den Einsatz virtueller Stores, Facebook-Seiten, Twitter-Präsenzen keineswegs ab, sondern erfährt eine neue Dimension. Wie stellen Sie sicher, dass Sie auch virtuell performen und woher wissen Sie, wie Sie performen müssen?

4. Echte Bedarfe erkennen

Wie nah ist Ihr Vertrieb, wie nah ist Ihr Marketing, wie nah ist Ihre Produktentwicklung an Ihren Kunden? Wundern Sie sich immer wieder, dass der Vertrieb meint, er wüsste, was die Kunden wollen, er tatsächlich aber nur einen Wunschzettel verschiedener Kunden als Wasserträger überbringt? Erleben Sie es, dass das Marketing Botschaften sendet, die Ihre Kunden gar nicht erreichen? Entwickelt die Entwicklungsabteilung fleißig, aber bedauerlicherweise auf der Grundlage irreführender, nicht mit beobachteten Fakten hinterlegter Informationen vom Marketing oder vom Vertrieb?

Echte Bedarfe zu erkennen bedarf des intensiven Dialogs mit der Zielgruppe. Weder genügt es, die Frequenz im Einzelhandel zu ermitteln oder sich auf Durchschnittsbons zu konzentrieren, noch ist es hinreichend, sich im B2B-Geschäft auf das zu konzentrieren, was Ihre Kunden wollen. Möglicherweise wissen Ihre Kunden noch nicht, was sie tatsächlich brauchen. Zwischen den beiden Polen „Was Kunden wollen" und „Was Kunden brauchen" ist eine erhebliche Wertschöpfungsmöglichkeit verborgen.

Die gedankliche und finanzielle Investition in einen intelligenten Dialog mit der Zielgruppe rechnet sich nahezu immer. Woher wissen Sie, was Ihre Zielgruppe wirklich braucht?

5. Vordenkerschaft erlangen

Kaufentscheidungen – unabhängig davon, ob sie im B2C- oder im B2B-Geschäft stattfinden – fallen leichter, wenn das anbietende Unternehmen eine Vordenkerposition eingenommen hat, sich also im Kopf der Zielgruppe bereits eine bestimmte positive Position erarbeitet hat. Idealerweise steht das gesamte Unternehmen – oder seine Marken – für diese Vordenkerposition. Nun kann und will sicher nicht jedes Unternehmen Vordenker auf einem speziellen Gebiet sein, aber eine führende Position bezüglich einzelner Attribute ist unerlässlich, will sich das Unternehmen nicht durch die raue See des Marktes regelhaft durchschütteln lassen.

Wo wollen Sie Vordenkerschaft erlangen? Wo wollen Sie wirklich „Spitze" sein? Wo soll man sich an Ihnen orientieren? Besetzen Sie ein Feld und die Nähe zu Ihren Kunden wächst.

Wachstumstipp
Klären Sie mit Ihrer Vertriebsmannschaft die wesentlichen Eigenschaften Ihrer Top-Kunden. Was haben all diese Kunden gemein? Wo findet man diese Kunden? Wer sind die endgültigen Entscheider? Was zeichnet diese aus? Wie nah sind Sie bereits an den tatsächlichen Entscheidern? Welchen Nutzen bieten Sie ihnen heute über das eigentliche Produkt und die eigentliche Dienstleistung hinaus? Suchen Sie quantitative, vor allem aber auch qualitative Kriterien und Sie werden den Kundenfokus deutlich erhöhen.

3.10 Gegen den Strom wachsen – Wie Sie auch in rauen Zeiten gewinnen

Ausgangslage

Die Konjunkturpfeile zeigen nach unten, einige Branchen haben den Staat angerufen, einen „Rettungsschirm" aufzuspannen, dass Wettretten nimmt täglich größere Formen an. Niemand weiß genau, welcher Anteil der Krise faktisch und welcher Anteil mental bestimmt ist. Fest steht: Auch in der Krise wird es Unternehmen geben, die zu den Gewinnern gehören. Es sind dies Unternehmen, die traditionell von konjunkturellen Dellen verschont bleiben oder sogar von ihnen profitieren und auch Unternehmen, die in guten Zeiten entsprechend vorgesorgt haben. Typische Branchen, die auch in Krisenzeiten wachsen, sind Gesundheit, Seniorenversorgung und -hilfe, Buchhandel, Tierbedarf, Heimwerkerbedarf, LEH-Discounter, um nur einige zu nennen.

Es sind aber nicht nur Branchenspezifika, die auch in der Krise zum Erfolg führen, es gibt auch Verhaltensmuster, die ein Unternehmen auch in schweren Zeiten zu den Gewinnern zählen lassen können.

Diese sind:

- Zielgruppe spezifizieren
- Produkte und Leistungen kritisch abklopfen
- Die Organisation den Prozessen anpassen
- Den Vertrieb stärken
- Den Wettbewerb intensiv beobachten
- Cashreserven bilden
- Die Mannschaft einschwören

Im Einzelnen stellen sich die Erfolgs-Verhaltensmuster wie folgt dar:

Zielgruppe spezifizieren

Was bewegt Ihre Zielgruppe derzeit? Ist sie noch hinreichend präzise spezifiziert? Oder ist in guten Zeiten ein Ausufern der Zielgruppe zugelassen worden? Stellen Sie gemeinsam mit Ihrer Führungsmannschaft fest, welches Potenzial die Zielgruppe derzeit bietet und wie Ihr Unternehmen das Leben der Zielgruppe einfacher, schöner, schneller, erfolgreicher, ... machen kann. Blicken Sie aus dem Blickwinkel der Zielgruppe heraus auf die derzeitige Situation. Kennen Sie wirklich alle Bedürfnisse Ihrer Zielgruppe genau? Erarbeiten Sie gemeinsam mit Ihrem Team, welche Zielgruppen-Bereinigung Sie an den „Rändern" vornehmen wollen und müssen. Überlegen Sie mit Ihrem Team auch, welche Zielgruppe derzeit zusätzlich ohne Verbesserung Ihres Fokus erschlossen werden kann.

Produkte und Leistungen kritisch abklopfen

Welche Ihrer Produkte und Leistungen sind bereits unverändert älter als drei Jahre? Stellen Sie einen Absatzrückgang fest oder bemerken Sie, dass diese Produkte eine Rentabilitätsschwäche aufweisen? Welche Produkte und Leistungen wollten Sie schon immer aus Ihrem Portfolio bereinigen? Jetzt ist die Zeit dazu. Fokussieren Sie sich auf die Produkte und Leistungen, die Ihrer Zielgruppe tatsächlich helfen, nicht auf diejenigen, von denen sie meinen, dass sie einer unspezifischen Zielgruppe möglicherweise helfen können. Liefern Sie Ihrer bestehenden Zielgruppe eine solide, verlässliche Leistung, produzieren Sie Produkte, auf die sich die Zielgruppe verlassen kann, senken Sie keinesfalls den bekannten Standard. Erfolgreiche Unternehmen zeichnen sich dadurch aus, dass der Standard auch in Krisenzeiten gehalten wird. Überdies ist es jetzt an der Zeit, neue Produkte für bestehende Kunden zu definieren und neue Produkte und Leistungen für neue Kunden zu gestalten, sofern diese neuen Kunden kein unzulässiges Ausufern der Zielgruppe bedeuten (siehe oben).

Die Organisation den Prozessen anpassen

Spätestens jetzt ist es an der Zeit, allen unnützen Ballast abzuwerfen. Zwar hätte dies schon früher geschehen müssen, aber die Vergangenheit kann ja nicht rückgängig gemacht werden. Daher hinterfragen Sie konsequent, welche unnützen Tätigkeiten sich in Ihrem Unternehmen in der Vergangenheit etabliert haben und eliminieren Sie diese Tätigkeiten unmittelbar. Setzen Sie freiwerdende Kapazitäten ein, um Ihre Kernleistung zu verstärken, denken Sie konsequent über das Auslagern von Supportprozessen nach und passen Sie vor allem die Organisation den Prozessen an. Zu häufig geschieht es, dass die Prozess-Organisation um die handelnden Personen herum gebaut wird. Dies ist nicht nur nicht förderlich, sondern hochgradig kontraproduktiv, weil Prozessbrüche unmittelbar zu Effizienzverlusten führen. Richten Sie sämtliche Prozesse auf die Zielgruppe und ihre definierten Produkte und Leistungen aus. Idealerweise spürt Ihre Zielgruppe die Verbesserungen sofort.

Den Vertrieb stärken

In wirtschaftlich schwierigen Zeiten hat der Stellenabbau Konjunktur. Wir reden diesem Mythos nicht zum Munde, sondern sind der Ansicht, dass gerade jetzt entscheidend ist, dass die leistungsfähigen Mitarbeiter gehalten und mit wertschöpfenden Tätigkeiten betraut werden. Anderenfalls besteht die Gefahr, dass im nächsten Aufschwung mühsame Aufbauarbeit geleistet werden muss. Erfolgreiche Unternehmen sorgen dafür, dass leistungsfähige Ressourcen vorhanden sind.

Dies gilt insbesondere im Vertrieb. Selbstverständlich kann ein Unternehmen in die Lage kommen, Mitarbeiter freistellen zu müssen. Wer jedoch in wirtschaftlich schwierigen Zeiten am Vertrieb spart – und wir sprechen hier nicht von den Sach-, sondern von den Personalkosten –, schneidet sich in das eigene Fleisch. Jetzt kommt es darauf an, dass der Vertrieb leistungsfähig ist und seine Kraft voll auf den Markt konzentriert. Es muss jede Chance genutzt werden, um einen Wettbewerber, der sich am Markt gerade duckt, auszustechen. Im Gegenteil zu Personalkürzungen im Vertrieb sollten Sie sich also jetzt überlegen, ob der Vertrieb das tut, wofür er berufen ist und ob nicht sogar eine Verstärkung des Vertriebs derzeit (beispielsweise im Innendienst) hilfreich ist, um Kunden zu halten oder zu gewinnen.

Den Wettbewerb intensiv beobachten

Wie gut kennen Sie Ihren Wettbewerb? Wir erleben immer wieder Unternehmen, die von sich behaupten, der Wettbewerb spiele für sie keine Rolle. Man mag über den Sinn und Unsinn dieser Grundhaltung streiten, fest steht allerdings, dass es in denjenigen Zeiten, in denen das Geld Ihrer Zielgruppe verhaltener ausgegeben wird als sonst, darauf ankommt, jede Schwäche des Wettbewerbs unmittelbar in eine eigene Stärke umzumünzen und auszunutzen. Schwächelt Ihr Wettbewerb derzeit an der Produktleistung? Wunderbar, dann nutzen Sie dies gezielt mit besseren Produkten aus. Lässt Ihr Wettbewerb in der vertrieblichen Betreuung Ihrer gemeinsamen Zielgruppe nach? Herrlich, dann stoßen Sie in diese Lücke. Ihre Zielgruppe wird dies dankend registrieren.

Wohlgemerkt: Es geht nicht darum, dem Wettbewerb zu folgen, sondern es geht darum, die Aufmerksamkeit auf den Markt zu richten und festzustellen, was der Zielgruppe fehlt. Wenn Ihr Wettbewerb Ihnen dabei eine Hilfe bietet, spricht üblicherweise nichts dagegen, diese Hilfe anzunehmen.

Cashreserven bilden

Haben Sie in den wirtschaftlich erfolgreichen Zeiten Sorge dafür getragen, dass sich Ihre Liquiditätsreserven deutlich erhöhen? Dann sind Sie jetzt eindeutig im Vorteil, denn Sie werden eine längere Durststrecke auch überstehen, wenn viele Ihrer Wettbewerber bereits die Flügel gestreckt haben. Eine konservative Fiskalpolitik in einem Unternehmen hat noch niemandem geschadet. Wenn ausreichende Renditen nicht nur dazu genutzt werden, die Ansprüche des Managements und der Eigentümer zu befriedigen, sondern um Liquiditätsreserven zu schaffen, bestehen auch in der Krise die erforderlichen Mittel, um größere Sprünge zu wagen, wie zum Beispiel durch eine Übernahme eines strategisch wichtigen Unternehmens. Zeiten wie diese sind ideal für günstige Firmenkäufe, wenn sich diese aus Zielgruppensicht oder aus Shareholdersicht anbieten.

Aber selbst, wenn Sie nicht über eine Übernahme nachdenken, hilft Ihnen die Cashreserve erheblich, brauchen Sie doch nicht mit Banken über Kreditveränderungen, -verlängerungen, -neuverhandlungen oder ähnliche Dinge zu sprechen. Die Cashreserve bietet die erforderliche Entspannung, die nun notwendig ist, um überlegt zu handeln.

Die Mannschaft einschwören

Alleine werden Sie es nicht schaffen, aber gemeinsam mit einer leistungsfähigen Mannschaft lässt sich eine extern bedingte, wirtschaftlich herausfordernde Situation meistern. Dazu gehört, dass Sie offen kommunizieren, was Sie zu tun gedenken. Entsprechend erforderlich ist die Geschlossenheit des Managements. Geben Sie Ihrer Mannschaft eine Perspektive, haben Sie dabei insbesondere im Blick, dass viele schwierige Situationen herbeigeredet werden und objektiv komplizierte Situationen durch eine abwärts gerichtete mentale Einstellung noch verstärkt werden. Das Gegenteil gilt ebenso: Eine positive Einstellung verändert zwar nicht unmittelbar die Fakten, hilft aber, die Fakten durch eine perspektivischere Brille zu sehen und die in der Krise liegenden Chancen zu sehen, Handlungen zu erarbeiten, die geeignet sind, die Krise zu meistern und erste, schnelle Erfolge zu erzielen. Weisen Sie darauf hin, dass bereits in der Vergangenheit Erfolge in schwierigen Zeiten erarbeitet wurden. Möglicherweise sind die wesentlichen Entwicklungsschritte des Unternehmens sogar aus besonders schwierigen Zeiten zu verzeichnen.

Wachstumstipp
Eines ist in rauen Zeiten ganz wichtig: Wenn Sie feststellen, dass sich Mitarbeiter in Ihrem Unternehmen fortwährend durch Schlechtreden von Aktivitäten, mangelnde Leistung oder versteckten Boykott auszeichnen, trennen Sie sich von ihnen. Egal um welchen Preis. Sie können jetzt nur Mitstreiter gebrauchen, die konstruktiv streiten, aber keine internen Querulanten.

3.11 Planvoller Turnaround – Geben Sie Ihrem Restrukturierungsvorhaben eine Struktur

Unserem Verständnis zufolge ist eine Restrukturierung einzelner Unternehmensbereiche oder sogar eines gesamten Unternehmens etwas, das zum Zyklus des Wachstums gehört. Zu häufig wird Restrukturierung mit Krise gleichgesetzt, mit Handlungsunfähigkeit, mit Bedrohung.

Eine Restrukturierung bedeutet, dass Dinge wieder eine Struktur erhalten, um zu gewährleisten, dass das Unternehmen nachher wirksamer am Markt agieren kann als vor der Restrukturierung. Alles andere würde keinen Sinn ergeben. Wir wollen auch nicht verschweigen, dass der Begriff „Restrukturierung“ mitunter euphemistisch für „Kahlschlag“ verwendet wird. Wenn in einer Unternehmenszentrale 3500 Mitarbeiter entlassen werden, ist der Begriff „Restrukturierung“ überdehnt.

Hier sind sieben Hinweise, die Ihnen helfen sollen, eine Struktur in Ihre Restrukturierungsprojekte zu bekommen. Es handelt sich um Erfahrungen aus Beratungsmandaten für unsere Klienten:

1. Grenzen Sie den Gegenstand eindeutig ab

Zu häufig wird eine Restrukturierung genutzt, um allfällige weitere Vorhaben, die nicht direkt etwas mit der Restrukturierung zu tun haben in eben dieses, meist große, Restrukturierungsvorhaben zu integrieren. Lassen Sie das nicht zu. Als CEO müssen Sie daran interessiert sein, möglichst schnell wieder Resultate am Markt zu erzielen.

2. Weisen Sie Trittbrettfahrer in die Schranken

Aufbauend auf dem ersten Punkt teilen Sie Ihren Mitarbeitern mit, welchen „Scope“ die Restrukturierung hat, und erteilen Sie denjenigen, die gerne die Gunst der Stunde nutzen und noch weitere Aktivitäten aufsatteln wollen, eine Absage. Je eher dies geschieht, desto besser ist es.

3. Informieren Sie direkt zu Beginn

Verzögern Sie nichts. Sobald Sie sicher sind, welchen Umfang die Restrukturierungsinitiative haben soll, informieren Sie die Stakeholder. Dazu gehört ausdrücklich auch der Betriebsrat, der vorab ins Boot geholt werden muss, damit Sie nicht Gefahr laufen, dass ein eigentlich gutes Vorhaben aus Prinzip blockiert wird.

4. Bilden Sie ein kleines Team

Viele Köche verderben den Brei. Bilden Sie ein Kernteam, das sich um die Restrukturierung kümmert.

5. Planen Sie ein Projekt

Was selbstverständlich ist, muss noch einmal betont werden: Planen Sie ein Projekt. Darin steckt verborgen, dass Sie selbst in die Planung einbezogen sind. Die Unternehmensführung muss klar Flagge zeigen bei jeder Restrukturierung auf Unternehmensebene. Anderenfalls geht Glaubwürdigkeit verloren. Sie müssen – und dürfen – nicht alles selbst tun, aber Ihre Rolle ist die des Auftraggebers. Lassen Sie eine Projektstruktur verabschieden, die sicherstellt, dass Ihre Ziele schnell erreicht werden.

6. Stellen Sie Regelmäßigkeit sicher

In regelmäßigen Reviews lassen Sie sich von dem Projektteam über den Fortschritt berichten. Dabei zählt nicht Input, nach dem Motto „Hier ist alles, was wir bereits getan haben", sondern es geht um Resultate: „Hier ist das, was wir bereits erreicht haben". Dabei ist auch die Frage, wo Engpässe bestehen, zentral.

7. Ziehen Sie rechtzeitig einen Schlussstrich

Es geht nicht um karierte Maiglöckchen. Es geht darum, eine erforderliche Restrukturierung möglichst rasch und erfolgreich durchzuziehen. Es geht auch nicht um die Schönheit der Methodik. Nur die Resultate zählen.

Wachstumstipp
Geben Sie der Restrukturierung eine Perspektive, denn sie ergibt nur dann einen Sinn, wenn sie auf weiteres Wachstum vorbereitet. Mag dies auch in der akuten Phase nicht jedem sofort ersichtlich sein – schließlich steht der Arbeitsplatz manchen Mitarbeiters möglicherweise auf dem Spiel –, ist es für Ihre Perspektive und die Perspektive des Unternehmens von entscheidender Bedeutung, was nach der Restrukturierung kommt. Dies verkürzt in der Regel den Restrukturierungsprozess selbst auch erheblich.

3.12 Kernkompetenzen und normale Fähigkeiten – ein wesentlicher Unterschied

Bereits einige Seiten zuvor war die Rede von Stärken und von Kernkompetenzen. Diese Gedanken sollen hier noch einmal vertieft werden: Wenn wir in strategischen Diskussionen mit unseren Klienten über Wachstumsfelder sind, kommen wir, ganz unabhängig davon, in welcher Wachstumsphase sich das Unternehmen oder der zu diskutierende Geschäftsbereich befindet, immer wieder auf Fähigkeiten oder, wie es im betriebswirtschaftlichen

Umfeld heißt, „Kompetenzen“ zu sprechen. Schnell fällt auch der Begriff „Kernkompetenzen“. Bevor wir uns Gedanken über Kernkompetenzen machen können, müssen wir einige Punkte klarstellen:

1. Der Begriff „Kernkompetenzen“ ist keinesfalls ein Modebegriff. Zwar ist immer wieder die Behauptung nachzulesen, dass man zu viel Zeit auf dieses Thema verwende, weil „Kernkompetenzen“ nur eine Management-(Berater-)Mode seien, aber dies ist falsch und wer dies behauptet, hat schlicht seine Hausaufgaben nicht gemacht oder verfolgt eine andere Intention. Wachstum wird ohne die Kenntnis und den gezielten Ausbau der Kernkompetenzen wesentlich erschwert. Positiv formuliert: Wachstumsprozesse können mit Kenntnis der echten Kernkompetenzen und mit gezieltem Fokus darauf wesentlich beschleunigt werden.
2. Es ist nicht alles „Kern“, was als „Kern“ erscheint. Manches ist lediglich lieb gewonnen und wird deshalb zum „Kern“ erhoben. Es ist weniger „Kern“ als man gemeinhin meint. So meint manches Handelsunternehmen beispielsweise, dass seine Logistik eine Kernkompetenz sei. Mag dies auch noch so sein, worüber man durchaus bereits konstruktiv streiten könnte, ist die daraus folgende Implikation schließlich völlig abwegig, wenn sie lautet, dass man daher seine eigene Logistik betreiben müsse.
3. Kompetenzen – und insbesondere Kernkompetenzen – haben nichts mit „Haben“, sondern etwas mit „Können“ zu tun. Wenn uns ein Großhandelsunternehmen mit knapp zwei Dutzend Niederlassungen in Deutschland in der strategischen Diskussion entgegnet, dass das dichte Niederlassungsnetz eine Kernkompetenz sei, ist dies falsch. Wenn die Niederlassungen abbrennen, hat das Unternehmen immer noch seine (Kern-) Kompetenzen.
4. Kompetenzen kommen von den beteiligten Mitarbeitern, deswegen ist es extrem wichtig, die individuell vorhandenen Fähigkeiten institutionell verfügbar zu machen. Die Materialisierung von vorhandenem immateriellen Wissen ist eine wesentliche Aufgabe der Führung. Nur wenn dies gut gelingt, ist es möglich, sich robuster gegen den Ausfall von Know-how-Trägern durch Fluktuation oder krankheitsbedingten Ausfall zu versichern. Mit technischem „Wissensmanagement“ (das nun wirklich ein Modewort ist) ist es hier nicht getan.
5. Kompetenzen und Kernkompetenzen sind nur relevant, wenn sie dazu führen, dass ein bestehender oder ein angestrebter Markt mit Wert und Nutzen versorgt werden kann. Auch die beste Ausprägung einer Fähigkeit ist sinnlos, wenn sie nicht oder nur bedingt der Wertschöpfung dient.

Dies vorweggeschickt, ist hinsichtlich der Identifikation von Kernkompetenzen Folgendes festzuhalten:

Kernkompetenzen zu kennen ist enorm wichtig. Auch der Unterschied zu „normalen“ Fähigkeiten ist wesentlich, damit eine gezielte Ressourcensteuerung erfolgen kann und sich die Aufmerksamkeit auf die relevanten Punkte richtet. Folgende Definition habe ich seinerzeit in meiner Dissertation aufgestellt und wir halten sie nach wie vor für valide und belastbar:

„Bei einer Fähigkeit (Kompetenz) eines Unternehmens handelt es sich dann um eine Kernkompetenz, wenn diese Fähigkeit

- vorwiegend durch das Unternehmen beeinflussbar und ausbaufähig ist,
- das Unternehmen herausragend vom Wettbewerb abgrenzt,
- sich auf Erfahrung und Wissen bezieht, die es dem Unternehmen ermöglicht, Aufgaben besser als Wettbewerber lösen zu können,
- dazu genutzt werden kann, Abnehmern einen wesentlichen Nutzen zu bieten.“[1]

Die Beeinflussbarkeit des Ausbaus einer Kompetenz ist erstes wichtiges Kriterium für eine Kernkompetenz, weil anderenfalls eine zu hohe Gefahr bestünde, dass Fremdeinfluss auf die erfolgskritischen Fähigkeiten stattfände. Aus diesem Grunde sollten Kernkompetenzen auch nie ausgelagert werden. Bleiben wir beim obigen Beispiel der Logistik des fiktiven Handelsunternehmens. Wenn dieses Handelsunternehmen also tatsächlich eine besondere Logistikkompetenz ausgebildet hätte, die einen Wettbewerbsvorteil schaffte, könnte es die operativen Aspekte dieser Kompetenz sehr wohl an einen Dritten auslagern, würde sich aber stets die Prozesshoheit sichern, da in dieser Prozesshoheit letztendlich die Kernkompetenz liegen würde, folgte man diesem Beispiel. Das Transportieren, Umschlagen, Lagern können andere sicher besser. Ansonsten wäre das fiktive Unternehmen in der falschen Branche.

Die herausragende Abgrenzung vom Wettbewerb als weitere notwendige Bedingung einer echten Kernkompetenz wurde weiter oben schon thematisiert. Wenn eine Fähigkeit herausragend ist, aber keine Abgrenzung vom Wettbewerb ermöglicht, mag es zwar eine herausragende Kompetenz sein, aber eine „Kernkompetenz“ ist sie nach unserem Verständnis dann nicht.

Kernkompetenzen können an unterschiedlichen Orten im Unternehmen vorhanden sein. Es lohnt sich also, nicht nur bei Personen oder Personengruppen, sondern auch in Arbeitsweisen oder niedergelegten Prozessen nach Kernkompetenzen zu suchen. Aus Sicht des Unternehmens ist es ganz klar eine Notwendigkeit, soviel Kern-Wissen zu sichern wie möglich. Dem Unterschied zwischen „wichtig“ und „nicht wichtig“ kommt dabei eine erhebliche Bedeutung zu. Zu häufig wird jedwedes Wissen auf komplexe Art und Weise zu sichern versucht, um nur nichts zu verlieren, ohne dabei hinterfragt zu haben, ob die Sicherung besagten Wissens tatsächlich einen spürbaren Vorteil erbringt. Das Resultat ist bekannt: Wikis, die nicht genutzt werden, Ordner, die mit alten Prozessbeschreibungen gefüllt sind und Qualitätsmanagementsysteme, deren Inhalt Redundanzen und Fehlstellungen aufweist, um nur einige Beispiele zu nennen. Die Kenntnis über Kompetenzen und die Herausfilterung der echten Kernkompetenzen ist von enormer Bedeutung, unabhängig davon, ob die bestehende Wertschöpfung gestärkt oder ein neuer Wertschöpfungsstrang aufgebaut werden soll. Dass dies nicht im stillen Kämmerlein geschehen darf, sondern des

[1] Quelle, Guido (2003, 2. Auflage 2013): „Instrumentelle Unterstützung der Entwicklung und Realisierung von Marktsegment-Strategien in Handelsunternehmen“, Mandat Campus, Norderstedt, Seite 71 f.

selektiven Einbezugs der unternehmerischen Leistungsträger bedarf, liegt, nehme ich an, auf der Hand.

Wachstumstipp
Erläutern Sie kurz auf der nächsten Betriebsversammlung, was Sie unter Kernkompetenzen verstehen und sammeln Sie auf Zuruf das ein, was die versammelten Mitarbeiter als Kernkompetenzen betrachten. Kommentieren Sie die Beiträge nicht, fragen Sie aber nach, falls Unklarheit besteht. Lassen Sie die Beiträge sichtbar festhalten. Beenden Sie dies nach spätestens zehn Minuten und nehmen Sie die Ergebnisse – ein Bild, das die Organisation von sich selbst hat – mit in Ihr nächstes Strategiemeeting.

3.13 „The sky is the limit?" – Wenn das Wachstum an Grenzen stößt

„Wir werden auch in diesem Jahr wieder zweistellig wachsen", so der Vorstandsvorsitzende auf der jährlichen Führungskonferenz. „Nur wer konsequent wächst, leistet einen Beitrag zum Fortschritt und Stillstand ist Rückschritt", betont der Chef weiter. 250 große Augenpaare schauen den CEO an und man sieht förmlich hinter der Stirn der einzelnen Teilnehmer geschrieben, dass sie die Worte sehr wohl hören, ihnen aber der Glaube fehlt. Es ist eine zu einpeitschende, zu flache Botschaft, die ihnen hier entgegengebracht wird. The sky is the limit? Wer's glaubt.

Wachstum muss man nicht nur planen, sondern auch führen. Verlässt man sich darauf, dass die Wachstumsraten der vergangenen Jahre bereits Garant für die Zukunft sind, ist das Limit schon sehr früh erreicht. Insofern ergehen sich zahlreiche Unternehmenslenker in einer zu flachen Forderung nach Wachstum, was in Zeichen unsicherer wirtschaftlicher Vorzeichen überdies kontraproduktiv wirken kann. Die Frage nach dem „WIE" des Wachstums bleibt zu häufig unbeantwortet. Überdies lassen manche Unternehmenslenker die Sensibilität dafür vermissen, dass es zu akzeptieren gilt, wenn partielles – oder gar gesamtes – Wachstum vorübergehend an seine Grenzen stößt. Warum wird dies so häufig ignoriert? Weil nicht sein kann, was nicht sein darf.

Innovation als Schlüssel

Damit ein Unternehmen sich gesund entwickelt, bedarf es der kontinuierlichen Innovation, des permanenten „sich Neuerfindens", und dieser Prozess will wohl gesteuert sein. Dabei konzentriert sich der Innovationsbedarf auf folgende fünf Bereiche:

- Strategie
- Zielgruppe/Bedürfnisse

- Produkte/Leistungen
- Prozesse/Organisation
- Führung

Innovation im Bereich „Strategie"

Es genügt nicht, eine jährliche Strategietagung durchzuführen, auf der mehr oder weniger intensiv an der Bestätigung dessen gearbeitet wird, was man ohnehin schon tut. Ein erfolgreicher Strategieprozess ist dadurch gekennzeichnet, dass bei aller Wertschätzung des bereits Erreichten genau dieses auf den Prüfstand gestellt wird. Hat sich die Welt um uns herum verändert? Sind Quereinsteiger in unser Marktumfeld eingedrungen? Welche Megatrends gibt es, denen wir Paroli bieten müssen? Die Kür: Welche Megatrends können wir selber setzen? Wo können wir eine Ausweichstrategie fahren, um unseren Kunden noch mehr zu nutzen? Ist das, was wir tun, noch richtig?

All dies sind wesentliche Fragen, die im Rahmen einer gelungenen Gestaltung des Strategieprozesses gestellt und beantwortet werden müssen. Wird dies regelmäßig getan, dokumentiert und als neues Wissen in das Unternehmen gebracht, ist ein ganz wesentlicher Schritt getan, denn an dieser Stelle wird über das „OB" (soll eine bestimmte strategische Position bezogen werden?) und das „WAS" (welches ist der zukünftige Gegenstand unserer Marktpositionierung?) entschieden.

Innovation im Bereich „Zielgruppe/Bedürfnisse"

Die Zielgruppe und ihre Bedürfnisse verändern sich möglicherweise nicht rapide, aber dafür umso beständiger. Die Tatsache, dass zumeist keine schnelle Veränderung der Zielgruppe und ihrer Bedürfnisse eintritt, ist die darin gelegene größte Gefahr, denn auf diese Weise nehmen wir mögliche Veränderungen eventuell gar nicht rechtzeitig wahr. Daher muss die Zielgruppe regelmäßig hinterfragt und im Bedarfsfall durch gezielte Leistungsangebote adjustiert werden. Auch die Bedürfnisse der bestehenden Zielgruppe sind permanent festzustellen und gezielte Innovationen – auf die Bedürfnisse zugeschnitten – sind ins Leben zu rufen. Der größte dabei beobachtbare Fehler ist unserer Erfahrung zufolge, dass das Unternehmen aus seiner Sicht isoliert definiert, was die Zielgruppe möglicherweise für ein Bedürfnis haben könnte. Zu selten wird die Zielgruppe tatsächlich in die Produkt- und Leistungsentwicklung einbezogen. Zu wenig wird durch das Auge desjenigen geschaut, der die Produkte und Leistungen später in Anspruch nehmen soll. Raus aus dem Elfenbeinturm, rein in die Zielgruppe, dies muss die Parole sein.

Innovation im Bereich „Produkte/Leistungen"

Wenn Sie Produkte herstellen: Wie ist es um Ihre Entwicklungsabteilung bestellt? Wenn Sie Forschung betreiben: Wie ist es um Ihre Forschungsbereiche bestellt? Wenn Sie Dienstleister sind: Wann haben Sie zuletzt Ihre Leistungen an die tatsächliche Bedürfnis- und Marktlage angepasst? Erfolg stellt sich dann ein, wenn die Produktinnovation und Dienstleistungsinnovation ein abgestimmter Prozess zwischen den Produktentwicklern und den Marktexperten ist. Bedauerlicherweise ist die Vernetzung hier selten gegeben. Zu häufig stellen wir fest, dass Entwicklungsabteilungen (und auch Forschungsabteilungen) sich abschotten und selbstverliebt ihre Produkte zu rechtfertigen versuchen. Eine andere Extremposition ist, dass Controllingabteilungen innovative und gute Produkte zugrunde rechnen. Erfolg stellt sich ein, wenn die Entwickler mit dem Vertrieb unter der Regie eines Mitgliedes der Unternehmensleitung das Ohr am Puls des Marktes haben und konsequent ihre Produkte gemeinsam mit der Zielgruppe entwickeln. Dies beschleunigt nicht nur den Gesamtprozess, sondern stellt auch sicher, dass die Floprate sinkt.

Dabei darf die Produktliste eines Unternehmens natürlich nicht ins Unendliche steigen, weil die Komplexität sonst überproportional steigt. Eine konsequente Bereinigung des Produktportfolios soll sicherstellen, dass alle Beteiligten den Überblick über das Produktportfolio haben. Nichts ist schlimmer, als dass der Vertrieb die eigenen Produkte angesichts ihrer Vielfalt nicht mehr kennt.

Innovation im Bereich „Prozesse/Organisation"

Wann haben Sie sich zuletzt Ihre Leistungsprozesse angeschaut? Ist Ihnen auf Anhieb klar, wie die wesentlichen Prozesse Ihres Unternehmens – und dies sind ausschließlich die marktgerichteten Prozesse – laufen? Ist eine hinreichende Transparenz gewährleistet, die sicherstellt, dass eine hohe Prozessqualität eintritt? Wann haben Sie die Prozesse-Landschaft Ihres Unternehmens zuletzt auf Herz und Nieren geprüft?

Eine gelungene Prozessinnovation setzt ein radikales Denken voraus. Dies kann bedeuten, sämtliche Supportprozesse auf ihre Auslagerungsfähigkeit zu hinterfragen, jedwede administrative Tätigkeit auf ihren Beitrag zur Wertschöpfung zu überprüfen, komplexe Umstrukturierungen vorzunehmen, um die Organisation endlich ihren Prozessen anzupassen und es kann bedeuten, dass das Unternehmen nach der Prozessinnovation deutlich anders aussieht als zuvor. Wohlgemerkt: Wir sprechen hier nicht von inkrementellen Prozessveränderungen, die nur vorgenommen werden, weil der Qualitätsmanagement-Beauftragte, die Revisionsabteilung, der Auditor oder sonst wer dies fordert. Wir sprechen vielmehr von einer initialen grundlegenden Veränderung der Prozesse zum Wohle des Kunden und zum Wohle der Klarheit in der Organisation. Um nicht permanent eine radikale Veränderung herbeiführen zu müssen, sprechen wir nachfolgend von einer regelmäßigen, der Strategie angepassten Prozessinnovation, die dazu führt, dass Ihr Unternehmen in der Lage ist, entweder die gleichen Dinge mit weniger Aufwand oder mit gleichem Aufwand mehr Dinge zu tun.

Innovation im Bereich „Führung"

Die Führung bildet die Klammer zur Strategie, denn hier wird dafür Sorge getragen, dass die S-Kurve des Produkt- und Leistungslebenszyklus angemessen gesteuert wird. Innovationen im Bereich der Führung bedeuten, dass Mitarbeiter jeweils angepasst an die Unternehmenssituation geführt und in die Lage versetzt werden, Systeme und Methoden zu entwickeln, mit denen es gelingt, festzustellen, auf welchem Pfad der S-Kurve sich das Unternehmen je nach Produkt und Leistung befindet. Gelingt es der Führung, entsprechende Vorgehensweisen zu etablieren und die Mitarbeiter zur Beachtung der Gesetze zur Innovation zu befähigen, hat sie ihren Job gut gemacht. So bedarf es immer wieder neuer Methoden und Vorgehensweisen, wenngleich dies auch nicht bedeutet, jede Führungswelle, die sich anbietet, mitzureiten. Vielmehr kommt es darauf an, aus einem Fundus von soliden Vorgehensweisen und Methoden zu schöpfen, die, intelligent miteinander kombiniert, eine wirkungsvolle Führungsdynamik erzeugen.

Zur Innovation im Bereich der Führung gehört es auch, regelmäßig darüber zu befinden, ob die Art und Weise, wie Projekte geführt werden, noch angemessen ist. Letztlich gehört auch dazu, festzustellen, ob die Menge der Projekte angemessen ist für den Entwicklungsstand, innerhalb dessen sich das Unternehmen gerade befindet. Als Umsetzungskomponente der Strategie kommt dem Aspekt der Führung dabei eine zentrale Bedeutung zu.

Wachstumstipp

„The sky is the limit"? Vielleicht. Aber wenn dies so ist, dann sicher nicht, indem man immer das tut, was man immer schon getan hat. Innovationen sind der Wachstumsmotor und dazu gehört es auch, sich gelegentlich von liebgewonnenen Produkten, Kunden und Vorgehensweisen zu verabschieden. Welche Innovationen planen Sie konkret für das nächste Jahr und welche Produkte, Kunden, Vorgehensweisen werden Sie aus dem „Leistungskatalog" entfernen? Allein diese Liste lohnt schon der Diskussion.

3.14 Überrascht? – Wie sind Sie auf den Erfolg vorbereitet?

Sind Sie auf den Erfolg vorbereitet?

Immer wieder hört man von Unternehmen, die von dem plötzlichen Erfolg eines neuen Produktes, einer neuen Dienstleistung oder einer Vertriebsinitiative völlig überrumpelt – oder zumindest überrascht – werden. Dabei kennen wir prominente Fälle, wie Apple mit seinem iPad oder der jeweils neuesten Version des iPhone, deren (Re-)Launch regelmäßig zu langen Warteschlangen vor den Stores und zu enormen Wartezeiten führt. Oder schauen wir auf Louis Vuitton: Das Unternehmen wurde angeblich durch den rasanten Ansturm auf seine Taschenkollektion derart überrascht, dass es seine Stores täglich eine Stunde früher schließen ließ, um im Weihnachtsgeschäft noch lieferfähig zu sein.

Marketing-Gag oder Überraschung?

Sicher können wir in dem einen oder anderen Fall davon ausgehen, dass die Produktknappheit im Rahmen einer gezielten „Marketingmaßnahme" dem Unternehmen recht gut ins Konzept passt, denn Knappheit führt bekanntlich zu Begehrlichkeit. Aber auch weniger prominente Unternehmen scheinen durch plötzlichen Erfolg immer wieder überrascht zu sein, ohne dass sich ein Konzept eröffnet, das diesen vermeintlichen Vorteil nutzbar machen könnte. Viele Unternehmen bereiten sich minutiös mithilfe von Risikoanalysen im Rahmen von teuren und häufig sinnlosen Risk-Management-Initiativen auf Worst-Case-Szenarien vor, arbeiten also daran, vorbereitet zu sein, um eine möglicherweise schwindende Nachfrage zu bewältigen. Nur wenige Unternehmen kümmern sich aber darum, wie sie auf einen Nachfrageboom reagieren könnten. „Wird schon", so lautet häufig die Einstellung. „Wenn wir erstmal Aufträge haben, arbeiten wir die schon ab."

Auf den „Best-Case" vorbereiten

Wenn wir mit unseren Klienten eine Vertriebsinitiative starten, über die Entwicklung und Markteinführung neuer Produkte sprechen oder an der deutlichen Steigerung der Nachfrage nach spezifischen Dienstleistungen arbeiten – immer mit dem Ziel des profitablen Wachstums –, sprechen wir immer auch darüber, welchen Erfolg wir im allerbesten Fall erwarten und ob unser Klient überhaupt in der Lage ist, diese Nachfrage kompetent zu bedienen. Fast immer stellen wir gemeinsam mit unserem Klienten fest, dass es erforderlich ist, für den „Best-Case" viel besser vorbereitet zu sein als bislang angenommen.

Nicht jedes Unternehmen kann es sich leisten, durch Knappheit zu begeistern. Vielmehr geht der Schuss häufig nach hinten los, wenn hohe Versprechungen in den Markt gebracht werden, die prozessual seitens des Unternehmens nicht abgebildet werden können. Haben wir uns nicht alle schon darüber geärgert, minutenlang in telefonischen Wartschleifen verbracht oder uns die Beine in einem Laden in den Bauch gestanden zu haben, weil der Kundenservice von der Nachfrage völlig überrascht wurde? Unsere Klienten wollen so etwas zwingend vermeiden, denn schnell schlägt das hohe Anfangsinteresse in Kundenärger um – und die Geschwindigkeit, mit der das geschieht, ist im Laufe der Jahre gefühlt deutlich gestiegen.

Neun Fragen – zwingend zu beantworten

Ein Projekt, um ein neues Produkt oder eine neue Dienstleistung zu entwickeln und einzuführen, endet nicht mit dem Tage, an dem man das Produkt kaufen oder die Dienstleistung in Anspruch nehmen kann. Ein solches Projekt endet erst dann, wenn das Unternehmen sicher ist, dass es die Nachfrage auch kompetent bedienen kann. Dies muss bei der Konfiguration eines solchen Projektes unbedingt berücksichtigt werden. Anderenfalls springt das Unternehmen zu kurz.

Wenn Sie eine Initiative planen, die zum Ziel hat, einen deutlichen – und nicht nur graduellen – Anstieg der Nachfrage zu generieren, beantworten Sie sich und Ihrer Mannschaft unbedingt folgende neun Fragen – unabhängig davon, ob Sie über ein neues Produkt oder eine neue Dienstleistung nachdenken:

- Was ist aus unserer heutigen Kenntnis der größte anzunehmende Erfolg (GAE), mit dem wir rechnen können? Was sind realistische, was sind optimistische Annahmen?
- Welche Zielgruppe, neben unserer angestammten Zielgruppe und unserer zusätzlich anvisierten Zielgruppe, könnte sich überraschend noch für unser neues Produkt/unsere neue Dienstleistung interessieren und uns damit überraschen?
- Wen müssen wir in unserem Unternehmen wann und auf welchem Weg informieren, sodass wir zum Start des neuen Produktes/der neuen Dienstleistung voll auf der Höhe sind?
- Welche Beratungskompetenzen müssen wir zusätzlich aufbauen, um Kunden kompetent, persönlich und/oder telefonisch antworten zu können?
- Welche direkten (Vertrieb) und indirekten (Hotline) Kundenbetreuungskapazitäten müssen wir sicherstellen? Wie können wir eine Staffelung, je nach Nachfrage, sicherstellen?
- Ist sichergestellt, dass unsere Haupt-Kompetenzträger verfügbar – und nicht etwa im Urlaub – sind?
- Sind unsere Lieferanten hinreichend informiert? Ist sichergestellt, dass sie gegebenenfalls Zusatzkapazitäten verfügbar machen können?
- Wie ist die exakte Taktung der Kundeninformationen? Wie sind die ersten Tests mit Pilotkunden verlaufen? Lässt sich eine Tendenz erkennen, die uns auf die zu erwartende Nachfrage schließen lässt?
- Was ist unser „Plan B"?

Wachstumstipp
Beschäftigen Sie sich nicht nur mit der Vorsorge für schlechte Zeiten. Sorgen Sie vielmehr dafür, dass Sie auf den Erfolg vorbereitet sind, damit Sie ihn sich zunutze machen können.

4 Methodik kennen und beherrschen: Das Wachstumshandwerk will gelernt sein

Zusammenfassung

Mitunter bilden sich fulminante Wachstumsgeschichten aus opportunistischem Handeln, aus situativer Intelligenz oder Intuition heraus. Dagegen ist nichts einzuwenden, denn selbstverständlich empfiehlt es sich in bestimmten Situationen, einfach opportunistisch zu handeln, es ist eine Gabe, eine Situation treffend einzuschätzen und entsprechenden großen Nutzen daraus zu ziehen bevor es andere tun, und die Kraft der Intuition für sich zu nutzen ist eine Fähigkeit, die in unserem zunehmenden Bestreben, Dinge zu überanalysieren, häufig in Vergessenheit gerät.

Die Punkte, die aber auch nicht vergessen werden dürfen, sind, dass erstens gelungenes opportunistisches Handeln, situative Intelligenz und wachstumsfördernde Intuition häufig einer gewissen Erfahrung bedürfen – Ausnahmen bestätigen auch hier die Regel – und dass sie sich nicht leicht erklären, geschweige denn replizieren lassen. In komplexen organisatorischen Gebilden müssen also weitere Fähigkeiten entwickelt werden. Ein abgestimmtes und überschaubares methodisches Gerüst bietet nicht nur neuen Mitarbeitern im Unternehmen eine Basis, auf die sie sich verlassen können, es bietet auch Sicherheit, für gewisse Situationen gerüstet zu sein, vergleichbar mit dem Werkzeugkoffer im Keller, der idealerweise alle erforderlichen Werkzeuge enthält, derer es bedarf, um allfällige Arbeiten zu lösen. Für die schwierigen Dinge holt man sich dann einen Experten ins Haus.

Wachstum zu schaffen ist eine Mischung aus Methodik und „weichen" Faktoren, wie die oben genannte Intuition, ein gewisses Gespür für die richtige Richtung. Treffen beide Dimensionen zusammen, entsteht ein kraftvolles Gemisch, das den Motor des Unternehmens bestmöglich antreibt.

In diesem Kapitel soll das Augenmerk auf der Methodik liegen. Dabei wird insbesondere darauf Rücksicht genommen, dass es sehr wohl ein „zuviel" an Methodik geben kann. Es geht – wie immer bei Wachstum – nicht um Menge, sondern um Fokus. Welches sind also die geeigneten methodischen Werkzeuge, die auf jeden Fall verfügbar

G. Quelle, *Wachstum beginnt oben*,
DOI 10.1007/978-3-658-03658-4_4, © Springer Fachmedien Wiesbaden 2014

sein und beherrscht werden sollen? Natürlich fokussieren sich zahlreiche Vorgehensweisen auf den methodischen Prozess des Erstellens einer wirksamen Strategie, aber auch das Schaffen von Struktur in komplexe Probleme oder schlicht das wirkungsvolle Bearbeiten von Wachstumsprojekten werden uns begegnen.

Doch zunächst das Wichtigste: der Instrumentenflut Herr werden und für Anwendung der Instrumente sorgen.

4.1 Instrumente – Sorgen Sie für deren Anwendung

Werden in Ihrem Unternehmen immer wieder neue Instrumente ins Leben gerufen? Werden IT-Instrumente permanent verbessert, bei beliebig langen Wartelisten für Change Requests? Haben Sie manchmal den Eindruck, dass niemand mehr den Überblick über alle relevanten Instrumente hat? Wahrscheinlich haben Sie Recht.

Unserer Erfahrung zufolge mangelt es in den meisten Unternehmen nicht an Instrumenten. Es mangelt auch nicht an der Qualität dieser Instrumente, sondern der Kernmangel liegt ganz eindeutig in der Anwendung der Instrumente.

Ein Taxifahrer, der mich von Stamford nach New York fahren sollte, versicherte mir, dass er New York kenne. Mein Fehler war es, das als hinreichend anzusehen, zudem ich sah, dass er nicht ein Navigationssystem in seinem Taxi hatte, sondern derer zwei. Als ich feststellte, dass der Taxifahrer keinen Schimmer hatte, wie er nach New York zu der von mir benannten Adresse kommen könnte – was auch dadurch belegt wurde, dass er regelmäßig vom Highway abfuhr, um Menschen nach dem Weg zu fragen –, fragte ich ihn, ob er nicht besser seine Navigationssysteme einsetzen wolle. Seine Antwort: Er gab mir eines der an der Scheibe klebenden Systeme nach hinten mit den Worten „Ich habe keine Ahnung, wie die Dinger funktionieren, geben Sie doch das Ziel mal ein."

Es genügt nicht, Instrumente im Unternehmen verfügbar zu haben. Es ist auch wichtig, dass Ihre Mitarbeiter die Instrumente kennen und dass sie in der Lage sind, diese Instrumente auch zu bedienen. Wie oft werden Renner-Penner-Listen, Controlling-Tools, Vertriebssteuerungssysteme nicht oder nicht richtig eingesetzt? Wie häufig werden neue Instrumente gefordert, obwohl die bisherigen Instrumente noch nicht vollumfänglich eingesetzt werden? Wie oft sind Erweiterungen von Instrumenten Thema in den Geschäftsführungssitzungen? Wie viel Geld investieren Sie pro Jahr in die Entwicklung Ihrer Instrumente und wie oft denken Sie sich, dass es besser wäre, mal nachzusehen, welche Erweiterungen wirklich erforderlich wären, weil Sie das dumme Gefühl haben, dass die bestehenden Instrumente eigentlich schon das leisten müssten, was verlangt wird?

Begnügen Sie sich nicht mit der Erweiterung des unternehmerischen Handwerkskastens. Bohren Sie nach. Verlangen Sie von Ihren Verantwortlichen, dass sie belegen, welche Instrumente wie eingesetzt werden. Fordern Sie konsequent, dass nicht nur die Schulungen nachgewiesen werden, sondern auch deren Auswirkungen. Schulungen sind Input, der richtige Umgang mit Ihren (teuren) Instrumenten ist Output. Messen Sie Output.

Wachstumstipp
Wenn Mitarbeiter das nächste Mal auf Sie zukommen, ob das eine oder andere Instrument oder die eine oder andere Verfeinerung eines bestehenden Instrumentes nicht zweckmäßig wäre, fragen Sie zweierlei:

- Welchen Nutzen schafft der Vorschlag?
- Welches unserer bestehenden Instrumente kann dies möglicherweise schon längst abbilden?

4.2 Unternehmensstrategie – Basis des Wachstums

Die Theorie

Die wesentliche Eigenschaft eines Fundamentes ist, dass es eine solide Basis für das darauf befindliche Gebäude bietet. Auf dem Fundament ruht das gesamte zu erstellende Gebilde, unabhängig davon, wie es sich hinterher in seiner Ausprägung darstellt. Rüttelte man bei einem Gebäude am Fundament oder würde man es abtragen, trüge dies nicht zur Stabilität und Werterhaltung des Gebäudes bei, sondern es gefährdete dessen Funktion.

Die Strategie eines Unternehmens soll ein solides Fundament bieten für die taktischen und operationalen Handlungen, die sich im täglichen Geschäft ergeben. Das Gebäude „Unternehmen" soll auf einer stabilen Plattform stehen, dessen Grundlage wohlüberlegt ist und gleichermaßen die erforderliche Stabilität bietet, die das Agieren am Markt erfordert.

Natürlich muss gelegentlich angebaut und umgebaut werden und man ist gut beraten – um bei der Analogie des Gebäudes zu bleiben –, sich rechtzeitig weitere Grundstücke zu sichern und den Bau so zu gestalten, dass er eine gewisse Flexibilität bietet. Aber ein beliebig häufiges Hin und Her darf es im unternehmerischen Kontext ebenso wenig geben wie den fortwährenden Abriss und Neubau eines Gebäudes.

Die Praxis

Soweit die Theorie. In der Praxis ist es umso verwunderlicher, dass sich Strategien mitunter nach nicht erkennbarem Muster und aus nicht erkennbarem Anlass beliebig und in hoher Frequenz ändern. Der unbedarfte Beobachter kommt, ebenso wie der Experte, bald zu der Erkenntnis, dass es um die Qualität manch einer als Strategie vorgestellten Initiative nicht weit her war oder ist. Wie sonst lässt sich erklären, dass die Halbwertszeit verkündeter Strategien sich rasant verringert?

Wenn wir in die Geschäftsberichte veröffentlichungspflichtiger oder -williger Unternehmen schauen und die Berichte mehrerer Jahre nebeneinander legen, erkennen wir häufig einen unmittelbaren Zusammenhang zwischen Kontinuität und Verbindlichkeit auf der einen und quantitativem und qualitativem Wachstum auf der anderen Seite. Diejenigen Vorstände, Geschäftsführer und Unternehmen, die in einem Geschäftsbericht von einer Strategie und damit verbundenen Initiativen sprechen und diese im nächsten Geschäftsbericht wieder aufgreifen, sind in der Regel ungleich erfolgreicher als diejenigen Unternehmen, die in jedem Geschäftsbericht das Blaue vom Himmel versprechen, sich aber nicht darum kümmern, was tatsächlich realisiert wurde. Nach dem Motto: Der gemeine Anteilseigner merkt's eh' nicht.

Der Begriff „Strategie" wird inzwischen so inflationär verwendet, dass man es kaum aushält. Wir sprechen von „Strategie" als ein langfristig angelegtes, schriftlich niedergelegtes Konzept für den Unternehmenserfolg, das die Basis des Wachstums ist und den Kunden im Fokus hat. Aufgrund dieser Definition liegt es nahe, dass sich eine Strategie nur aus gut begründetem Anlass ändert. Justagen: gern, Überarbeitungen: prima, Revolution: nur, wenn erkennbarer begründeter Anlass besteht. Wir gehen schließlich davon aus, dass eine Strategie Resultat eines wohlüberlegten Prozesses ist, in dessen Verlauf auch die relevanten Expertenmeinungen eingeflossen sind.

Im Rahmen der Strategieentwicklung sind dies die drei Kernfragen:

1. Welchen Wert schaffen wir? (Nutzen)
2. Wer wertschätzt diesen Wert? (Kunde)
3. Wie erreichen wir diesen Kunden? (Vertrieb)

1. Wert

Es wird in Unternehmen häufig darüber gesprochen, was die Fähigkeiten des Unternehmens sind. Die Rede ist von echten Kernkompetenzen. Vergessen wird dabei häufig erstens, die echten Kernkompetenzen tatsächlich schriftlich herauszuarbeiten, zweitens, sie zu validieren und drittens, den Nutzen herauszuarbeiten, den der Einsatz der Kernkompetenzen schafft. Die Diskussionen verbleiben zu häufig an der Oberfläche. Stattdessen müssen wir aber von der Input-Mentalität (Kompetenz, Tätigkeit) zum Output-Denken (Nutzen, Ergebnis) kommen. Erst dann können wir darüber sprechen, welchen Wert ein Unternehmen tatsächlich schafft.

2. Kunde

Erst wenn der Wert, den ein Unternehmen schafft, beschrieben ist, lohnt es sich, darüber nachzudenken, wer diesen Wert auch (monetär) wertschätzt. Nun höre ich schon förmlich die Einwände, die mir seit 20 Jahren begegnen: „Wir sind doch nicht auf der grünen Wiese", „Wir haben doch schon so viele treue Kunden" usw. Die Frage, die ich mir und Ihnen stelle, ist: Sind es denn auch die richtigen Kunden, die Sie bedienen? Wie häufig diskutieren Sie im Unternehmen über den Verkaufspreis Ihrer Produkte und Leistungen? Wie oft erleben Sie Widerstand? Wie ist die Rentabilität? Wenn Sie die richtige Übereinstimung zwischen dem Wert, den Sie schaffen und den passenden Kunden gefunden haben, ist ein Rentabilitätsautomatismus nicht fern – effiziente Prozesse vorausgesetzt.

Wenn Sie sich Ihre Kundenbasis anschauen, werden Sie feststellen, dass Sie bereits einige Idealkunden haben. Umso besser. Nehmen Sie diese und beschreiben Sie Ihren idealen Kunden so präzise wie möglich. Erst dann wird es möglich, ihn zu finden. Ja, es wird immer Abweichungen geben, aber es ist besser, diese Abweichungen bewusst in Kauf zu nehmen als sie gar nicht zu kennen.

3. Verkauf und Vertrieb

Der Vertrieb muss die Unternehmensprozesse steuern, denn hier wird Wachstum generiert. Was hilft das beste Produkt (Input), wenn niemand seinen Wert spürt? Wohlgemerkt: Wir sprechen hier sowohl von direktem Vertrieb als auch von Online-Vertrieb, Filialgeschäft oder sonstigen Vertriebsformen, z. B. über Social Networks. Die Frage, die sich stellt, ist: Welchen Vertriebsweg bevorzugt unser (idealer) Kunde? Wie nimmt er gerne den Wert unserer Produkte und Dienstleistungen wahr? Auf welche Weise können wir es den identifizierten Abnehmern leichter, schöner, besser, schneller machen, unsere Produkte und Dienstleistungen in Anspruch zu nehmen?

Wer ist tatsächlich der Entscheider? Im Einzelhandel: Männer? Frauen? Kinder? Sprechen wir den „wahren“ Entscheider auch an – inhaltlich und emotional? Im B2B-Geschäft: Der Einkäufer? Tatsächlich? Oder nicht doch der Bereichsleiter, Geschäftsführer oder gar der Unternehmer und wir trauen uns nur nicht, ihn anzusprechen?

Wachstumstipp
Wenn die obigen drei Fragen beantwortet sind, ergeben sich die darauf aufbauenden taktischen Initiativen automatisch und Sie werden eine drastische Reduktion überflüssiger Projekte erzielen. Ressourcen werden wirksamer eingesetzt und Fehler werden vermieden. Sie erhalten eine Strategie, die im tatsächlichen Bedarfsfall justiert werden kann, aber nicht dem Zeitgeist oder einer Führungsbeliebigkeit unterliegt. Sie haben ein echtes Fundament geschaffen.

4.3 Den Strategie-Erfolg messen? Unmöglich! – Tatsächlich?

Immer wieder begegnet uns in unserer Beratungspraxis die Annahme, dass man den Erfolg, den eine gewählte Strategie erbringt, nicht hinreichend messen könne. Wir halten stets dagegen.

Zwar sind wir keine Freunde davon, alles, wirklich alles, messen zu wollen. Aber eine Strategie muss schon darauf ausgerichtet sein, absichtlich, vorsätzlich, in vollem Bewusstsein, gute Resultate für das Unternehmen zu erbringen. Welchen Sinn hätte sie sonst? Welche Berechtigung hätte es, viel Zeit und Geld in die Hand zu nehmen, um einen neuen strategischen Ansatz zu verfolgen oder eine bestehende Strategie fortzuschreiben?

Die Befürworter der Annahme, dass man den Erfolg einer Strategie nicht oder nur unzureichend messen könne, unterliegen fast sämtlich dem Irrtum, dass man zunächst den Weg und dann das Ziel definiert.

Engpass „Zieldefinition"

Insbesondere bei der Zieldefinition liegt unserer Erfahrung zufolge der wesentliche Engpass: Statt ein Ziel zu definieren und dann zu beschließen, wie man auf kürzestem Wege zu diesem Ziel gelangt und welchen Aufwands, welcher Tätigkeiten, welcher Schritte es bedarf, um diesen Weg zu gehen, um dann möglicherweise zu beschließen, einen Umweg zu wählen, wird eine Strategie ausgerufen, bei der man sich nicht die Mühe gemacht hat, über Zwischen- und finale Ziele zu sprechen.

Strategie muss als Prozess verstanden werden. Und während eines Prozesses gilt es, bestimmte Meilensteine zu erreichen, um festzustellen, ob der Prozess noch auf dem richtigen Weg ist. Wie will aber eine Strategie erfolgreich sein, wenn die Meilensteine, die Zwischenziele, nicht oder nur – natürlich völlig unbeabsichtigt – unverbindlich festgelegt wurden?

Erst das Ziel, dann der Weg. So beginnt Strategie. Die Unternehmensführung, die sich und ihrem Unternehmen einen Gefallen tun möchte, begründet überdies sofort, warum das Ziel erstrebenswert ist und kommuniziert, welchen Nutzen das Ziel für das Unternehmen und einzelne Gruppen des Unternehmens hat und welche Energie auf die Erreichung des Ziels verwendet werden soll. Beantwortet die Unternehmensführung die vorstehenden Fragen nicht initial, tritt ein Boomerang-Effekt ein: Die Fragen kommen automatisch auf die Führung zurück. Sie müssen also zwingend beantwortet werden. Sofort.

Messgrößen und Wirkzusammenhänge

Um den Erfolg einer Strategie zu messen, dürfen wir uns nicht auf die Betrachtung singulärer Messgrößen beschränken. Wir müssen der Tatsache Rechnung tragen, dass wir es mit Wirkzusammenhängen zu tun haben, die wir nicht außer Acht lassen dürfen.

Natürlich können wir hier nur einige Beispiele aufführen, aber der Leser kann sich leicht einige vergleichbare Messgrößen für seine spezifische Situation ableiten. Wichtig ist, dass Wirkzusammenhänge erkennbar werden und dass die Messgrößen gemäß der strategischen Absicht gewählt werden.

Wirkfeld „Kunde"

Wo soll Ihre Strategie also wirken? Bei Ihren Kunden? Nehmen wir zum Beispiel ein Modeunternehmen mit Outlets: Mögliche strategische Erfolgsmessgrößen sind in diesem Fall die Kundenzufriedenheit in Verbindung mit der Kundenanzahl (oder der Frequenz) und dem durchschnittlichen Kundenumsatz (Durchschnittsbon) oder mit der verkauften Stückzahl pro Kunde. Die reine Betrachtung der Kundenzufriedenheit ist nicht hilfreich, denn was helfen Ihnen Kunden, die Ihnen versichern, sie seien zufrieden, die aber am Ende des Tages bei Ihnen weniger kaufen?

Wirkfeld „Leistungsprozesse"

Wenn Ihre Strategie zunächst auf die Verbesserung Ihrer internen Leistungserstellung fokussiert, beispielsweise um die Voraussetzung zu schaffen, die Preisführerschaft zu übernehmen oder die Kostenführerschaft zu erlangen, können in einem produzierenden Unternehmen mögliche Messgrößen die Produktivität oder der Durchsatz in Verbindung mit dem Lagerbestand sein. Die reine Betrachtung der Produktivität oder des Durchsatzes ist nicht hilfreich, weil durch schnelle Produktion bedingte hohe Lagerbestände die produktionsbedingten Vorteile in der Logistik zunichte machen können.

Wirkfeld „Markt"

Zielt Ihre Strategie auf einen höheren Marktanteil? Das ist nur dann eine gute Idee, wenn wir nicht über Verbesserungen im Nachkommastellenbereich – auch nicht im Oligopol! – diskutieren, sondern wenn wir über signifikante, spürbare Marktanteilserhöhungen sprechen, die letztlich auch den Kunden zugute kommen.

Beispiel Handels- oder Industrieunternehmen: Nehmen wir also an, Sie wollen Ihren Marktanteil signifikant steigern und nehmen wir an, Sie haben verlässliche Daten, um dies zu messen, dann behalten Sie auch die Profitabilität im Auge. Was nutzt Ihnen ein hoher Marktanteil, den Sie sich nicht leisten können? Es muss durch den höheren Marktanteil also entweder ein Einkaufsvorteil entstehen, den Sie idealerweise in Teilen an Ihre Kunden weitergeben können, oder es entsteht ein direkter Kundennutzen, meist in Form von Skaleneffekten, sprich Preissenkungen, und damit zusätzlich verbundenen Mengensteigerungen. Derartige Projekte ergeben nur auf einer längeren Zeitachse einen Sinn. Im Übrigen lohnt sich hier auch der Blick auf die Kundenloyalität – oder umgekehrt: der Blick auf die Kundenfluktuation.

Führen Sie die Liste der Beispiele beliebig fort. Die Kunst besteht darin, die Wirkzusammenhänge zu erkennen. Das Strategieteam muss auf das Ziel und dessen Erreichung verpflichtet werden. Dazu ist auch die Verabschiedung des Weges erforderlich.

Wachstumstipp
Richten Sie ein Strategie-Cockpit ein, das Ihnen regelmäßig Aufschluss über die Entwicklung der definierten Messgrößen gibt und arbeiten Sie exakt mit diesen Größen. Ein Cockpit ist dadurch gekennzeichnet, dass die wesentlichen Informationen über den Betriebszustand eingeblendet werden. Es ist nicht dazu da, dass alle verfügbaren Zahlen und Informationen angezeigt werden, weil dies nur verwirrt. Moderne Autos haben zum Teil kein Instrument mehr zur Anzeige der Kühlwassertemperatur, weil sie nur noch im Ausnahmefall überhitzen. Wozu also ein solches Instrument?

Mit der Wahl der Messgrößen sollten Sie also sehr zurückhaltend sein. Der lapidaren Aussage, dass man den Erfolg einer Strategie nicht oder nur schwer messen könne, können Sie auf jeden Fall getrost Paroli bieten.

4.4 Das Strategie-Cockpit – Die Kunst des Weglassens

Im vorangegangenen Beitrag wurde das Strategie-Cockpit bereits erwähnt. In diesem Beitrag soll es näher beleuchtet werden, denn zahlreiche Strategieprojekte sind zu kompliziert. Unendlich viele Facetten werden beleuchtet, die Strategieentwicklung ist von hoher Euphorie getrieben. Nicht selten werden dabei auch Berater zur Unterstützung eingesetzt, die natürlich auch dafür Sorge tragen, dass möglichst viele Facetten der neuen Strategie beleuchtet werden. Nichts soll ausgelassen, nichts dem Zufall überlassen werden, alle Optionen müssen untersucht werden.

Das Strategie-Cockpit

Das Resultat eines Strategieprojektes ist nicht selten ein Strategie-Cockpit, mit dessen Hilfe die Realisierung der Strategie verfolgt werden soll. Zu häufig wird dabei vergessen, dass das Cockpit an sich zwar eine gute Sache ist, es aber, um Wirkung zu erzielen, auch der konsequenten Anwendung bedarf. Was auf den ersten Blick gut aussieht, muss auf den zweiten Blick nicht zugleich auch zweckmäßig sein.

Die Anzahl der im Auge zu behaltenden Parameter ist bei manchen Strategie-Cockpits so hoch und die erforderliche Detaillierung ist so tiefgehend, dass es schier unmöglich erscheint, die erforderliche Wirkung zu erzielen.

Rot, gelb, grün

Viele Strategie-Cockpits beinhalten ein Ampelsystem. Rot, gelb, grün leuchtet es auf, wenn gewisse (messbare) Werte eingehalten, überschritten oder unterschritten werden.

Die erste Frage ist: Wann ist der Status „rot", „gelb" oder „grün" erreicht? Was auf den ersten Blick selbstverständlich aussieht, ist auf den zweiten Blick oft gar nicht so einfach und bedarf der gemeinsamen Diskussion. Wann ist eine Kundenfluktuation „grün"? Wann ist das adäquate Leistungsangebot „gelb"? Wann ist die Vertriebsleistung „rot"?

Der Status „gelb"

Insbesondere über den Status „gelb" gibt es in der Regel viel zu diskutieren. Diese Diskussion verschärft sich zunehmend, wenn man sich vor Augen hält, dass es nicht nur der Kriterien bedarf, anhand derer festgelegt wird, welcher Status bei welchem qualitativen oder quantitativen Wert eintritt, sondern wenn richtigerweise auch darüber diskutiert wird, was die Konsequenzen sind, die zwingend eintreten müssen, wenn ein gewisser Status erreicht wird.

Konsequenzen

Was also sind die Konsequenzen, wenn das Leistungsangebot auf „gelb" rutscht? Was passiert genau, wenn die Vertriebsleistung „rot" wird? Wer muss worüber informiert werden? Wer genau hat was zu tun? In welcher Zeit muss was erreicht werden, wenn ein gewisser Status erreicht wird?

Es ist bei weitem nicht genug, ein Strategie-Cockpit zu entwickeln und ein Ampelsystem einzurichten. Es ist nicht genug, Status einzurichten, die vermeintlich darüber Auskunft geben, welche Entwicklung die Strategie nimmt. Die Definition von Konsequenzen für jeden einzelnen Status – gegebenenfalls auch abhängig von dem Parameter, für den der Status gesetzt wird – ist zwingend, um ein Strategie-Cockpit tatsächlich mit Leben zu füllen. Das Anzeigen von Status ist unzureichend, es bedarf eines Regelprozesses.

Verantwortlichkeit

Natürlich lässt sich über die Zweckmäßigkeit eines Strategie-Cockpits trefflich streiten. Wir haben sehr gute Erfahrungen mit einem solchen Controllinginstrument gemacht, wenn es klare Verantwortlichkeiten gibt, die sicherstellen, dass es sich bei dem Cockpit nicht um einen Papiertiger handelt. Allein die Diskussion über die Parameter-Grenzen und die Konsequenzen verschiedener Status führt schon zu einer geschärften Aufmerksamkeit. Um dann zu gewährleisten, dass die Diskussion nicht auf der theoretisch-konzeptionellen Ebene verbleibt, bedarf es, wie immer, dezidierter Verantwortlichkeiten, die übernommen werden müssen, will das Cockpit das Tagesgeschäft unterstützen.

Die immer währende Frage ist dabei die der Zentralisierung oder Dezentralisierung der Verantwortlichkeit. Wir haben sehr gute Erfahrungen mit dezentralen Verantwortlichkeiten gemacht. Die Vorteile der Praxisorientierung, der unmittelbaren Verbindung mit dem eigenen operativen Geschäft und der Möglichkeit der Verbindung mit den eigenen Zielen überwiegen die Vorteile der zentralen Verantwortlichkeit weitaus.

So sollte also die Vertriebsleitung auch für die Überwachung der strategischen Komponente „Vertriebsleistung" verantwortlich sein und darüber berichten. Ebenso sollte das Marketing über die Innovationsrate, die Angemessenheit des Leistungsangebotes und die richtige Adressierung der Kernzielgruppen verantwortlich sein. Die Performance der operativen Leistungsprozesse sollte von den entsprechenden Verantwortlichen ebenso berichtet werden wie die Effizienz der Organisation als Ganzes von der Unternehmensführung.

Prozess

Natürlich klingt dies nach einem aufwendigen, kontinuierlichen Prozess. Richtig. Aber was, wenn nicht Ihre Strategie es Wert ist, auf diese Art und Weise regelmäßig diskutiert, überwacht und adjustiert zu werden? Verzichten Sie lieber auf die Überwachung von Detailprozessen, wenn Sie Ressourcen sparen wollen und konzentrieren Sie sich auf die richtige Überwachung Ihres Strategie-Cockpits, wenn Sie sich schon die Mühe machen, eines zu entwickeln.

Die Alternative: Machen Sie einfach so weiter wie bisher. Aber entwickeln Sie niemals ein Cockpit, das Sie nicht monitoren wollen. Sie ernten nur Frustration.

Wachstumstipp
Erfinden Sie nicht die Welt neu. Wenn Sie über ein (neues) Strategie-Cockpit nachdenken, nutzen Sie diese Gelegenheit direkt, um die bestehende Instrumentenlandschaft zu durchforsten. Viele Instrumente werden sich überholt haben, manche werden ausschließlich der Selbstverwirklichung einzelner Personen dienen und andere wiederum können möglicherweise genutzt werden, um Ihr neues Cockpit zu bestücken. Betrachten Sie dabei auch die Ressourcen der IT kritisch, denn hier stellt sich häufig ein erheblicher Engpass ein.

4.5 Struktur, Struktur, Struktur – mit Systematik zum Erfolg

Wie oft haben wir es schon gehört, wenn wir wieder einmal in einem Projekt oder einem Arbeitstreffen einem Thema eine Struktur gegeben haben – Klienten sagen dann häufig: „Es ist faszinierend: Sobald ein Thema eine Struktur hat, wird es leichter, das Thema inhaltlich zu fassen."

Kunststück. Warum sollte das, was im täglichen Leben hilft, Ordnung zu halten und Geschwindigkeit zu gewinnen, im Geschäftsleben anders sein? Wir würden nicht auf die Idee kommen, einen Kleiderschrank ins Schlaf- oder Ankleidezimmer zu stellen ohne Fächer, Kleiderstangen, Schubladen, Bügel und sonstige Ordnungshilfen. Natürlich, notwendig sind sie nicht, man kann auch sämtliche Kleidung in den Schrank werfen, ohne jegliche Ordnung. Alles wäre enthalten, aber der Tag würde starten mit einer unerfreulichen Suche und mit einer großangelegten Bügelaktion. Auf die Idee würde wahrlich niemand kommen.

Warum also treffen wir sowohl in komplexen Projekten zur Unternehmensentwicklung als auch in Meetings zur Erörterung eines komplexen Themas immer wieder auf Situationen, in denen genau das getan wird, was wir im täglichen Leben nicht tun würden? Themen werden durcheinandergeworfen, alles kommt in einen „Schrank“, in einem Meeting wird der Versuch unternommen, alle möglichen Themen anzusprechen, weil man gerade am Tisch miteinander sitzt und die „Zeit nutzen“ möchte, politische Themen werden in ein Projekt hineingezogen, damit sie endlich einmal erledigt werden, und so weiter – die Liste ist schier endlos.

Lassen Sie es nicht zu, dass mangelnde Struktur Ihre Themen torpediert, denn der Missstand einer mangelnden Struktur lässt sich leicht beheben. Es bedarf dazu

- der Kenntnis geeigneter Methoden,
- der Disziplin, diese Methoden anzuwenden und
- des Mutes, die Gewohnheit des Unstrukturierten zu verlassen und Methodik und Struktur einzufordern; dies gegebenenfalls auch gegen erhebliche Widerstände in der Organisation, weil man gewohnt ist, anders vorzugehen und keinen Anlass hat, seine Arbeitsweise zu verändern.

Schauen wir uns diese drei Ebenen an:

1. Kenntnis geeigneter Methoden

Es ist nicht zweckmäßig, hier sämtliche Strukturierungsmethoden, die wir anwenden, aufzuführen, aber zu nennen sind einige typische Strukturierungsmethoden, die in unseren Beratungsprojekten immer wieder angewendet werden, deren Anwendung leicht erlernbar sind und die eine erhebliche Wirkung erzielen:

- Der Projektstrukturplan ist immer dann gefragt, wenn es darum geht, ein Projekt auf eine solide strukturelle Basis zu stellen. Die einzelnen Teilprojekte enthalten idealerweise in sich geschlossene Themen, die unter der Regie eines Teilprojektleiters und dessen Stellvertreters zu einem vorher definierten Resultat geführt werden. Wichtig: Die Projektstruktur soll und darf nicht einzelne Funktionsbereiche widerspiegeln. Ist das der Fall, liegt der Verdacht nahe, dass das Projekt falsch aufgegleist ist.

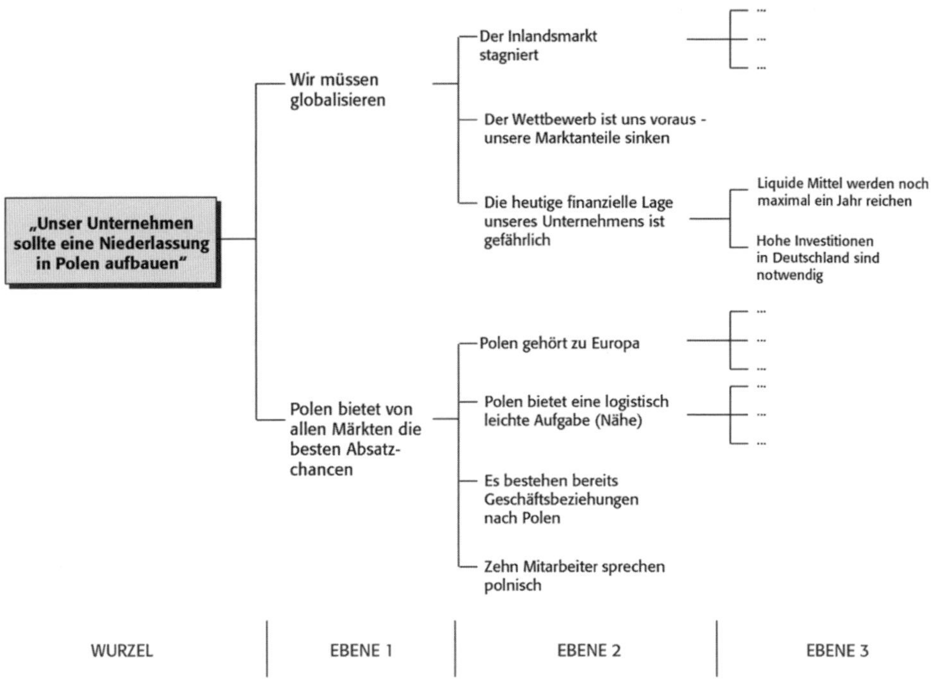

Abb. 4.1 „Hypothesenbaum"

- Der Hypothesenbaum dient der Bestätigung einer Hypothese (siehe Beispiel in Abb. 4.1). Es wird versucht, Argumente zu finden, die eine bestimmte Annahme stützen.

Der deduktive Logikbaum (siehe Beispiel in Abb. 4.2) ist eine Methode, die dazu dient, um vom WAS zum WIE zu kommen. Die einzelnen Ebenen werden so weit verästelt, bis am Ende tatsächlich konkrete Maßnahmen stehen.

- Für die Issue-Map (Abb. 4.3) habe ich noch keinen guten deutschen Namen gefunden, aber meine Studenten haben die Issue-Map in einer Vorlesung einmal den „Ja-Nein-Baum" getauft. Das finde ich passend. Hier gilt es, geschlossene Fragen zu stellen, um zu Optionen zu gelangen, bis es keine weiteren Optionen mehr gibt.

Diese vier Strukturierungsmethoden allein sind schon mächtig genug, um zahlreiche komplexe Sachverhalte wesentlich zu bündeln und ihre Bearbeitung zu vereinfachen.

2. Disziplin

Es bedarf einer erheblichen Disziplin, um die Anwendung von Strukturierungsmethoden in Fleisch und Blut übergehen zu lassen. Hier hilft nichts anderes als anwenden, anwenden,

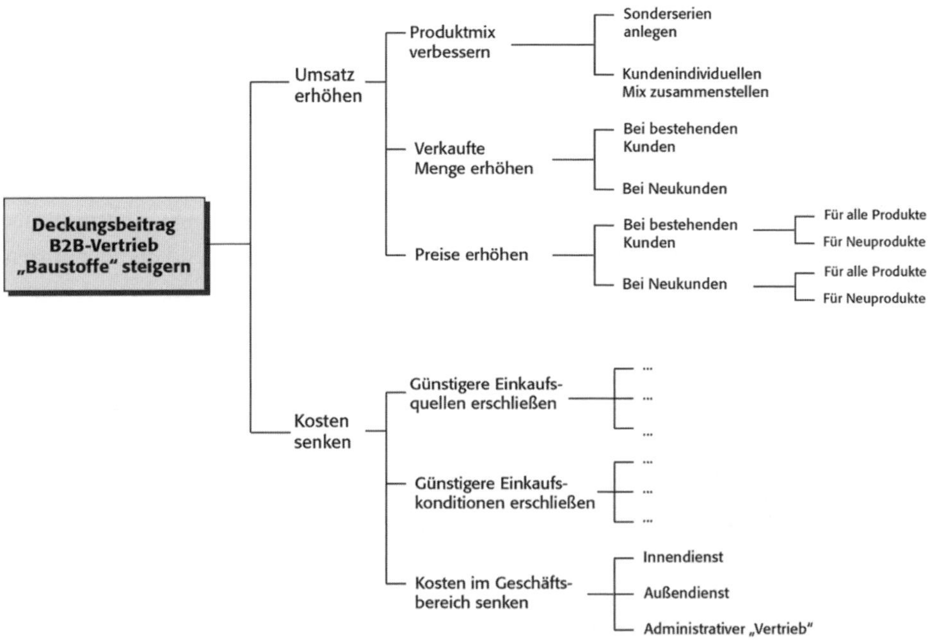

Abb. 4.2 „Deduktiver Logikbaum"

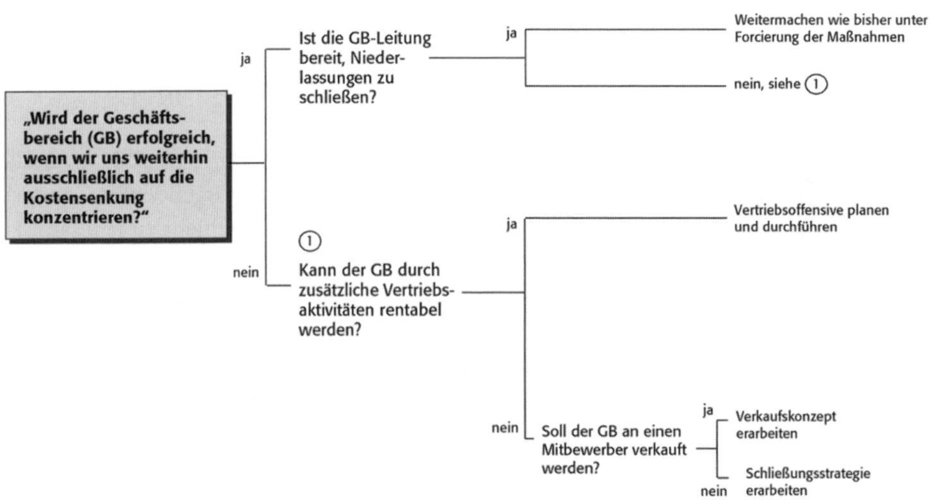

Abb. 4.3 „Issue-Map"

anwenden. Genau deshalb ist es auch wichtig, mit zunächst wenigen neuen Methoden zu starten und den Umgang mit ihnen konsequent zu üben. Es geht nicht nur um Kenntnis, sondern auch um Anwendungsfähigkeit. Sorry, aber es gibt keine Abkürzung.

3. Mut

Die Disziplin und der Mut hängen ein wenig miteinander zusammen. Manche Management-Runden, die gewohnt sind, auf eine gewisse Art und Weise miteinander zu arbeiten, werden mit Widerstand auf neue Methoden reagieren. Die Kunst hier: Stellen Sie nicht die Methode in der Vordergrund, sondern den Nutzen: „Wir haben in der Vergangenheit ja schon gelegentlich festgestellt, dass wir unsere kostbare Zeit mit Diskussionen verbringen, die dem tatsächlichen Gegenstand nicht zwingend dienlich waren. Ich habe mir darüber Gedanken gemacht und möchte heute mit einer leicht veränderten Vorgehensweise an unser Thema herangehen."

Wenn das Miteinander einigermaßen intakt ist, wird sich die Mehrheit der Runde darauf einlassen. Wenn nicht, müssen Sie grundsätzlich das Zusammenarbeiten hinterfragen.

Wachstumstipp
Strukturierungstechniken können das Leben und das Zusammenarbeiten erheblich vereinfachen. Wichtig ist, dass Sie nicht die Methodik, sondern den Vorteil, den das Anwenden derselben mit sich bringt, in den Vordergrund stellen.

4.6 Starten, Beginnen, Handeln – Wie Sie Ihre Mitarbeiter nicht nur zum Denken führen, sondern auch zum Tun

Ja, selbstverständlich ist der Titel dieses Beitrags provokant, denn letztendlich tun alle Mitarbeiter irgendetwas. Und viele Mitarbeiter tun sogar nicht nur irgendetwas, sondern etwas Wirksames. Aber, und dies ist ein großes „Aber": Vieles geschieht zu langsam, zu spät, zu durchdacht.

Richtig: Dinge können auch zu sehr, zu lange durchdacht werden. Dies ist insbesondere dann der Fall, wenn sich Arbeits- oder Projektteams darin ergehen, ein Konzept zu erarbeiten, das nahezu perfekt ist – im besten Sinne –, dabei aber leider aus den Augen verlieren, dass der Markt das Konzept entweder schon erhalten hat oder es gar nicht mehr benötigt.

Natürlich ist der Grat schmal: Wann sind Dinge „fertig", wann sind sie marktreif, wann erleidet man eben keinen Schiffbruch mehr – das, was man am meisten fürchtet? Es gibt keine klare Antwort auf diese Fragen, weil sie situations- und umfeldabhängig sind. Was aber sehr wohl möglich ist, – und das ist eine Beobachtung aus der Begleitung von mehreren hundert Projektteams in unserer Beratungsarbeit – ist, dass es einige Prinzipien gibt, welche die Führung etablieren kann, um die Geschwindigkeit zu erhöhen ohne signifikante Sorgfaltsverluste zu erleiden.

Fünf Prinzipien werden besonders deutlich und nachfolgend ausgeführt. Ein „Disclaimer“: Wir sprechen hier von kaufmännischen Zusammenhängen. Bei einem Umfeld im gesundheits- oder sicherheitsrelevanten Bereich sind andere Maßstäbe anzulegen:

1. Perfektionsverzicht

Das Wichtigste ist der Verzicht auf Perfektion. Perfektionsstreben ist oft der Tatsache geschuldet, dass man sich nichts vorwerfen lassen möchte. Vielfach wird auch – durchaus schlüssig – unterstellt, dass zu starkes Perfektionsstreben daher aus mangelndem Selbstbewusstsein der Beteiligten stammen könnte, denn erst wenn man perfekt ist, kann niemand mehr Kritik üben.

Perfektion ist aber einer der wesentlichen Produktivitätskiller, denn nahezu nichts im kaufmännischen Bereich, in der Unternehmensentwicklung, in der Schaffung profitablen Wachstums, muss perfekt sein. Wie oben angemerkt: Von der Feuerwehr erwarte ich, dass sie ein Feuer perfekt und vollständig löscht, von einem Neurochirurgen erwarte ich Perfektion, aber wir in kaufmännischen Berufen können uns Fehler erlauben, weil sie oft keine signifikanten Auswirkungen haben.

Die Strategie, etwas zu 80 % auszuarbeiten und dann mit der Realisierung zu starten, ist in der Unternehmensentwicklung, in Wachstumsprojekten, fast immer richtig. Die meisten konzeptionellen und strategischen Arbeiten lassen sich im Realbetrieb weiter verfeinern und justieren. Mehr noch: Der Realbetrieb liefert wertvolle Erkenntnisse, in welche Richtung Verbesserungen gehen müssen. Diese Strategie kann durch die Führung ausgezeichnet vorgelebt werden.

2. Sicherer Rahmen

Mitarbeiter benötigen von der Führung einen sicheren Rahmen, sollen sie schneller werden und sich zutrauen, eher in den Realbetrieb zu gehen. Es ist kontraproduktiv, wenn ein schnelles Handeln von der Führung gefordert wird, aber dabei entstehende Fehler offen oder versteckt sanktioniert werden. Häufig halten schwache Führungskräfte dem Druck nicht stand, dass ihre Mitarbeiter Fehler machen und die Führungskraft wiederum das Feedback vom Markt oder von der vorgesetzten Instanz bekommt. Ein hoher Geschwindigkeitsanspruch bedingt eine Führung mit kräftigem Rückgrat.

Bedenken Sie stets, dass nur die gelebte Praxis zählt. Mitarbeiter registrieren, was tatsächlich ausgeübt wird und nicht das, was irgendwo einmal schriftlich festgehalten wurde.

3. Zukunftsorientierung im Umgang mit Fehlern

Der Umgang mit Fehlern ist zu häufig durch ein bohrendes „Warum“ gekennzeichnet. Es gibt Unterschiede zwischen einem solchen bohrenden „Warum ist Dir das denn passiert?“

oder „Wie konnte das denn überhaupt geschehen? Wer ist dafür verantwortlich?" und einem „Wie können wir das Problem jetzt schnell lösen und was können wir aus der Vergangenheit präventiv für die Zukunft lernen?"

Dies ist eine Grundhaltung, die auch im Führungsgespräch etabliert sein muss, will die Führung die Mitarbeiter für ein schnelleres Handeln gewinnen. Man kann diese Haltung auch vernunftmäßig argumentieren, denn die Vergangenheit lässt sich ohnehin nicht mehr ändern, aus der Vergangenheit lässt sich auch nur dann lernen, wenn man Muster erkennt und das Einzige was zählt, ist den Schaden so schnell wie möglich zu reparieren (falls überhaupt ein Schaden eingetreten ist) und dafür Sorge zu tragen, dass dieser Fehler in der Zukunft nicht wieder eintritt.

4. Pilotprojekte

Die Diskussion, ob sich Pilotprojekte lohnen oder nicht, ist alt. Wir favorisieren eine Pilotphase, in der in einem wohlwollend-kritischen Umfeld Tests erfolgen können. Dies können Produkttests im Rahmen eines begrenzten Umfelds sein (auch regionale Beschränkungen können hier greifen), aber auch Prozess-Tests, also die Einführung neuer Abläufe in Logistik, Vertrieb, Service usw.

Um eine Pilot-Kultur zu fördern, bedarf es der klaren Identifizierung eines solchen wohlwollend-kritischen Umfelds, insbesondere der Identifikation von Kunden, die bereit sind, mögliche kleinere Missstände zu ertragen und dafür die Gelegenheit haben, aktiv an der Unternehmensentwicklung teilzuhaben. Dieser Kundenkreis bedarf dann auch einer besonderen Aufmerksamkeit und Pflege.

5. Belohnung von Veränderung

Wer uns kennt, weiß, dass wir stark dafür plädieren, Resultate zu belohnen, also „Output", und nicht Tätigkeiten, also „Input". Der Aufwand, der für ein gewisses Resultat erbracht werden muss, ist letztlich sekundär, denn die internen und externen Kunden sind nur an dem Resultat interessiert.

Eine Ausnahme gibt es aber: Wenn ein neues Verhalten, eine Veränderung erzielt werden soll – und genau darum geht es, wenn ein Unternehmen seine Prinzipien auf schnelleres Handeln, flinkes Agieren ausrichten will –, dann ist das erwünschte Verhalten, das in genau diese Richtung geht, zu belohnen. Dabei brauchen wir noch gar nicht über monetäre Belohnung zu sprechen, sondern es sind ein spezifisches Lob, die Übergabe von verantwortungsvolleren Projekten, die Übertragung von mehr (Führungs-)Verantwortung ebenso hilfreich, um zu würdigen, dass sich Mitarbeiter in die gemeinsam beschlossene, als richtig erkannte Richtung bewegen.

Wenn doch so viele den bekannten Spruch „Nicht die Großen werden die Kleinen schlagen, sondern die Schnellen die Langsamen" zitieren, bleibt doch die Frage offen, warum sich nicht mehr Unternehmen auf den Weg machen, ihre Geschwindigkeit zu erhöhen, um schnellere Erkenntnisse zu erlangen.

Vielleicht, weil es eben doch Mühe macht und auch Konsequenzen in der eigenen Führung mit sich bringt?

Wachstumstipp
Sprechen Sie mit Ihren Kollegen in der Geschäftsführung oder im Vorstand einmal gezielt darüber, wo das Unternehmen schneller werden kann. Wenn diese Frage nicht fruchtet, fragen Sie, wo das Unternehmen nach Ansicht der Beteiligten derzeit zu langsam ist, wo es also Zeit verschwendet. Diskutieren Sie die Resultate dieser Erörterung dann mit Ihren direkten Mitarbeitern und leiten Sie einige wenige, aber gezielte Maßnahmen daraus ab.

4.7 Warum das Rad immer neu erfinden? – Manchmal lohnt der Blick in die Vergangenheit

In der Regel lernt man aus der Vergangenheit eher wenig, denn die Rahmenbedingungen in der jeweiligen Gegenwart ändern sich ständig. Insofern sind wir sehr verhalten, wenn es darum geht, dass man aus der Vergangenheit lernen und Schlüsse für die Zukunft ziehen soll. Zu vielfältig sind doch die Einflussparameter, die dann letztendlich doch wieder dazu führen, dass die Lehren aus der Vergangenheit nicht 1:1 umgesetzt werden können. Aber: Mitunter lohnt sich der Blick in die Vergangenheit sehr wohl, denn nicht alles, was entwickelt, erarbeitet und umgesetzt wurde, ist dem Zahn der Zeit unterlegen.

Das Modewort „Wissensmanagement“ wird häufig missbraucht. Wir wollen es ein wenig konkreter betrachten unter dem Aspekt der Nutzung vorhandenen Wissens als Basis zur Multiplikation von Wachstum.

Um das Ziel zu erreichen, Anstrengungen zu vermindern, Doppelarbeit zu vermeiden und mit ähnlichen Projekten nicht immer wieder von vorn beginnen zu müssen, lohnt es sich, in die Welt des Projektmanagements und der Projektführung einzutauchen, denn hier wird in Ermangelung geeigneter Methoden und Vorgehensweisen ein Vermögen begraben, weil Erfolgsmuster nicht dokumentiert und später somit nicht erkannt werden. Im Einzelnen lassen sich Erfolgsmuster in den folgenden drei Phasen eines Projektes sammeln:

- Konzeption
- Realisierung und Implementierung
- Kommunikation

Phase 1 „Konzeption"

Was geschieht mit einer Projektidee in Ihrem Unternehmen? Wer darf überhaupt Projekte ins Leben rufen und verfügt über entsprechende Befugnisse, Ressourcen (Zeit und Geld) in Anspruch zu nehmen? Wie ist sichergestellt, dass derjenige, der ein Projekt ins Leben ruft, darüber informiert ist, welche Projekte ähnlicher Art bereits im Unternehmen mit entsprechendem Erfolg oder Misserfolg gelaufen sind?

Entscheidend ist, sicherzustellen, dass der Zugriff auf das Projektwissen eines Unternehmens bereits in der Konzeptionsphase möglich ist. In Unternehmen ab einer gewissen Größenordung ist Doppelarbeit an der Tagesordnung. Solange diese Doppelarbeit aber nicht gewollt ist, und dies ist in nahezu allen Fällen gegeben, muss die Unternehmensführung das Unternehmen davor schützen, Zeit und Geld unnütz in Projekte zu stecken, die entweder an anderer Stelle bereits bearbeitet werden oder in ähnlicher Form bereits bearbeitet wurden. Überdies geht es darum, erfolgreiche Vorgehensweisen aus vergangenen Projekten zumindest zu würdigen, wenngleich sie auch nicht immer identisch zu übernehmen sind. Was hat sich bewährt, was hat sich nicht bewährt? Welche Projektorganisation war zielführend, welche nicht? Unter welchen strategischen Rahmenbedingungen hat das Projekt in der Vergangenheit stattgefunden?

Wenn ein potenzieller Projektleiter auf einen Fundus von Antworten auf die obigen Fragen zurückgreifen kann, ist nahezu sicher, dass das Projekt eine unmittelbare Beschleunigung erhält. Manches Projekt wird sogar obsolet.

Phase 2 „Realisierung und Implementierung"

Eine wichtige Frage im Rahmen der Realisierung eines Projektes ist die der Zusammenarbeit. Welche Konstellationen der Zusammenarbeit haben sich, institutionell und personell, bewährt, welche Konstellationen waren nicht so zielführend? Haben wir beispielsweise einen besonderen Erfolg gehabt, wenn wir die IT-Abteilung rechtzeitig einbezogen haben? Wann genau war „rechtzeitig"? Welche Erfahrungen wurden gemacht, das Controlling geeignet einzubeziehen? Hat es sich möglicherweise gelohnt, die Abteilung Finanz- und Rechnungswesen nicht in ein Projekt einzubeziehen? Wie schaut es aus mit den PR-Experten?

Erfolgsmuster in der Zusammenarbeit der Abteilungen eines Unternehmens im Rahmen von Projekten abzuleiten ist eine gute Basis, um für künftige Projekte einen erheblichen Geschwindigkeitsvorteil zu erzielen.

Ein wesentliches Augenmerk kommt dem Einsatz von effizienzsteigernder Technologie zugute. Häufig werden in Projekten interessante Werkzeuge konzipiert und realisiert, die einem Unternehmen auch in anderen Projekten Vorteile bieten können. Es lohnt sich also, systematisch der Frage nachzugehen, welcher Technologiefortschritt in welchem Projekt erzielt wurde, welches Hilfswerkzeug in einem Projekt entstanden ist, welche Erfahrungen mit diesem Werkzeug gemacht wurden und für welche Einsätze es sich besser oder weniger gut eignet. Auf diese Weise kann ein Werkzeugkasten entstehen, der zunehmend dabei hilft, bestimmte Fragestellungen schneller zu lösen als in der Vergangenheit.

Birgt die Phase der Konzeption bereits zahlreiche Fallstricke, ein Projekt nicht zu dem gewünschten Erfolg zu führen, zeigt sich in der Implementierungsphase erstens die Stärke oder Schwäche der Konzeption und zweitens die Reaktion der Praxis auf das Erdachte. Insofern ist es erforderlich, für Projekte sorgsam zu dokumentieren, welche Implementierungsschritte gewählt wurden, um das gewünschte Projektergebnis möglichst zeitnah und nachhaltig zu erreichen. Gab es bestimmte Fallstricke, die sich unmittelbar zeigten und die auf eine geeignete Art und Weise umgangen wurden? Welche Unwägbarkeiten tauchten während der Implementierungsphase auf? Wie wurde sichergestellt, dass die künftigen Nutzer des Projektergebnisses den Ergebnissen positiv und offen gegenüberstanden und nicht die „Not invented here"-Karte spielten? Gibt es Fallstricke, über die in vergangenen Projekten noch gesprochen wurde und die inzwischen nicht mehr bestehen, weil auf eine bestimmte Art und Weise besser gehandelt wurde? Hat sich ein Pilotansatz gelohnt oder wurde das Projektergebnis bereits zu Beginn in ganzer Breite implementiert?

Die Frage der Akzeptanz durch den künftigen Nutzer eines Projektes steht und fällt mit dessen Einbeziehung. Hier spielt wiederum die intelligente Konfiguration des Projektteams und der damit verbundenen Einbeziehung interner und externer Kunden eine wesentliche Rolle.

Phase 3 „Kommunikation"

Das beste Projekt ist nur die Hälfte wert, wenn nicht über seine Existenz und seine Erfolge und Misserfolge gesprochen wird. Das große Ziel ist es, über gezielt und fallweise abrufbares Wissen im Unternehmen zu verfügen und nicht nur über die Gewissheit, dass sich dieses Wissen irgendwo befindet, mit der Konsequenz, dass der Suchprozess zu lange dauert und aufgegeben wird.

Zu wenig Obacht wird nach Projektabschuss darauf gelegt, das Geleistete systematisch zu kommunizieren, ruft doch bereits die nächste Aufgabe oder sogar das nächste Projekt. Die Kommunikationsphase indes beginnt nicht erst nach Abschluss eines Projektes, sondern sie beginnt bereits bei der Konfiguration des Projektes selbst. Projekte müssen bekannt gemacht werden und dürfen nicht nur einfach „gemacht" werden. Das Unternehmen muss wissen, was es tut. Einfache, nachvollziehbare Reports für unterschiedliche Zielgruppen unterstützen die Aufmerksamkeit, die einem Projekt zuteil wird.

Auch dabei gilt es, Erfolgsmuster zu definieren und bestehende Erfolgsmuster zu nutzen. Wann wird idealerweise über ein Projekt gesprochen? Welche bestehenden Kommunikationskanäle, die sich in der Vergangenheit bewährt haben, können genutzt werden? Welche Standard-Reports haben sich in der Vergangenheit als erfolgreich erwiesen, welche waren es nicht? Wer muss welche Information in welcher Form erhalten?

Schließlich soll die Information dem Empfänger helfen, nicht so sehr dem Sender. Nach Projektabschluss ist es unabdingbar, die Ergebnisse geeignet abzulegen und die Ablage entsprechend zu kommunizieren und nutzbar zu machen. Es hilft nicht, einen umfangreichen Report abzuliefern, der maximal für die am Projekt Beteiligten interessant ist. Vielmehr gilt es, das Wissen für die nächsten Projektteams geeignet verfügbar zu machen. Leider wird aus Zeit- und Budgetgründen darauf zu wenig Wert gelegt.

Unserer Auffassung nach soll kein wichtiges Projekt ohne eine Ergebnissicherung abgeschlossen werden, und der Projektleiter ist durch den Auftraggeber erst dann zu entlasten, wenn sichergestellt ist, dass der Zugriff auf die wesentlichen inhaltlichen wie prozessualen Erkenntnisse des Projektes gewährleistet ist.

Wachstumstipp
Gelingt es einem Unternehmen, eine „Immer, wenn ..., dann ...“-Denkweise einzuführen, legt es einen wesentlichen Baustein dafür, dass Wachstum multiplizierbar ist, da Nutzen aus einer erfolgreichen prozessualen Vorgehensweise der Vergangenheit gezogen werden kann. Das Musterdenken kann zu einer nennenswerten Geschwindigkeitserhöhung führen. Neben der Förderung dieser Idee durch das Top-Management und der Unterstützung durch die Mannschaft bedarf es dabei eines kritischen Umgangs mit der Reduktion auf das Wesentliche, damit auch bei den beabsichtigten Nutzern der Bedarf erzeugt wird, Bestehendes wieder zu verwenden.

4.8 Die Problemlösungs-Lupe – Wie Sie ein Problem auf den Punkt bringen

Das Problem, wie man Probleme löst, ist nicht gelöst (und auch nicht universell lösbar), aber ein geeignetes Vorgehen, um ein zu lösendes Problem auf den Punkt zu bringen, gibt es sehr wohl. Dieses Vorgehen beugt der Gefahr vor, dass ein Thema zerredet wird und es bietet ausgezeichnete Ansätze, Fortschritte zu erzielen.

Oft genug stehen Sie vor der Herausforderung, ein Problem in Ihrem Unternehmen zu identifizieren und zu isolieren, um es zu lösen. Nicht selten sind an der Diskussion und an der anschließenden Problemlösung zahlreiche Mitarbeiter beteiligt. Manche Problemerörterungen sind mühselig und manche Problemlösungen verlaufen im Sande, werden zerredet.

Nehmen wir an, Sie hätten in der Vergangenheit ein Konzept für einen neuen Prozess erarbeiten lassen. Nach einiger Zeit stellen Sie fest, dass Sie die Effizienzpotenziale, die in dem Konzept auf dem Papier stehen, nicht haben realisieren können. Genau genommen hat sich nur Unmerkliches bewegt und der beabsichtigte Nutzen ist nicht eingetreten. Sie haben das bereits geahnt, weil Sie aus Ihren betroffenen Unternehmensbereichen immer wieder Entschuldigungen gehört haben, warum etwas gerade jetzt nicht umgesetzt werden kann. Sie lassen dies nicht auf sich beruhen, sondern beraumen ein Meeting an, innerhalb dessen die Ursache für den Missstand geklärt werden soll. An dem Arbeitstreffen nehmen neben Ihnen die Leiter der betroffenen Bereiche teil.

Kein „Warum nicht?"

In diesem Meeting fragen Sie bitte nicht „Warum haben wir die Potenziale noch nicht realisiert?" Fragen Sie vielmehr, was gewährleistet sein müsste, damit die Potenziale „ab morgen" realisiert werden können. Die „Warum"-Frage treibt Mitarbeiter häufig in die Enge und veranlasst sie zur Rechtfertigung ihres vergangenen Handelns. Tasten Sie sich dann mit Ihrer Problemlösungs-Lupe Stück für Stück an die Ursache des Problems heran:

Situation?

Frage 1: Besteht Konsens über die Einschätzung, dass die Potenziale nicht in der Form erreicht wurden, in der sie beabsichtigt waren?

Wenn dieser Konsens nicht besteht, beschaffen und analysieren Sie die Daten, die Sie zu Ihrer Einschätzung veranlasst haben. Erst wenn hier Konsens besteht, kann es weitergehen.

Inhalt?

Frage 2: Ist der Inhalt des Konzeptes richtig?

Wenn die Antwort „Nein" ist, müssen sich Ihre Arbeiten auf die inhaltliche Korrektur des Konzeptes beziehen. Sparen Sie sich die Anmerkung, dass Ihre Mitarbeiter eher auf Fehler im Konzept hätten hinweisen können, für die „Lessons Learned" auf. Im Moment würden Sie nur erneute Rechtfertigungen erzeugen, die keine Konsequenz für die Realisierung hätten. Bei der inhaltlichen Korrektur des Konzeptes können Sie noch unterscheiden, ob das Konzept grundsätzlich der inhaltlichen Überarbeitung bedarf, oder ob sich neue Erkenntnisse eingestellt haben, die das Konzept überarbeitungsbedürftig machen. Diese neuen Erkenntnisse können aus dem Markt kommen, wie ein verändertes Kunden- oder Wettbewerbsverhalten, neue Rahmenbedingungen oder Preisveränderungen. Es können aber auch interne neue Gegebenheiten sein, die dazu geführt haben, dass das Konzept einer Überarbeitung bedarf. Dazu gehören neue Leitplanken oder Regeln der Unternehmensführung, neue Prioritäten oder ähnliches.

Ist die Antwort auf die Frage 2 „Ja", ist das Konzept also inhaltlich immer noch aktuell, können Sie sich direkt mit der nächsten Frage auseinandersetzen.

Vorgehensplan?

Frage 3: Ist der Vorgehensplan zur Umsetzung des Konzeptes richtig?

Wenn die Antwort „Nein" ist, beschäftigen Sie sich mit Ihren Mitarbeitern mit einer Justage des Vorgehens. Häufig werden in der Konzeptionsphase sehr mutige Annahmen zur Realisierung getroffen, die sich im Nachhinein nicht halten lassen. Die Folge ist oft, dass der gesamte Realisierungsansatz steckenbleibt, weil kein Ausweg gefunden wird, den Plan auch nur einigermaßen zu erreichen.

Wenn Sie bis hierher gekommen sind und die Antwort „Ja" ist, haben Sie Folgendes sichergestellt:

- Sie haben Konsens darüber, dass die Potenziale, die beabsichtigt waren, nicht im vereinbarten Umfang erreicht wurden.
- Das Konzept ist inhaltlich richtig.
- Der ursprüngliche Vorgehensplan ist als realistisch eingeschätzt.

Jede jetzt noch vorhandene Hürde kann sich also nur noch auf die Umsetzungsqualität beziehen –, wobei „nur" nicht wertend zu verstehen ist, denn in der Umsetzung entscheidet sich bekanntlich die Frage nach Erfolg oder Misserfolg.

Unternehmen oder Bereich?

Frage 4: Ist die Umsetzung des Konzeptes in allen betroffenen Divisionen des Unternehmens gleichermaßen unzufriedenstellend?

Ist die Antwort „Ja", suchen Sie die Ursache zunächst auf Unternehmensführungsebene. Erst, wenn Sie dort nicht fündig geworden sind, lohnt es sich, doch noch einmal in die Divisionen zu schauen. Wenn Sie feststellen, dass auch nur eine einzige Division, nur ein einziger Bereich es geschafft hat, in die Nähe der beabsichtigten Potenziale zu gelangen, kann das Verfehlen der Potenziale üblicherweise nicht allein an der Unternehmensführung liegen.

Wenn die Antwort auf die Frage 4 also „Nein" lautet, bedeutet dies, dass es sich lohnt, die „Best Practices" herauszufinden, die es dem vorbildlichen Geschäftsbereich ermöglicht haben, die Prozess-Potenziale zu realisieren. Achten Sie dabei auf Vorgehensweisen, unabhängig von der Komplexität des Produktes. Bei erwarteten Steigerungen der Prozess-Geschwindigkeit wird zum Beispiel von langsameren Geschäftsbereichen häufig vorgetragen, dass sich der schnellere Geschäftsbereich mit einem einfacheren Produkt auseinandersetzt und deshalb per se leichter schneller sein kann. Lassen Sie sich den Blick nicht durch solche Vorwände verstellen, suchen Sie nach Erfolgsmustern.

Erkenntnis oder Realisierung?

Frage 5: Haben wir in den einzelnen Bereichen einen Erkenntnis- oder einen Umsetzungsengpass?

Ein Erkenntnisengpass lässt sich vergleichsweise leicht lösen, denn Sie haben ja die inhaltliche Richtigkeit des Konzeptes bestätigt oder (wieder) hergestellt. Hier geht es um Vermittlung. Sorgen Sie dafür, dass in den Bereichen die Kommunikation richtig erfolgt, dass die identischen Botschaften gesendet werden und dass die Mitarbeiter bestmöglich abgeholt werden. Sorgen Sie dafür, dass bei der Kommunikation in den Geschäftsbereichen neben der Geschäftsbereichsleitung auch ein Mitglied der Unternehmensführung anwesend ist.

Besteht ein Realisierungsengpass, ist zu klären, ob die Vorgehensweise zur Realisierung des Konzeptes kleinteilig genug beschrieben ist, um sie in das tägliche Geschäft einzubinden, ob die Fähigkeiten der Mitarbeiter schon vorhanden sind, das Beschlossene umzusetzen, oder ob es sich um Unwillen zur Veränderung handelt. Die kleinteilige Übersetzung des Realisierungsplanes ist Projektführungs-Handwerk, die Vermittlung von Fähigkeiten ist ebenfalls Handwerk. Die Gewinnung von Mitarbeitern zur Veränderung ihrer täglichen Routinen indes ist ohne Einsicht nur sehr begrenzt möglich. Wir stehen also, wie immer bei Veränderungen, vor der Beantwortung der wichtigsten Frage, die Sie idealerweise längst antizipiert und für sich selbst und für Ihre Mitarbeiter beantwortet haben: „Was ist für mich drin?"

Wachstumstipp
Sensibilisieren Sie Ihre Mitarbeiter für ein systematisches Herangehen an Probleme. Zu vorschnell fallen oft Lösungsideen in einer Diskussion, ohne dass die wahren Hintergründe eines Problems erkannt wurden. Das möglichst objektive und strukturierte Herangehen an Probleme ist etwas, das wachstumsintelligente Unternehmen par excellence beherrschen. Es macht sie schneller und wirksamer als Unternehmen, die sich nur auf das Offensichtliche konzentrieren.

4.9 Inhouse Best Practices – Das Beste als Massstab

Wenn es um Maßstäbe geht, werden häufig Best Practices eingefordert. Auch uns geschieht es immer wieder, dass insbesondere neue Klienten uns nach „Best Practices" oder nach „Benchmarks", sowohl aus der eigenen Branche, aber insbesondere auch aus anderen Branchen, fragen. Ist der Nutzen von Benchmarks aus der eigenen Branche durchaus fraglich, können Benchmarks und Best Practices aus anderen Branchen durchaus hilfreich sein, um sich im Rahmen des eigenen angestrebten Wachstums ein wenig mehr zu strecken als es erforderlich wäre. Einen Logistik-Benchmark setzt zum Beispiel der Pharmagroßhandel, der in der Lage ist, nahezu jede deutsche Apotheke binnen zwei Stunden mit nahezu jedem pharmazeutischen Präparat zu versorgen und der eine Zuverlässigkeitsquote in der Kommissionierung und Zustellung von nahezu 100 % erreicht. Darüber kann man in anderen Branchen durchaus auch sprechen.

Wir sind allerdings der Meinung, dass das Suchen nach Benchmarks innerhalb einer Branche wenig hilfreich ist. Es ähnelt mehr dem Fußstapfentreten in einer Schneespur: Man kann nicht überholen. Überdies ist es müßig, um beim Pharmagroßhandel zu bleiben, darüber zu diskutieren, ob die Qualitätsquote 99,7 % oder 99,6 % beträgt. Wenn hingegen die eigene Qualitätsquote bei 97 % liegt, ist man ohnehin nicht lange im Spiel. Soviel zu internen Branchen-Benchmarks. Zum Vergleich nach dem Prinzip „Wo stehen wir im

Vergleich zum Branchendurchschnitt und im Vergleich zum oberen Quartil?" können Benchmarks durchaus dienen, mehr aber auch nicht.

Was hingegen immer noch bemerkenswert unterschätzt wird, sind die Best Practices im eigenen Haus. Dabei handelt es sich bei Best Practices um nachweisbar besonders erfolgreiche Vorgehensweisen. Nachweisbar bedeutet dabei, dass es sich um Vorgehensweisen handeln muss, die erprobt sind und die wiederholt unter Beweis gestellt haben, dass sie Erfolg bringen. Es darf sich weder um einen Unfall, noch um einen Zufall handeln, sondern es muss ein Muster erkennbar sein. Best Practices sind niemals rein konzeptionell, sondern sie haben sich bereits als erfolgreich in Bezug auf erzielte Resultate bewiesen.

Wo kann nun nach Inhouse Best Practices gesucht werden? Zunächst einmal liegt innerhalb eines Fachbereiches die Suche bei einzelnen Beteiligten nahe. Im Vertrieb zum Beispiel können Best Practices bei besonders erfolgreichen Vertriebsmitarbeitern oder Vertriebsteams gesucht werden – wobei die Identifizierung der Best Practices im Vertrieb mitunter schwierig ist, weil häufig eine ausgeprägte Silo- und Abschottungsmentalität im Vertrieb herrscht. Das eigene Ego und die interne Konkurrenz sind oft die Hintergründe.

Aber auch zwischen einzelnen Divisionen und Geschäftsbereichen lassen sich Best Practices herausfinden. Wir haben beispielsweise im Rahmen eines Beratungsmandates bei einem unserer Klienten aus der Modeindustrie die Best Practices in den Designbereichen dreier Marken regelmäßig – in diesem Fall monatlich – mit den Heads of Design der Marken erörtert, herausgearbeitet, dokumentiert und dem gesamten Unternehmen verfügbar gemacht. Auf diese Weise haben die einzelnen Marken eine erheblich höhere Lerngeschwindigkeit erfahren als wenn sie nur im eigenen Saft geschmort hätten. Zugegeben, es bedurfte eines gewissen Anlaufs, bis die Designchefinnen sich gegenüber ihren Kolleginnen geöffnet hatten, aber als deutlich wurde, dass jede Marke den Schwestermarken etwas geben konnte, wurde der Prozess eigendynamisch. Ob tatsächlich alle Best Practices erhoben wurden? Sicher nicht, aber das spielt auch keine Rolle. Wichtig ist, dass überhaupt anwendbare Lernpunkte herauskommen, die das Wachstum forcieren.

Natürlich ist dies schwieriger bei Marken, die zum Teil um den gleichen Kunden konkurrieren. Wir haben denselben Prozess aber auch in demselben Konzern mit dem Vertrieb aufgebaut und dabei festgestellt, dass selbst der Vertrieb, dessen Bonussystem durchaus auch davon abhing, wer welchen Standort für seine Marke schneller erschließen konnte, wer welchen Handelspartner besser überzeugen konnte usw., sich in Teilen für Best Practices öffnen konnte. Beispielsweise war das Thema Standorterschließung hier ein wesentlicher Punkt, aber auch die Themen Mitarbeiterführung, Bonifizierung, Gehaltsfindung etc.

Best Practices im eigenen Unternehmen nicht zu erheben, ist – genau genommen – mindestens leicht fahrlässig, denn erstens wird über Misserfolge beliebig häufig schwadroniert und es wird viel zu wenig Wert auf den Grund für den Erfolg gelegt und zweitens sind Inhouse Best Practices etwas, das ohne großen Aufwand mit ein wenig Disziplin und methodischem Vorgehen rasend schnell zum Wachstum beitragen kann.

Das folgende Vorgehen empfiehlt sich, wenn Sie Inhouse Best Practices für Ihr profitables Wachstum nutzen wollen:

1. Fokus

Wo lassen sich Best Practices ableiten? Wo passt es? Welche Bereiche eignen sich besonders, welche weniger? Starten Sie mit einem vergleichsweise einfachen Bereich oder einem unkritischen Bereich innerhalb mehrerer Ihrer Divisionen oder Geschäftsbereiche. Bedenken Sie immer: Sie tun dies nicht aus Selbstzweck. „Best Practice Rechnungswesen" hilft Ihnen weniger als „Best Practice Produktentwicklung".

2. Teambildung

Bilden Sie ein kleines Team. Geben Sie dem Team Zeit, sich seine eigenen Regeln zu stellen und Vertrauen zu schöpfen. Stellen Sie sicher, dass das Team klein genug ist, sodass es auf jeden Einzelnen ankommt.

3. Zweck, Ziele, Messgrößen

Zu den Regeln, auf die sich das Team verpflichtet, gehört auch, dass es sich Ziele setzt und Messgrößen, anhand derer die Zielerreichung gemessen werden kann. Was also soll bei der Best Practice Initiative herauskommen? Den Zweck, also den Grund, das „Warum" der Initiative müssen Sie in der Unternehmensführung bestimmen und formulieren. Dieser ist nicht verhandelbar, sehr wohl müssen Sie das Team aber für den Grund gewinnen, denn andernfalls wird der Prozess ein Rohrkrepierer.

4. Format

Wählen Sie ein geeignetes Format. Stellen Sie dem Team einen internen Moderator oder einen externen Berater zur Seite. Geben Sie dem Team die Sicherheit, dass es sich monatlich über einen längeren Zeitraum (mindestens zwölf Monate) treffen kann. Ein solches Treffen muss nicht länger als drei bis vier Stunden dauern, nachdem sich der Prozess eingeschwungen hat. Eine ideale Frequenz ist monatlich, an einem festen Tag, zum Beispiel an jedem ersten Montag im Monat, zu einer festen Uhrzeit. Jedes Teammitglied sollte einen „Joker", also die Möglichkeit haben, einmal aussetzen zu können, aus familiären oder Urlaubsgründen.

5. Routine

Klinken Sie sich als Mitglied der Unternehmensführung anfangs in den Prozess ein, wenn es um Grundsätze geht. Machen Sie aber deutlich, dass Sie danach nicht mehr Teil des

Teams sind. Halten Sie sich aus der Routine heraus, solange Sie nicht das begründete Gefühl haben, dass etwas nicht rund läuft, oder solange Sie nicht vom Team gebeten werden, zu einer bestimmten Fragestellung Position zu beziehen.

6. Report

Zu den Vereinbarungen gehört auch, dass ein regelmäßiges Protokoll erstellt wird – idealerweise vom Moderator oder Berater –, das spätestens zwei Tage nach dem Meeting allen Beteiligten vorliegt und auch kopielesend an das betreuende Mitglied der Unternehmensführung geht. Keine Powerpoint-Schlachten, kein „Window Dressing", ein schlichtes Ergebnisprotokoll mit allen relevanten Fakten. Kernnutzen ist, dass man später nachlesen kann, was beschlossen wurde.

7. Publikation

Die Publikation innerhalb des gesamten Unternehmens über den Prozess des Inhouse Best Practices hilft, weiteren Initiativen dieser Art intern Vorschub zu leisten. Die Publikation über Resultate, die durch den Prozess erzielt wurden, übt Sog auf weitere Unternehmensbereiche aus.

Wachstumstipp
Viele Unternehmen sehen sich selbst als schlechter an, als es ihre Kunden tun. Wie aber soll ein Unternehmen, das keine hohe Meinung von sich hat, am Markt prosperieren? Lenken Sie die Aufmerksamkeit Ihrer Mitarbeiter auf das, was schon sehr gut funktioniert und ermutigen Sie Ihre Mitarbeiter, in strukturierte interne Best-Practice-Prozesse einzusteigen. Die Suche nach Best Practices außerhalb des eigenen Unternehmens, ja, außerhalb der eigenen Branche, ist oft eine Ausflucht.

4.10 Virtuosität – Wenn Du nur einen Hammer hast, schaut alles wie ein Nagel aus

Kontinuität bedarf der Kunst des Situativen

Häufig wird dies insbesondere Beratern vorgeworfen: Sie hätten nur Schubladenlösungen und würden versuchen, diese mit aller Kraft einem potenziellen Klienten zu verkaufen. Sie hätten also nur einen Hammer und würden alles in ihrer Umgebung zu einem Nagel umdefinieren, damit der Hammer Anwendung fände. Ob dieser Vorwurf zutrifft, mögen die Klienten entscheiden. Auf diese Weise trennt sich jedenfalls die Spreu vom Weizen.

Doch nicht nur in der Beratung (oder im Produktverkauf) ist dieses Prinzip erkennbar. Vielmehr finden wir es in allen Teilen der Strategieentwicklung, Strategieumsetzung und Unternehmensführung. Ein bekanntes Beispiel? Gern.

Deutsche Telekom: Die Leistung von Ron Sommer, ehemals als Marketing-Genius (Börsengang UMTS) gelobt, ließ deutlich nach, als es darum ging, nach der Repositionierung nachhaltig operative Ergebnisse zu erzielen oder sogar Restrukturierungen durchzuführen. Ein Sanierer musste her. Kai-Uwe Ricke nahm Sommers Platz ein. Der Rest ist bekannt.

Erfolg bremst Veränderung

Es gibt eine Vielzahl von Fakten, in denen Unternehmen sich zu stark einer gewissen Ausrichtung verschrieben haben. Allen Fakten gemein ist, dass die CEOs nicht virtuos genug waren, das Unternehmen durch seine unterschiedlichen Lebenszyklen zu führen, sondern an den Prinzipien des bisherigen Erfolgs festhielten. Erfolg ist aber ein Feind der Veränderung.

Strategische Flexibilität

Geschäftsführer, Vorstände und Unternehmer sind in besonderer Weise gefordert, sich ein hohes Maß an strategischer und führungsorientierter Flexibilität anzueignen, wollen sie ein Unternehmen langfristig führen. Die unidirektionale Ausrichtung als „Sanierungsexperte" oder „Marketingexperte" kann zu einer bemerkenswerten Karriere in mehreren Unternehmen führen, sie führt gewöhnlich aber nicht zu einer langen, erfolgreichen Karriere in einem Unternehmen, weil nicht fortwährend saniert oder expandiert wird. Für angestellte Geschäftsführer und Vorstände mag die Rechnung, je nach persönlicher Planung, aufgehen. Für Unternehmer, die nicht von Unternehmen zu Unternehmen wechseln, geht sie ebenso wenig auf wie für Top-Executives, die sich entschieden haben, eine lange Zeit bei einem Unternehmen zu bleiben. Hier ist die Kunst des Situativen gefragt, um Kontinuität zu erzeugen.

Situative Strategie: Was bedeutet das?

Der Begriff der situativen Strategie mag auf den ersten Blick irreführend erscheinen, ist eine Strategie doch gerade darauf ausgelegt, eine gewisse langfristige Tragfähigkeit zu vermitteln. Hier soll keiner operativen Hektik das Wort geredet werden, gleichwohl ist es in vielen Unternehmen zwingend erforderlich, strategische Festlegungen öfter auf den Prüfstand zu stellen als es gemeinhin getan wird. Und dazu reicht ein einmaliges Strategie-Update alle zwei Jahre nicht. Die Fähigkeit, ein wirksames Strategie-Assessment durchzuführen, die Strategie, die gemeinsam beschlossen wurde, gezielt zu justieren und bei Bedarf sogar komplett zu verändern, gehört zu den immer notwendigeren Fähigkeiten, die CEOs beherrschen müssen. Damit einher geht auch das Erfordernis, die Vorstandskollegen und diejenigen Mitarbeiter, die mit der Strategie betraut sind, einzubeziehen und für die Veränderungen zu gewinnen. Insbesondere Letzteres ist ein aufwendiges Unterfangen, das neben einer stringenten Vorgehensweise eines großen Fingerspitzengefühls bedarf.

Die „Situative Strategie" ermöglicht also den Spagat, eine langfristige Perspektive zu schaffen und gleichzeitig über definierte Justagen dafür Sorge zu tragen, dass das Unternehmen nicht verbohrt in eine Richtung läuft.

Wohl dem CEO, der das Rückgrat hat, diese strategischen Justagen auch durchzuführen, denn unserer Erfahrung nach werden viele erforderliche Anpassungen nicht durchgeführt, weil man sich keine offene Flanke gegenüber den Eigentümern, gleich, ob es sich hierbei um Private-Equity-Gesellschafter oder Familiengesellschafter handelt, geben möchte. Wer aber die erforderlichen Justagen scheut, braucht sich nicht zu wundern, wenn er dafür irgendwann die Rechnung präsentiert bekommt. Wohl dem, der vorsorglich handelte.

Situative Führung: Das Unternehmen in verschiedenen Phasen

Führungsstile gibt es wie Sand am Meer. In den 90er Jahren des letzten Jahrhunderts war der „kooperative Führungsstil" in aller Munde und vor allem bei Banken ausgesprochen beliebt. Heute sind „visionäre", „generierende" oder „autarke" Führungsstile probate Mittel, um erkennen zu lassen, dass sich ein Unternehmen innovativ auch im Rahmen der Führung bewegt.

Lassen Sie sich nichts vormachen: Führung muss sich stets an drei Faktoren ausrichten:

- der aktuellen Lebenszyklusphase des Unternehmens,
- der angestrebten Marktposition,
- der bestehenden Unternehmenskultur und -vergangenheit.

Ist es in einer Entwicklungsphase oder Innovationsphase ein probates Mittel, Dinge auszuprobieren, Teams zur Erkundung neuer Chancen einzusetzen oder den „Unternehmer im Unternehmen" zu fördern, geht dies in einer Turnaround-Situation pfeilschnell nach hinten los. Ist eine Sanierung angezeigt, kann ein autoritärer Führungsstil durchaus angemessen sein. Basisdemokratie ist dann sicher fehl am Platze. Wenn ein Haus brennt, möchte ich nicht erleben, dass das Feuerwehrteam zunächst diskutiert, welches Löschmittel zum Einsatz kommen wird, welches Rohr wo eingesetzt wird und warum man das eine oder andere Teil noch brauche, um der Lösung (gelöschter Brand) näher zu kommen. Ich möchte, dass das Team geübt hat und vor Ort sofort unter einer klaren Führung weiß, was zu tun ist. Ohne viele Worte. Ansage, Aktion, Resultate, Fertig.

Sicher ist der autoritäre Führungsstil nicht auf Dauer empfehlenswert, aber ebenso wie der generierende Führungsstil, der Unternehmer im Unternehmen oder der visionäre

Führungsstil ihre Berechtigung haben, hat der autoritäre Führungsstil diese ebenso. Es kommt eben darauf an, dass die Unternehmensführung in der Lage ist, Führungsstile situativ einzusetzen.

Auch hier ist erneut keine Hektik gefordert, sondern Umsicht. Schließlich sollen die Mitarbeiter auch verstehen, warum welche Führungselemente wann eingesetzt werden. Am Ende des Tages helfen Sie Ihren Mitarbeitern mehr, wenn Sie ihnen zeigen, wie man unterschiedliche Führungselemente zu unterschiedlichen Zeiten einsetzt und wie man erkennt, welcher Führungsstil wann angezeigt ist, als wenn Sie sich mit einem um alles in der Welt durchgespielten Führungsstil in Sicherheit wiegen. Diese Sicherheit existiert nicht.

Wachstumstipp
Sorgen Sie dafür, dass Sie und Ihre Mitarbeiter über einen ganzen Werkzeugkasten verfügen und die Anwendung eines jeden einzelnen Werkzeugs innerhalb des Kastens mindestens grundlegend beherrschen, dann wird auch nicht mehr alles zu einem Nagel umdefiniert.

4.11 Mehr in gleicher Zeit – Wie Sie gezielt schneller werden

„Ich habe keine Zeit." Falsch. Wir alle haben gleich viel Zeit, nämlich 24 h pro Tag. Die Frage ist, wie wir diese 24 h einsetzen. Der Zeit ist es egal, was wir mit ihr tun. Deshalb ist „Zeitmanagement" auch ein völlig irreführender Begriff.

Was wir aber sehr wohl tun können, ist, unsere verfügbare Zeit besser zu nutzen und dazu gehört häufig auch der Versuch, mehr in gleicher Zeit zu schaffen. Hier sind drei Tipps, die sich in von uns begleiteten Wachstumsprojekten immer wieder bewährt haben, um aus der verfügbaren Zeit mehr herauszuholen:

1. Schaffen Sie Standards

Die Frage muss statthaft sein, warum die Standards in vielen Unternehmen nicht durchgezogen werden. Drei Hauptgründe: 1. weil sich niemand ernsthaft um die Einhaltung der Standards kümmert, 2. weil es immer einen guten Grund gibt, um einen Standard zu verändern (meistens ist das ein Grund, der sich um einen Kunden dreht, das sieht immer gut aus) und 3. weil einige Standards einfach unsinnig sind und im Unternehmen nicht akzeptiert werden.

Beginnen Sie mit internen Standardprozessen und mit Standard-Projektmanagement inklusive des begleitenden Berichtswesens. Damit haben Sie zwei ausgezeichnete Stellhebel, um sofort schneller zu werden. Und denken Sie daran, dass Sie Verantwortliche benennen, die sich um die regelmäßige Kontrolle der Standards selbst kümmern, damit Sie immer up to date sind.

2. Denken Sie in Ketten, statt in Silos

Das größte Potenzial, das Sie aus Ihren Prozessen heben können, liegt nicht in den Prozessen selbst, sondern zwischen den Prozessen. Service-Level-Agreements (SLA) zwischen Vorläufer- und Nachfolgeprozess sind noch die Seltenheit, vor allem bei internen Kunden/Lieferanten-Verhältnissen. Aber auch die Beziehungen zu externen Partnern Ihrer individuellen Wertschöpfungskette bedürfen der Sichtung, selbst wenn dort SLA bestehen, denn die Frage ist, wer etwas davon hat, dass die SLA eingehalten werden. Denken Sie in Ketten und Sie werden sich sehr viel Zeit dadurch ersparen, dass Sie nicht mehr wie eine Feuerwehr Schnittstellenbrände löschen müssen.

3. Beziehen Sie den Betriebsrat ein

Ein Managementberater empfiehlt, den Betriebsrat einzubeziehen? Jawohl – und das aus gutem Grund. Wenn sich Ihr Betriebsrat nicht als gewerkschaftlich organisierter, hochgezüchteter „Prinzip-Gegner" darstellt, haben Sie eine reelle Chance, gemeinsam mit dem Betriebsrat Themen voranzubringen, die am Ende allen Beteiligten nutzen. Viele Diskussionen in Veränderungsprojekten erübrigen sich, wenn der Betriebsrat rechtzeitig einbezogen wird und wenn beiderseits mit offenen Karten gespielt wird. Wir haben in zahlreichen Projekten dafür gesorgt, Betriebsratsmitglieder als aktive oder passive Mitglieder in die Projektteams aufzunehmen und dies ist niemals ins Auge gegangen. Wir haben gemeinsam mit der Unternehmensführung, dem Betriebsrat und unseren Projektteams erheblich mehr für das Unternehmen bewegt – in weniger Zeit.

Wachstumstipp
Listen Sie auf, welches Ihre Hebel sind, um mehr in gleicher – oder gar in weniger – Zeit zu schaffen.

4.12 Komplexität managen, reduzieren oder nutzbar machen – Drei Beispiele aus der Praxis

Wollen Unternehmen profitabel wachsen, kommen sie um den professionellen und strategiekonformen Umgang mit Komplexität nicht umhin. Mitunter gelingt es auch, selbst als Komplexitätsreduzierer bei seinen Kunden bekannt zu werden, was wiederum neue Geschäftsoptionen eröffnet. Davon werden wir hier im weiteren Verlauf noch sprechen.

Um deutlich zu machen, wo sich komplexe Themen verbergen und wie mit ihnen umgegangen werden kann, folgen drei Beispiele aus unserer Beratungspraxis, in denen sich unsere Klienten mit uns unterschiedlich mit der Komplexität eines bestimmten Sachverhalts auseinandergesetzt haben.

Beispiel 1:

Die Komplexität annehmen und managen

Einer unserer Klienten aus dem Konsumgütersektor fand sich in der Situation wieder, dass das gestiegene Wachstum auch eine komplexere Organisationsstruktur mit sich brachte. Zwar war das Unternehmen – nachhaltig durch uns unterstützt – stets bemüht (im positivsten Sinne, nicht im Sinne eines Arbeitszeugnisses, bitte) –, seine Organisationsstruktur schlank zu halten, aber es gibt eben einen Unterschied zwischen schlank und mager.

Wir haben gemeinsam eine Struktur definiert, die es ermöglicht, den operativen Einheiten einen möglichst großen Freiraum zu lassen und gleichzeitig in der Zentrale alle (relevanten) Fäden zusammenlaufen zu lassen und dabei auch einen unternehmensgruppenweiten Lernprozess angestoßen. Was wir unbedingt vermeiden wollten – und zum großen Teil auch vermeiden konnten –, war eine Matrixorganisation, für die sich unser Klient zunächst erwärmt hatte. Unsere ausgesprochen schlechten Erfahrungen mit der Leistungsfähigkeit von Matrixorganisationen gaben uns allerlei Argumente an die Hand. Die Folge war, dass fast die gesamte Verantwortung in den einzelnen Linien verblieb, nur einige wenige Matrixfunktionen wurden angedockt.

Im Übrigen: Ich höre quasi den Aufschrei der Befürworter der Matrix und ich bleibe dabei: Es geht immer mit geringerer Komplexität. Dazu gab es 2009 auf businessweek.com einen virtuellen Argumenten-Wettstreit zwischen Dr. Jay Galbraith und mir, der interessant zu verfolgen ist: http://www.businessweek.com/debateroom/archives/2009/08/matrix_is_the_ladder_to_success.html

Einer der letzten Kommentare, verbunden mit einer Frage, die von Jay Galbraith leider unbeantwortet blieb (es gibt darauf auch keine gute Antwort) ist die, warum Cisco, die immer wieder als Top-Beispiel für die Matrix genannt werden, keine Vorteile daraus schlagen konnten.

Beispiel 2:

Die Komplexität reduzieren

Eines unserer produzierenden Klientenunternehmen aus dem Gesundheitssektor hatte über die Jahre ein erhebliches Produktsortiment – ja, man muss sagen – „angehäuft“, das leider überhaupt nicht mehr geeignet war, eine auch nur annähernde Übersicht zu ermöglichen. Weder die Produktentwicklung noch das Marketing noch der Vertrieb fanden Wege, sich hinreichend mit den Kunden durch das umfassende Sortiment zu pflügen. Der

Vertrieb war daran auch, nebenbei bemerkt, gar nicht so stark interessiert, denn durch das große, umfassende, unübersichtliche Sortiment konnte er sich die Rosinen herauspicken und jeder Vertriebsmitarbeiter konnte unter dem Radar der Unternehmenszentrale die Produkte verkaufen, die er am liebsten verkaufen wollte.

Dieser hochgradig schadhaften Eigenkreativität haben wir – interessanterweise im Rahmen eines Vertriebsaktivierungsprojektes – gemeinsam mit unserem Klienten einen Riegel vorgeschoben. Klare Auslistungsregeln wurden definiert und nachfolgend auch durchgezogen, sehr zum Ärger des Vertriebs.

Natürlich gab es die Killerargumente, die darauf abzielten, dass das Unternehmen durch die Fokussierung Geschäft verlieren würde, schließlich sei Kunde XY immer einmal wieder auf das Produkt Z, das nun nicht mehr angeboten werden könne, zurückgekommen. Wir kennen die ganzen Argumente.

Fakt ist: Die drastische Komplexitätsreduzierung hat dazu geführt, dass bestimmte Produkte viel besser verkauft wurden als zuvor, dass eine geringere Sortimentskomplexität und damit ein geringerer Pflegebedarf eintrat und die Transparenz drastisch erhöht wurde.

Beispiel 3:

Sich die Komplexität zunutze machen

Ein Klientenunternehmen aus dem Großhandel hatte sich immer wieder mit Direktgeschäften der Industrie an seine Kunden auseinanderzusetzen, weil die Direktgeschäfte für die Kunden geringere Einkaufspreise boten.

Abgesehen davon, dass der Großhandel seine Berechtigung in großen Teilen dadurch zieht, dass er per se Komplexitätsreduzierer in der Wertschöpfungskette ist (1.000 Lieferanten, die an 10.000 Kunden zu 100 % direkt liefern, ergeben 1.000 × 10.000, also 10 Mio. Beziehungen, 1.000 Lieferanten, die zu 100 % über den Großhandel auf die 10.000 Kunden treffen, ergeben aber nur 1.000 + 10.000, also 11.000 Beziehungen), ging unserem Klienten dadurch auch attraktives Geschäft verloren, schließlich bedeutet Direktgeschäft direkt entgangenen Umsatz, wenn dieser nicht zumindest über den Großhandel fakturiert wird.

Wir haben gemeinsam durch die Kundenbrille geschaut und einen erheblichen Nachteil dort ausgemacht: Wenn eine gewisse Schwelle an Direktlieferanten erreicht wurde, überstieg der erforderliche Personalaufwand die Rentabilität. Zwar setzten sich die Kunden unseres Klienten damit nicht hinreichend auseinander, weil Personalkosten ja „Eh-da-Kosten" sind, aber dies war eine Chance für den Vertrieb.

Eine Offensive führte dazu, dass der Vertrieb zahlreiche Kunden wieder zurückgewinnen konnte, indem er ihnen vorrechnete, welch hohe Komplexität sie als Preis für einen auf den ersten Blick geringeren Einkaufspreis zahlten. Wirklich rechnende Kunden haben das sofort verstanden.

Konnte damit der Direktlieferanten-Anteil auf Null gesenkt werden? Weit gefehlt, aber unser Klient hat sich die Komplexität zunutze gemacht, um sie in der eigenen Struktur rentabel abzubilden. Und das genau war das Ziel.

Komplex = Kompliziert?

Wachstumstipp
Machen Sie Ihren Mitarbeitern deutlich, dass es einen Unterschied zwischen Kompliziertheit und Komplexität gibt. Natürlich war auch die eine oder andere harte Nuss in den oben genannten Beispielen zu knacken, aber in erster Linie waren diese Themen nicht kompliziert, sondern „nur" komplex. Und genau dieser Komplexität müssen wir strategisch und führungsbezogen ins Auge sehen. Wohl dem, der es tut.

4.13 Social Media – Überlassen Sie nicht zuviel dem Zufall

Was hat der CEO mit Social Media zu tun? Eine ganze Menge, denn wenn ein Unternehmen sich entscheidet, in Sachen Social Media aktiv zu werden, kann diese Entscheidung „letztinstanzlich" nur durch den CEO getroffen werden, betrifft sie doch die Prozesse, die Organisation, in Teilen sogar die Strategie.

Aber mehr noch – und darum soll es in diesem CEO-Tipp gehen: Wenn ein Unternehmen sich entscheidet, die Präsenz in den virtuellen sozialen Netzen auszubauen, kann es davon ausgehen, dass seine Mitarbeiter darauf angesprochen werden. Vielleicht werden sie sogar in besagten sozialen Netzen angesprochen. Und wie reagieren sie dann?

Der Klassiker: Facebook. Mit großer Wahrscheinlichkeit sind zahlreiche Ihrer Mitarbeiter bereits auf Facebook präsent. Wie stellen sie sich dort dar? Welche Regeln haben Sie hinsichtlich der Kommunikation über Ihr Unternehmen ausgegeben? „Stillschweigen" gilt auch und vor allem im sozialen Netz.

Einen Gedanken weiter: Was sagen Ihre Mitarbeiter, wenn sie im Netz auf ihren Arbeitgeber – Ihr Unternehmen – angesprochen werden? Anlässe gibt es beliebig viele:

- Ein „Freund" eines Ihrer Mitarbeiter hat eine schlechte Erfahrung in einer Ihrer Einzelhandels-Filialen gemacht: „Sag' mal, arbeitest Du nicht bei der ABC GmbH? Ich habe da gestern ein miserables Erlebnis beim Kauf meiner neuen Kaffeemaschine gemacht. Das ist ja eine lahme Truppe."
- Ein anderer „Freund" eines anderen Mitarbeiters war mit dem Service an seinem Motorrad nicht zufrieden: „Habt Ihr eigentlich immer solche Beutelschneider in Euren Werkstätten? Die können nichts, nur kassieren."
- Ein wiederum anderer „Freund" eines anderen Mitarbeiters hat eine Absage auf seine Bewerbung in Ihrem Unternehmen bekommen: „So eine Ungerechtigkeit! Du weißt ja, dass ich mich bei Euch beworben habe. Erst ein desinteressiertes Gespräch und dann dieses krasse Assessment Center – völlig unfair. Jetzt bekomme ich die Absage. Grundlos. Wie hältst Du es in einem solchen Laden eigentlich aus?"

- Sie hatten eine schlechte Presse? „Da wart Ihr ja gestern ganz schön in den Schlagzeilen. Das spricht ja nicht für Euch . . ."
- Es gibt natürlich auch Löbliches: „Ich höre immer nur Gutes von Deinem Unternehmen. Was macht Ihr eigentlich so?"

Setzen Sie die Liste selbst fort.

Natürlich können, dürfen und sollen Sie nicht in die Privatsphäre Ihrer Mitarbeiter eingreifen. Sehr wohl aber hilft es, wenn Sie Ihre Mitarbeiter gewinnen, angemessen darauf zu reagieren, wenn sie auf ihren Arbeitgeber angesprochen werden. Diese Überzeugung ist der erste Schritt für eine Sprachregelung.

Haben Sie Ihre Mitarbeiter dafür gewonnen, überlegt auf Posts zu antworten, die sich auf Ihr Unternehmen beziehen, können Sie gemeinsam in einem kleinen Kreis typische Fälle (wie zum Beispiel die oben genannten) entwickeln und angemessene Antworten daraus ableiten. Wenn Sie diese grafisch ansprechend aufbereiten, erreichen Sie damit viele Mitarbeiter. Verbleiben Sie dabei nicht auf der logischen Ebene, sondern gestalten Sie das Ganze ruhig ein wenig emotional.

Wachstumstipp
Überlassen Sie es nicht dem Zufall, wie über Ihr Unternehmen in der virtuellen Welt gesprochen wird. Sprechen Sie offen und offensiv darüber, was das Unternehmen als richtig und was es als falsch ansieht. Daran kann man sich dann trefflich reiben.

4.14 Social Media als Wachstumskatalysator? – Erst denken, dann handeln

Noch einmal „Social Media": Immer mehr Unternehmen suchen ihr Heil in den sozialen Netzen. Immer mehr vielversprechende (oder besser „vieles versprechende") Dienstleister tummeln sich auf dem Anbietermarkt, auf der Suche nach Kunden, die sich völlig unwissend oder mit gesundem Halbwissen ausgestattet des Themas „Social Media" annehmen wollen. Es wird gefachsimpelt über Technologien, Prozesse, Anzahl der Facebook- und sonstiger Freunde und bei der Gelegenheit auch über Page Impressions, Hits, Klicks, Drop Rates, Blogposts, Links, Crosslinks, Metatags, Hashtags und andere gehypte coole Begriffe.

Der Haken: Die Diskussionen setzen meist an der völlig falschen Stelle an, denn die Frage ist nicht, wie viele Hits, Klicks, Friends ein Unternehmen erhält, sondern, wie viel Geschäft es generiert.

Hier sind wir immer wieder die Spaßbremse. Der Vorteil unserer Klienten ist, dass wir eben keine Social Media-, sondern Wachstumsexperten sind. Also können und müssen wir immer aus der Gesamtsicht unserer Klientenunternehmen denken und handeln. Kaum hat man sich also schön auf die Frage, wie denn das mit den sozialen Netzen nun operativ gelöst werden könne, eingeschwungen und die Emotionen und Erwartungshaltungen geschürt, stellen wir folgende Fragen:

- „Warum wollen Sie überhaupt in den sozialen Netzen präsent sein?"
- „Was genau wollen Sie mit der Präsenz in den sozialen Netzen erreichen?"
- „Wie messen Sie, dass Sie auf dem Wege sind, dieses Ziel auch tatsächlich zu erreichen?"
- „Was ist der Wert für das Unternehmen?"
- „Wie ist das geplante Timing?"
- „Wer soll es verantworten?"
- „Was sind Sie bereit, dafür zu investieren und zu verändern?"

1. „Warum?" – Der Grund

Manche Unternehmen haben keine gute Antwort auf die Frage 1. Prima. Die gute Nachricht ist, dass das Thema „Social Media" damit vorerst ad acta gelegt werden kann und die Ressourcen sich anderen Dingen widmen können.

Gute Gründe für eine Präsenz in den sozialen Netzen – welche auch immer das sind – sind zum Beispiel:

- Die Zielgruppe findet sich vorwiegend dort.
- Das Unternehmen ist ein Trendsetter und muss den Platz besetzen.
- Das weitaus überwiegende Geschäft wird aus dem Netz generiert.

Keine guten Gründe sind:

- Die anderen Wettbewerber sind auch dort (die Zielgruppe aber nicht).
- Das Unternehmen will sich innovativ zeigen (das geht wesentlich besser auf anderem Wege).
- Es soll ein zusätzlicher Vertriebsweg erschlossen werden (meist überzogene Erwartungen, zu selbstreferenziert).

Eine belastbare, strategisch begründbare und in die Gesamtkonzeption des Unternehmens passende Antwort auf das „Warum" ist eine zwingende Voraussetzung für den Fortgang der Gespräche. Anderenfalls kann man sich die Zeit sparen.

2. „Was?" – Das Ziel

„Jetzt kommen Sie wieder mit Ihrer Frage nach dem Ziel. Wie sollen wir wissen, was wir mit der Präsenz in den sozialen Netzen erreichen wollen, wenn wir noch nicht darin vertreten sind?"

Wie jede unternehmerische Initiative ist ein Ziel, in Form eines klaren Geschäftsresultats, erforderlich. Dies gilt auch und insbesondere für Unternehmungen, die sich in ein Terrain begeben, das noch nicht bekannt ist. Dabei müssen die Ziele nicht einmal ausschließlich quantitativ sein, aber zumindest sind qualitative Ziele wichtig.

Und damit das Ganze nicht aus dem Ruder läuft, folgt direkt die dritte Frage:

3. „Wie messen?" – Das Cockpit

Anhand welcher Messgrößen kann verlässlich festgestellt werden, dass sich das Unternehmen „Social Media" auf dem richtigen Pfad zu den angestrebten Zielen befindet? Werden diese Messgrößen, Kennzahlen, Kenngrößen bereits heute in irgendeinem Report erfasst oder bedarf es dazu eines neuen Instruments? Hits, Klicks, Quotes und Friends sind im Übrigen keine geeigneten Messgrößen. Wir sprechen schließlich über geschäftsrelevante Entwicklungen.

4. „Nutzen?" – Der Wert

Welches ist der Wert der mit einer professionellen Präsenz in den sozialen Netzen verbundenen Ziele für das Unternehmen? Auch dies dürfen quantitative und qualitative Aspekte sein, aber es sollte sich ein deutlicher Mehrwert herausarbeiten lassen, will man die Anfangs- und Pflegeaufwände wirklich in Kauf nehmen. Ohne einen wirklich zwingenden Nutzen – und hier schließt sich auch die Schleife zur ersten Frage – sollte das Unternehmen von dem Vorhaben absehen.

5. „Zeit?" – Das Timing

Ist grundsätzlich klar, dass es ein Projekt „Social Media" – das einen nachfolgenden Weiterentwicklungsprozess zur Folge haben muss – geben soll, ist die Zeitachse zu klären. Üblicherweise wird hier mit einem hohen Maß an Überambition vorgegangen. Es gilt, die Zeit realistisch abzuschätzen. Es darf angenommen werden, dass das Projekt nicht die höchste Priorität hat, daher wird es vermutlich auch Verschiebungen im Projekt geben. Überdies werden sich Imponderabilien einstellen, die eine zu ambitionierte Zeitabschätzung nicht empfehlen lassen. Konservativ vorzugehen ist anzuraten.

6. „Wer?" – Die Verantwortung

Dies ist der Moment der Wahrheit, „The Moment of Truth", wie es so schön heißt und oft der Moment, zu dem es still wird im Raum, sich Köpfe senken, die Tischplatten Spannendes versprechen, denn alle suchen dort – meist vergeblich – einen Ausweg. Die naheliegendste Antwort ist jedenfalls die falsche: Der IT-Leiter – oder irgendjemand aus der IT – sollte keinesfalls die Projektführung übernehmen. Ebenso wenig jemand aus der Personalabteilung. Social Media im Unternehmensumfeld muss an der Schnittstelle zwischen Vertrieb und Marketing platziert werden, anderenfalls läuft das Projekt Gefahr, eine Spielerei zu werden. Die Öffentlichkeitsarbeit darf gern auch dabei sein, wenn es darum geht, was das Unternehmen wie im Netz sagt. IT kann technisch helfen, die Personalabteilung kann dabei helfen, die Mitarbeiter zu instruieren, wie das Unternehmen im Netz repräsentiert werden soll, aber geführt werden muss das Projekt – und auch der spätere Prozess – immer von denen, die sich um den Markt kümmern.

7. „Invest?" – Geld und Zeit

Je nach Größe des Unternehmens besteht nicht nur der Bedarf, viel Geld, sondern auch viel Zeit in den Aufbau und den späteren Betrieb einer Social-Media-Präsenz zu investieren. Es muss von vorneherein klar sein, dass es mit dem Aufbau der Präsenz und der definierten Routinen nicht getan ist. Es bedarf vielmehr eines Routineprozesses, der auch personell hinterlegt sein muss, zum Betrieb und zur Weiterentwicklung dessen, was im Unternehmen unter „Social Media" verstanden wird.

Zum Schluss

Es ist extrem werthaltig, die obigen sieben Fragen substanziell zu beantworten, bevor das Abenteuer „Social Media" angegangen wird. Nicht jeder muss auf Facebook präsent sein und überhaupt ist Facebook ja nur eine Facette der sozialen Netze.

Wer meint, er könne mit dem Begriff „Web 2.0" schon etwas anfangen und kenne sich daher in der virtuellen Welt veritabel aus, hat leider drei Sprünge verpasst, denn inzwischen sprechen wir davon, was das „Web 5.0" alles können wird. Wer hier zu kurzfristig denkt, hat von vorneherein das Nachsehen.

Wachstumstipp
Um Endverbraucher zu erreichen oder Meinungsführerschaft über ein endverbraucherrelevantes Thema zu erzielen, sind soziale Netze ein möglicher Katalysator. Vor allem im B2B-Bereich aber werden die sozialen Netze fulminant überbewertet. B2B-Unternehmen, deren Kerngeschäft nicht die „Web-Welt" ist, sind gut beraten, ihre Investitionen lieber in die Entwicklung ihrer Kundenbeziehungen und Kundenprozesse zu tätigen.

4.15 Wissensmanagement – Ein Irrtum

Viele Unternehmen setzen in Sachen Wachstum auf vermeintlich naheliegende Dinge. Einige dieser Dinge entwickeln sich zu einem regelrechten „Hype", und eines davon ist „Wissensmanagement". Als CEO müssen Sie diesen Hype unbedingt in die Schranken weisen.

Wissen lässt sich nicht managen

Die Absicht ist positiv: Unternehmen wollen dafür Sorge tragen, dass das Wissen, das im Unternehmen besteht, nicht verloren ist, wenn Mitarbeiter abends nach Hause gehen oder das Unternehmen gar verlassen. So weit, so gut. Der Versuch indes, Wissen zu formalisieren und in Datenbanken zu speichern, wie es viele Beratungsunternehmen anraten, schlägt regelmäßig fehl. Wissen lässt sich nämlich nicht managen. Ähnlich wie der Zeit ist es dem Wissen egal, was wir mit ihm machen. Es kümmert sich nicht darum.

Die eigentliche Absicht

Statt die Modewelle „Wissensmanagement" zu surfen, sind Unternehmen besser beraten, ihr Wissen zu materialisieren, um Wachstum zu erzeugen. Möglichkeiten dazu bestehen unter anderem darin, Checklisten zu erzeugen, Verfahren zu beschreiben, Positionspapiere zu verfassen oder gar Marken oder Patente zu kreieren, die dazu führen, dass das Wissen nicht nur materialisiert, sondern auch geschützt ist. Das Aufschreiben sogenannten „Wissens" in Datenbanken, die mit hohem Aufwand erstellt wurden und gepflegt werden müssen, springt zu kurz. Dies hilft in der Regel nur dem IT-Berater, der die Datenbank erarbeitet und pflegt.

Wikis als Allheilmittel?

Auch die modernere Form der „Wissensspeicherung" in unternehmensinternen Wikis gerät an eine Grenze, nämlich die der Akzeptanz. Ist häufig noch eine gewisse Euphorie in der Bestückung eines Wikis zu beobachten, führt das operative Geschäft doch schnell dazu, dass die Wiki-Inhalte nicht gepflegt werden und damit veralten. Einmal ganz abgesehen von der tatsächlichen Nutzung und der Anzahl der Nutzer.

Die Akzeptanz des Unperfekten

Wir müssen uns damit abfinden, dass sich das Wissen eines Unternehmens nicht vollständig abbilden lässt. Wir müssen das Unperfekte akzeptieren. Immer, wenn ein Mitarbeiter das Unternehmen verlässt, geht auch ein wenig Wissen verloren. Haben wir das einmal erkannt, stellen wir fest, dass Perfektion auch hier gar nicht notwendig ist – meist ist die Unternehmung so robust, dass der Wissensverlust schnell kompensiert werden kann.

Die informelle Weitergabe

Unternehmen, die Wissensmanagement etwas entspannter betreiben und dennoch erfolgreich wachsen, setzen – zusätzlich zu den oben genannten Materialisierungsmöglichkeiten – auf eine nicht greifbare Komponente, nämlich die informelle Weitergabe unternehmenswichtigen Wissens von einem Mitarbeiter zum nächsten. „Wir machen das hier folgendermaßen . . ." leitet oft die Wissensweitergabe ein.

Erfolgreich wachsende Unternehmen haben erkannt, dass sie diese Form der Weitergabe fördern müssen, z. B. durch Patenschaften, Prozess-Ownerships und durch das Bewusstsein, dass auch vermeintliche Selbstverständlichkeiten mitunter keine solchen sind.

Wachstumstipp
Erfolgreich wachsende Unternehmen verlassen sich nicht auf die IT als Hoheit über Wissen und Unwissen. Sagen Sie das Ihrem „Wissensmanagement-Berater" bei nächster Gelegenheit.

4.16 Projektmanagement ist „out"? – Mit Verlaub, das ist albern

Wie oft haben Sie schon gehört, dass „Projektmanagement" out sei, veraltet sei, ausgedient habe? Ich habe dies schon sicher mehrere Dutzend Male gehört – interessanterweise über Jahrzehnte verteilt.

Das Statement ist schlicht falsch. Projektmanagement als „out" zu bezeichnen ist albern und zeugt nicht von einer korrekten Sicht auf die Realität und die Erfordernisse der Unternehmensführung. Im Gegenteil: Wer auf ein konsequentes, modernes Projektmanagement verzichtet, vergibt sich wesentliche Chancen, die erstens in der Geschwindigkeit, also dem Faktor „Zeit", und zweitens im Wissensaufbau im Unternehmen liegen.

Wie sollen internationale Projekte gelingen ohne eine gemeinsame Sprache? Damit meine ich nicht nur eine gemeinsame gesprochene Sprache, sondern auch eine gemeinsame methodische Sprache. Denn Projektmanagement ist als Methodik nichts anderes als eine Sprache. Es ist eine Plattform, auf der es leicht fällt, sich teamübergreifend, abteilungsübergreifend, bereichsübergreifend, unternehmensübergreifend und länderübergreifend zu verständigen und komplexe Sachverhalte gemeinsam schneller voranzubringen als ohne diese Methodik.

Projektmanagement, richtig verstanden, ist dabei kein Dogma. Projektmanagement des Projektmanagements Willen ist Unsinn. Insofern erteile ich auch den diversen Zertifizierungsansätzen eine klare Absage. Es geht nicht um die „richtige“ Methode. Es geht um die angemessene Methode. Mit der Geschäftsführung eines neuen Klientenunternehmens haben wir vor Kurzem über „seinen“ Weg des Projektmanagements gesprochen, den wir dort implementieren werden. Es geht nicht um „richtig oder falsch“, es geht um „passt oder passt nicht“, es geht um Angemessenheit.

Ein Beispiel: Insbesondere wenn es um strategische Projekte, also zum Beispiel um Wachstumsprojekte, um Veränderungsprojekte, um Projekte zur Unternehmensentwicklung geht, schlagen zum Beispiel Ressourcenplanungen, Gantt-Charts und detaillierte Arbeitsschrittbeschreibungen regelhaft fehl. Wie sollen sie auch wirken, sind doch weder die erforderlichen Tätigkeiten im Detail absehbar noch lassen sich die damit verbundenen Zeiten im Vorhinein präzise abschätzen. Bei solchen Projekten empfiehlt es sich vielmehr, bei dem jeweils pro Arbeitspaket zu erreichenden Ziel zu beginnen und von dort aus rückwärts bis heute zu „rechnen“.

Projektmanagement ist, richtig verstanden, ein wesentlicher Ergebnistreiber, auch im Hinblick auf das im Unternehmen aufzubauende Wissen darüber, wie man bestimmte Probleme und Aufgaben angeht.

Wachstumstipp
Seien Sie standhaft. Sorgen Sie für ein Projektmanagement, das sich Ihrem Unternehmen anpasst, sorgen Sie dafür, dass es mehr um Projektführung als um Technik geht, qualifizieren Sie Ihre Mitarbeiter und schicken Sie all diejenigen, die Ihnen einreden wollen, Projektmanagement sei „out“, dahin, wo sie herkommen.

4.17 Gut geplant – So funktioniert Projektmanagement in Wachstumsprojekten

Wie zuvor ausgeführt und allen Unkenrufen zum Trotz: Das gute, alte, immer wieder totgesagte Projektmanagement ist nicht tot. Im Gegenteil: Es erfreut sich einer überhaupt nicht verwunderbaren Lebendigkeit und wird in Zukunft mehr gebraucht als bisher. Ein höheres Geschwindigkeitserfordernis, eine höhere Internationalisierung, eine höhere Wechselwirkung von Parametern macht Projektmanagement zwingend erforderlich. Das vorab. Wenn Sie meinen, das sei nicht der Fall, lesen Sie nicht weiter.

In diesem Beitrag wird unterstellt, dass Veränderungsprojekte, Wachstumsprojekte (die meist zu den Veränderungsprojekten zählen) und Strategieprojekte (dito) eines soliden Managements einer soliden Führung bedürfen, weil sie sonst nicht funktionieren.

Daher soll hier auch nicht auf die klassischen Elemente des Projektmanagements hingewiesen werden – das können Sie wirklich woanders nachlesen –, sondern es soll der Fokus darauf gelegt werden, welche Elemente speziell in Wachstumsprojekte eingebunden werden müssen, um die notwendige Bedingung für den Projekterfolg zu liefern. Fünf Aspekte sind aus unserer Erfahrung insbesondere hervorzuheben:

1. Planung und Realisierung voneinander trennen

Was intuitiv logisch klingt – die Planungsphase und die Realisierungsphase voneinander zu trennen –, wird in der Praxis häufig durcheinandergeworfen: Es werden grob angedachte Aspekte bereits getestet, Ideen, die im geschlossenen Raum entstanden sind, werden kommuniziert und es werden Feldversuche gestartet – selbstverständlich alles unter dem „Siegel der Verschwiegenheit", und operativer Druck sorgt dafür, dass Halbgares bereits am real existierenden Kunden ausprobiert wird. Das alles ist schlecht.

So sehr wir auch dafür sind, konzeptionell abgestimmte Resultate, die in einem Projekt erreicht werden, möglichst bald in die operative Routine zu bringen und damit nicht schuldhaft zu warten, so wenig können wir empfehlen, dass in Wachstumsprojekten anfangs Erdachtes zu früh in die Organisation gelangt. Mit „zu früh" meine ich, dass Dinge nicht in die Organisation gelangen dürfen, die nicht ausdrücklich vom Planungsteam freigegeben wurden. Ausdrücklich. Von mir aus auch schriftlich.

Warum? Nehmen wir einmal an, ein Vorstandsgremium nimmt sich der Erarbeitung einer Wachstumsstrategie an. Es werden zunächst sämtliche Optionen, nicht selten unter unserer Einbindung als objektive Externe, ausgelotet. Wenn sich eine Kontur im Nebel abzeichnet, wird das Projekt-Kernteam definiert. Innerhalb des Kernteams diskutieren wir konkreter, wir streiten, wir entwickeln Ideen, verwerfen diese wieder, diskutieren erneut, bis wir bei einer konzeptionellen Lösung sind, die von allen Kernteam-Mitgliedern getragen wird. Wenn in der Zwischenzeit Zwischenstände in die Organisation gelangen, wenn in der Zwischenzeit hörbar wird, dass sich das Kernteam „permanent streitet", verwirrt dies die Organisation, die – nicht dabei – dieses Halbwissen und die Halbwahrheiten nicht verarbeiten kann. Das Resultat? Gerüchte, eventuell vorauseilender Bereichsgehorsam, mitunter mit fatalen Auswirkungen, insbesondere dann, wenn Kunden mit den Halbwahrheiten konfrontiert werden.

Also: Bilden Sie ein Kernteam, verpflichten Sie es auf Verschwiegenheit, denken Sie in einer Planungs- und in einer Realisierungsphase. Erst nach verabschiedeter Planung definieren Sie das Realisierungsteam.

2. Konsequentes, hierarchieübergreifendes Planen

Ein besonderes Augenmerk in der Planungsphase muss das hierarchieübergreifende Denken sein. Immer wieder fordern Hardcore-Projektmanagement-Experten, dass Projekte, die das gesamte Unternehmen betreffen, hierarchieübergreifend sein müssen und immer wieder erleben wir in Projektorganisationen eine detailgetreue Abbildung der Unternehmenshierarchie. Das hat nun wirklich ausgedient und macht keinen Sinn. Für ein Paralleluniversum muss der Aufwand eines Wachstumsprojektes nicht getrieben werden.

Hierarchieübergreifend zu planen setzt bereits in der Anfangsphase des Projektes voraus, dass Bereichsegoismen über Bord geworfen werden. Mehr noch: Auch die Rangabzeichen auf den Schultern dürfen in hierarchieübergreifenden Projekten keine Rolle spielen. Wer nicht bereit dazu ist, das zu akzeptieren, wer nicht akzeptieren mag, dass andere, die in der Unternehmenshierarchie noch nicht so weit oben angekommen sind, auch Recht haben dürfen, hat sich für ein Wachstumsprojekt disqualifiziert. Nun wird niemand zugeben, dass er in diese Disqualifikationskategorie gehört. Ich frage mich nur, warum wir immer wieder solche Situationen erleben.

3. Partikularinteressen kennen und Interdependenzen klären

Insbesondere dann, wenn Beteiligte aus unterschiedlichen hierarchischen Positionen beteiligt sind, ist es entscheidend, die Partikularinteressen zu kennen und auch die Interdependenzen zu klären. Die Komplexität steigt immens mit der Anzahl der Mitglieder des Kernteams und des späteren Realisierungsteams (das idealerweise im Kern weiterhin aus dem Kernteam besteht, sonst ginge Know-how verloren). Die Komplexität steigt, weil nicht nur funktionelle, sondern auch persönliche Interdependenzen betrachtet werden müssen.

Es geht also nicht nur darum, zu erkennen, welche Auswirkungen Projektmaßnahmen im Hinblick auf das funktionelle Miteinander haben, sondern auch darum, welche Interdependenzen die Einbindung jeder einzelnen Person mit sich bringt. Was also geschieht, wenn Mitarbeiter X in den nächsten sechs Monaten für dieses Projekt – in wechselnder und vor allem nicht im Detail absehbarer Intensität – arbeitet? Wie kann seine zusätzliche Belastung abgefedert werden? Was geschieht, wenn der Bereich A für eine Zeit lang in den Bereich B „hineinregiert"? Was muss berücksichtigt werden, wenn ein rangniedrigerer Mitarbeiter plötzlich ein Thema verantwortet, bei dem er auf die Zuarbeit ranghöherer Mitarbeiter angewiesen ist? Was geschieht, wenn ein Mitarbeiter sich in das Projekt vertiefen soll, dadurch aber seine operativen Ziele, die er mit seinem Vorgesetzten vereinbart hat, nicht mehr erreichen kann, von denen aber sein Einkommen maßgeblich abhängt?

Die Anzahl der Interdependenzen ist hoch. Sie werden dieses Thema nicht vollumfänglich lösen können, Sie können aber sehr wohl durch Betrachtung der individuellen persönlichen und funktionalen Situation eines jeden Mitarbeiters die wahrscheinlichsten Auswirkungen antizipieren, diskutieren und durchdenken. Bedauerlicherweise wird diesem wichtigen Thema noch viel zu wenig Zeit geschenkt, was dazu führt, dass man später Baustellen zu bearbeiten hat, die man sich hätte ersparen können. Insbesondere in Wachstumsprojekten sind Zwischenbaustellen, die man sich hätte ersparen können, aber wenig hilfreich.

4. Personell korrekt besetzen

Besetzen Sie das Projektteam nicht mit den Personen, die ohnehin schon die Hände über dem Kopf zusammenschlagen, wenn es um neue Aufgaben geht, weil sie immer gefragt werden, wenn es um neue Aufgaben geht. Es ist eine irrige Annahme, dass „es schon irgendwie gehen wird". Typischerweise bekommen immer diejenigen Menschen neue Aufgaben, die besonders gut sind, oder es bekommen diejenigen Menschen neue Aufgaben, die gerade vermeintlich Zeit haben und nicht schnell genug vom Radar verschwinden konnten. Beides ist nicht hilfreich. Suchen Sie sich die richtigen Mitarbeiter für Ihre Wachstumsinitiative und befreien Sie diejenigen, die Sie unbedingt brauchen, die aber „keine Zeit" haben – Zeit ist eine Prioritätenfrage –, von anderen Verpflichtungen.

5. Angemessenheit über Perfektion setzen

Zu guter Letzt: Planen Sie ein Wachstumsprojekt, das Sie auch in der Organisation stemmen können. Sie helfen niemandem mit einem „perfekten" Projekt, wenn die Organisation noch gar nicht bereit dazu ist, es zu stemmen. Setzen Sie organisatorische Angemessenheit über theoretische Korrektheit. Mit anderen Worten: Lassen Sie Fünfe gerade sein. Ja, Sie lesen richtig: Uns ist ein Wachstumsprojekt, das durch das Unternehmen gestemmt werden kann und vielleicht nicht den theoretisch Optimalzustand erbringen wird, wesentlich lieber als ein theoretisch perfektes Konzept, das unter hohem Widerstand startet und an diesem letztendlich scheitert. Fatal? Keineswegs, denn wenn die ersten Erfolge da sind, wird das Team erfahrungsgemäß auch mutiger und es nimmt sich von selbst mehr vor – wenn Sie es richtig zusammengestellt haben.

Wachstumstipp
Bieten Sie der „Projektitis" energisch die Stirn. Sorgen Sie dafür, dass die Anzahl der Projekte im Unternehmen überschaubar bleibt. Gehen Sie davon aus, dass Sie in Ihrer aktuellen Projekte-Landschaft etwa die Hälfte aller sogenannten „Projekte" ersatzlos streichen können, ohne dass Sie oder Ihre Kunden davon etwas merken würden, außer, dass Sie wertvolle Ressourcen frei bekommen, die Sie wirksamer nutzen können. Mit dieser Denkhaltung kommen Sie den wirklich notwendigen Dingen auf den Grund.

5 Wachstumsorientierte Führung: Kommunizieren und Vorangehen als Recht und als Pflicht

Zusammenfassung

Dieses letzte Kapitel dreht sich vollständig um den Faktor „Führung", denn jede noch so gute Wachstumsidee will durchgeführt werden, jede noch so erfolgreiche, wachstumsintelligente Organisation will durch die Wirren der Zeit geführt werden und so wichtig der Faktor Selbstführung, der im ersten Kapitel dieses Buches beleuchtet wurde, auch ist, so konsequent ist es, dieses letzte Kapitel der Mitarbeiterführung zu widmen.

Abgesehen davon, dass Führung mit formaler Macht einhergeht, verstehen wachstumsintelligente Unternehmen und Führungskräfte, dass diese Macht nur geliehen ist. Sie verstehen überdies, dass es gilt, mit dieser Macht verantwortungsvoll umzugehen und dass das verliehene Recht auf Führung eben nicht nur ein Recht ist, sondern auch eine Pflicht. Zu viele Führungskräfte ruhen sich auf den verliehenen Rangabzeichen aus, kümmern sich vorwiegend um die Größe ihres Büros, die Höhe der Rückenlehne ihres Arbeitsstuhls nebst des Vorhandenseins von Armlehnen sowie natürlich um die Ausstattung des Dienst-Pkw. Mag dies auch eine klischeehafte Darstellung sein, ist sie zu musterhaft, als sie zu ignorieren – ich habe zu viele dieser Führungskräfte erlebt. Übrigens sind diese Menschen regelhaft unerfolgreich, was in wachstumsintelligenten Unternehmen nicht geduldet und durch Mahnung und Ausschluss geahndet wird; ein herrliches Selbstregulativ.

Der Anspruch an Führungskräfte ist immens: Sie sollen natürlich dafür Sorge tragen, dass die mit ihrem Bereich verabredeten Ziele erreicht werden, dass die Mitarbeiter motiviert bleiben, dass die Fluktuation gering ist. Darüber hinaus stellen wachstumsintelligente Unternehmen den Anspruch, dass die Kultur des Wachstums vermittelt, eine größtmögliche Flexibilität geschaffen und eine hohe Transparenz erhalten wird. Selbstverständlich darf kein „Delegieren-by-über-die-Mauer-werfen" geschehen und nicht selten sind auch Beurteilungssysteme etabliert, die auch das Beurteilen der Führungskraft durch ihre Mitarbeiter beinhalten. Welch ein Pensum.

G. Quelle, *Wachstum beginnt oben*,
DOI 10.1007/978-3-658-03658-4_5, © Springer Fachmedien Wiesbaden 2014

Schauen wir uns das Thema Führung etwas genauer an, und weil es ein so immens wichtiges Thema ist, sind auch besonders viele Beiträge hierzu entstanden. Beginnen wir mit der Kultur des Wachstums.

5.1 Die Kultur des Wachstums – Eine Frage der Einstellung

Profitables Wachstum bedarf nicht nur einer ausgefeilten Strategie nebst geschickter Vorgehensweise, eingebettet in ein Kommunikationskonzept für alle Stakeholder. Es bedarf auch einer bestimmten Einstellung und Unternehmenskultur. Dieser unternehmenskulturelle Aspekt, das „Mental Mindset", ist nicht zu unterschätzen. Leben nur einige wenige die Kultur des profitablen Wachstums, ist dies oft nicht hinreichend und führt zu mancher Erschwernis auf dem Weg zum Ziel. Umgekehrt gilt, dass eine kritische Masse, wenn sie denn erreicht ist, eine Wachstumskultur fördern kann. Letztlich kann sie sogar zum Selbstläufer werden.

Was sind wesentliche Elemente der Kultur des profitablen Wachstums im Unternehmen?

Ganz oben beginnen

Gestalten statt verwalten. Dies muss Leitsatz der Unternehmensführung sein. Delegieren und Innovieren steht hier im Vordergrund. Die Unternehmensführung, die lediglich Bestehendes verwaltet und ihren Erfolg aus der Sicherheit der Vergangenheit zieht, ist kein gutes Vorbild für die Mitarbeiter. Administrieren können viele, Innovieren können nur wenige. Die Unternehmensführung wird dafür bezahlt, dass sie Innovationen fördert, Kreativität in die richtigen Kanäle lenkt und gezielt auch überschaubare Risiken eingeht, um die Früchte der Arbeit künftig zu ernten. Delegieren Sie konsequent, innovieren Sie gezielt und lassen Sie andere administrieren.

Auf Perfektion verzichten

Perfektion kann ein Wachstumskiller sein. Befinden wir uns nicht im lebenserhaltenden oder lebensrettenden Bereich, ist Perfektion fast nie erforderlich und wird häufig nur dadurch erklärbar, dass sie eine vermeintliche Sicherheit schafft, innerhalb derer sich unsichere Mitarbeiter bewegen können. Eine der wesentlichen Weisheiten, die ich bisher erhalten habe, ist: „Im Leben geht es um Erfolg, nicht um Perfektion". Spätestens nach 80 % gilt es, loszurennen, denn anderenfalls ist der Wettbewerb schneller.

Die richtige Mannschaft

Sind die richtigen Leute beisammen? Sind die richtigen Leute am richtigen Platz eingesetzt? Stärken sich die einzelnen Arbeitsgruppen oder ziehen sie sich herunter? Um eine Kultur des profitablen Wachstums aufzubauen, muss eine positiv eingestellte Mannschaft vorhanden sein. Diese erhalten Sie nicht durch extrinsische Motivation, denn diese ist weitgehend unwirksam, unnötig und nicht zielführend. Suchen Sie intrinsisch motivierte Mitarbeiter.

Wachstum thematisieren

Wie soll eine Kultur entstehen, wenn nicht über ihre Bestandteile gesprochen wird? Wenn Sie sich für profitables Wachstum entschieden haben, thematisieren Sie dies in Meetings, in Projekten, in der internen und externen Kommunikation. Erinnern Sie sich: Es bedarf der siebenmaligen Erläuterung eines Themas, bevor es verstanden wird. Erst wenn ein Thema häufig genug adressiert wird, können Sie auch erwarten, dass es ernst genug genommen wird. Lenken Sie die Aufmerksamkeit gezielt auf Projekte, die zum profitablen Wachstum führen. Vernachlässigen Sie Misserfolge, wenn sie nicht elementar sind oder aus ihnen tatsächlich etwas gelernt werden kann. Stärken Sie gezielt erfolgreiche Initiativen, fördern Sie Innovation und sprechen Sie darüber.

Verantwortlichkeit erzeugen

Geben Sie als Unternehmensführer das WAS vor, delegieren Sie aber das WIE. Selbst wenn in der Ausführungsphase Fehler entstehen, ist dies in der Regel nicht so tragisch, als wenn Sie sich um jedes Detail selbst kümmern müssten. Natürlich werden einige Unternehmenslenker denken, sie delegierten schon genug. Wir glauben, dass vielfach immer noch ein hoher Kontrollanspruch herrscht und dass noch viel mehr Aufgaben delegiert werden könnten, wenn sie denn richtig delegiert würden. Damit einher geht unmittelbar die Eliminierung des „Ich-bin-nicht-zuständig"-Denkens. Definieren Sie Verantwortlichkeiten klar und deutlich und machen Sie klar, was Sie erwarten.

Messen und belohnen

Sorgen Sie dafür, dass Sie und Ihre Mitarbeiter Wachstumsinitiativen und deren Erfolg permanent messen und Fortschritte konsequent belohnen. Im Umkehrschluss gilt, dass Misserfolg nicht belohnt werden darf. Dabei ist zu trennen zwischen der Frage, ob es sich bei einem Misserfolg lediglich um einen sich nicht einstellenden Erfolg aufgrund einer neuen Initiative oder einen echten Misserfolg handelt. Belohnen Sie Resultate und Fortschritt, nicht aber singuläre Tätigkeiten. Betrachten Sie Erfolg stets unter dem Aspekt des ursprünglich Beabsichtigten. Sie werden feststellen, dass Ihre Messverfahren bald übernommen und Ihre Belohnungssystematik gewürdigt wird.

Kreative Unruhe

Wer satt ist, bewegt sich langsamer. Es kann nicht schaden, in Ihrem Unternehmen eine gewisse kreative Unruhe zu erzeugen, um die Entwicklungsdynamik aufrechtzuerhalten. Natürlich muss es auch Phasen geben, in denen sich ein Unternehmen auf dem Erreichten ausruhen soll. Idealerweise ist dies aber stets nur partiell der Fall, sodass andere Teile kreativ unruhig bleiben. Es ist ein schmaler Grad, zwischen der Würdigung des Erreichten und der Formulierung des nächsten Anspruchs zu differenzieren und abzuwägen. Wir meinen, dass ein gewisses Niveau an „nach vorne gerichteter Unzufriedenheit" hilfreich ist, um ein Unternehmen in Bewegung zu halten und die Kultur des Wachstums zu etablieren.

Würdigen

Versäumen Sie nicht, Erfolge hinreichend zu würdigen. Dies bezieht sich sowohl auf Einzelerfolge als auch auf Gruppenerfolge. Auch, wenn Sie als Unternehmensführung mit Ihren Gedanken schon viel weiter sind als Ihre Mitarbeiter, bedenken Sie, was Ihre Mitarbeiter geleistet haben, um ein bestimmtes Ergebnis zu erreichen. Würdigen Sie Erfolge gezielt. Sorgen Sie dafür, dass Nicht-Leistungsträger erstens keine Würdigung erfahren und zweitens gelegentlich des Feldes verwiesen werden und selektieren Sie so die Spreu vom Weizen. Auch dies ist ein Bestandteil einer Kultur des profitablen Wachstums.

Wachstumstipp
Wenn Sie der Ansicht sind, dass die positive Wachstumskultur in Ihrem Unternehmen noch nicht ausgeprägt genug ist, suchen Sie sich zunächst diejenigen Mitarbeiter zusammen, die Ihrer Auffassung (und der Auffassung Ihrer Geschäftsführungs- oder Vorstandskollegen) nach bereits über ein entsprechendes „Mindset" verfügen und planen Sie mit ihnen ein Vorgehen, um in den einzelnen Bereichen Schritt für Schritt eine Wachstumskultur zu erreichen. Legen Sie ausdrücklich Wert auf ein hierarchieübergreifendes Vorgehen. Wachstum beginnt zwar an der Unternehmensspitze, aber wenn es dort endet, ist dies auch nicht im Sinne des Erfinders.

5.2 Spontaneität – Der schmale Grat zwischen situativer Genialität und operativer Hektik

Nein: Spontaneität hat nichts mit Hektik zu tun. Ganz im Gegenteil. Zwar kann spontanes Handeln Hektik auslösen, dies aber nur, wenn das Unternehmen nicht richtig mit spontanen Ideen umzugehen weiß. Es ist wichtig, dass Unternehmen zunehmend lernen, die Vorteile spontanen Handelns gezielt zu nutzen. Warum ist dies ein mögliches Problem? Weil Unternehmen sich in den schmerzvoll errungenen und letztlich verabschiedeten

Plänen sicher fühlen, alle Mitarbeiter ohnehin genug zu tun haben und der Raum für spontanes Handeln vermeintlich nicht vorhanden ist.

Der Irrtum dabei: Es ist nicht alles planbar und wenn wir uns fortwährend ausschließlich nach dem Plan richten, landen wir dort, wo wir nicht hin wollen – in der Planwirtschaft. Die Freiheit des spontanen Agierens, des schnellen Umsetzens einer guten Geschäftserfolg versprechenden Idee oder auch des spontanen Reagierens auf eine eingetretene Situation ist unschätzbar. Natürlich brauchen wir einen gewissen Plan, das Handeln entlang gewisser Ziele und wir brauchen eine Strategie, um nicht ziellos der Kraft der Märkte ausgesetzt zu sein. Einverstanden. Dennoch muss es Raum geben, um Spontaneität und ihre Vorteile nutzen zu können.

Operative Hektik vermeiden

Wie können wir dafür sorgen, dass die Vorteile spontanen Handelns genutzt werden, ohne dass operative Hektik ausbricht? Um diese Frage zu beantworten, ist zunächst eine Fallunterscheidung erforderlich: Passt eine spontane Idee in die derzeitige Strategie, in den derzeitigen Plan, so muss „lediglich" Freiraum geschaffen werden, um diese Idee zu verfolgen. Passt im zweiten Fall die spontane Idee nicht unmittelbar zur Strategie oder zum Plan, ist zwingend zu definieren, welche Grenzen der Idee gesetzt werden, innerhalb welchen Rahmens sich die Protagonisten der Idee bewegen dürfen. Je größer die Organisation, je größer die Unternehmenseinheit, je größer die mögliche Auswirkung der Verfolgung einer Idee, desto wichtiger wird es, diesen Rahmen zu definieren.

Opportunismus kann sinnvoll sein

Opportunistisches, das heißt gelegenheitsbezogenes Handeln, kann fallweise außerordentlich wirksam sein und hat in vielen Fällen dazu geführt, dass ein Unternehmen zusätzliche Erträge ohne großen zusätzlichen Aufwand erwirtschaften konnte. Um den Nutzen spontanen Handelns qualifizieren oder quantifizieren zu können, ist es daher erforderlich, die Orientierung des Unternehmens in der derzeitigen Phase seines Lebenszyklus zu definieren: Ist das Unternehmen eher ertragsorientiert, umsatzorientiert, marktanteilsorientiert, imageorientiert, mitarbeiterorientiert? Bitte sagen Sie nicht, all diese Dimensionen träfen zu, das würde verwirren. Welches ist Ihre Hauptorientierung?

Spontaneität ist nicht planbar

Dies liegt auf der Hand, daher unterbinden Sie sämtliche Fälle, spontanes Handeln ordnen zu wollen, weisen Sie das Controlling oder andere Planfanatiker in die Schranken, die immer dann auf die Bühne kommen, wenn es darum geht, mögliche Unsicherheiten, die durch spontanes Handeln verursacht werden, vermeintlich greifbarer und quantifizierbarer zu machen.

Freiraum für kreatives Denken schaffen

Ermuntern Sie Ihre Mitarbeiter, insbesondere (aber nicht ausschließlich) in den Forschungs- und Entwicklungsabteilungen, auch außerhalb der Routine über Neues nachzudenken. Berücksichtigen Sie dabei, dass die besten Ideen häufig nicht am Arbeitsplatz entstehen. Gleichwohl sollten Sie es ermöglichen, dass gezielt Freiraum für kreatives Denken geschaffen wird. Dabei muss nicht unbedingt ein quantifizierbares Ergebnis entstehen.

Würdigen Sie spontanes Handeln und tun Sie dies auch dann, wenn das Ergebnis letztendlich nicht Ihren Vorstellungen entsprochen hat. Geben Sie sich nicht zufrieden damit, dass manche Mitarbeiter oder ganze Abteilungen behaupten, man sei doch nicht kreativ. Dann möge man es bitte lernen. Niemand hat garantiert, dass das kreative Denken mit der Unterzeichnung des Arbeitsvertrages endet.

Relevanz der Spontaneität

Hier sind fünf Fragen, mit deren Hilfe Sie einordnen können, welche Relevanz Spontaneität in Ihrem Unternehmen hat oder haben soll:

- Wie gefangen sind Sie in Ihrer (strategischen) Planung? Wie sklavisch halten Sie sich daran? Tun Sie dies freiwillig oder werden Sie dazu angehalten?
  Welchen Spielraum bietet Ihr strategischer Plan?
- Wird in Ihrem Unternehmen spontanes Agieren eher belohnt oder (auch möglicherweise indirekt durch Nicht-Entlastung von anderen Aufgaben) bestraft? Oder wird es überhaupt nicht zur Kenntnis genommen?
- Welchen Nutzen hatten Sie in der jüngeren Vergangenheit aus spontanem Handeln? Welche Erkenntnisse haben Sie daraus abgeleitet? Gab es möglicherweise sogar quantifizierbare Ergebnisse, die sich eingestellt haben?
- Wo „müssten Sie eigentlich mal" spontan agieren? Oder spontaner re-agieren?
- Wie können Sie sicherstellen, dass sich ein höherer Grad an Spontaneität mit Ihrer derzeitigen Entwicklungsgeschwindigkeit im Unternehmen vereinbaren lässt?

Wachstumstipp
Fragen Sie nach. Stellen Sie in Ihrem nächsten Meeting die folgende Frage: „Was hätten Sie persönlich in der jüngeren Vergangenheit gerne getan, was hätten Sie sich davon versprochen, was hat Sie daran gehindert?" Sie werden überrascht sein, welche Antworten Sie erhalten.

5.3 Die Unternehmensphilosophie richtig vermitteln – Beispiele helfen

Haben Sie Ihrem Unternehmen eine Unternehmensphilosophie gegeben? Verfügt es über ein Leitbild? Dann stellt sich häufig die Frage, wie neuen als auch bestehenden Mitarbeiten dieses Leitbild vermittelt werden soll. Will die Unternehmensführung die Unternehmensphilosophie wirksam vermitteln, funktioniert dies nur anhand von praktischen Beispielen. Eine Reduzierung auf ein Poster an der Wand kann man sich getrost sparen.

Wie können solche Beispiele aussehen?

Jedes Beispiel muss auf den Arbeitsplatz des Mitarbeiters bzw. der Mitarbeiterin zugeschnitten sein. Anderenfalls laufen Sie Gefahr, das „Das-gilt-nicht-für-mich"-Phänomen auszulösen. Nehmen wir uns drei Beispiele heraus:

Geschwindigkeit

Wie lange darf das Telefon klingeln, bis ein kompetenter Ansprechpartner den Hörer abnimmt? Wie lange darf es dauern, bis ein Kunde ein Angebot vorliegen hat, auf das er sich verlassen kann? Wie viel Zeit darf die Produktentwicklung bis zu einem serienreifen Produkt benötigen? Wie viel Zeit hat die Marketingabteilung, bis eine neue Kampagne ausgearbeitet ist? Wie schnell muss die PR-Abteilung nach Eintreten eines Ereignisses eine PR-Kampagne gestartet haben? Wie schnell sollen Kunden an der Kasse bedient werden? Wie schnell müssen Reklamationen abgewickelt werden?... und vieles mehr.

Wahrhaftigkeit

Was sagt die Assistentin, wenn ihre Chefin gerade nicht zu sprechen ist? „Frau Müller ist nicht im Hause" ist die falsche Antwort, wenn Frau Müller gerade am Schreibtisch sitzt und mit dem Gesprächspartner nicht sprechen möchte. Was hört ein Kunde, der auf eine zugesagte Lieferung wartet? „Der Schnee hat uns einen Strich durch die Rechnung gemacht" ist die falsche Antwort, wenn es tatsächlich so ist, dass Sie einen anderen Kunden bevorzugt haben oder die beteiligten Mitarbeiter die Auslieferung schlichtweg vergessen haben. Was sagen Sie im Beurteilungsgespräch? „Sie haben Ihre qualitativen Ziele nicht vollständig erreicht und deshalb können wir Ihnen den zugesagten Bonus nicht zahlen" ist das falsche Statement, wenn sich dahinter verbirgt, dass das Unternehmen schlichtweg aufgrund zugesagter Gewinnziele die Boni nicht zahlen will.

Kundenorientierung

Was tun wir, wenn wir wichtige Dinge intern zu erledigen haben und ein Kunde ruft mit einem komplizierten Problem an? Wie gehen wir im Einzelhandel damit um, wenn wir die Bestellformulare ausfüllen müssen, aber die Schlange an den Kassen immer länger wird? Welche internen Kunden haben die internen Dienstleistungsabteilungen? Wie behandeln sie diese Kunden? Was sind die Leistungszusagen, die die internen Dienstleister ihren internen Kunden machen und wie wird dafür Sorge getragen, dass diese eingehalten werden?

Weniger ist mehr
Nehmen Sie sich eher weniger als zu viele Werte und Grundsätze vor. Erst wenn die Mitarbeiter sich die einzelnen Elemente merken können, wenn sie sie wiederholen können und – entscheidend – wenn die Mitarbeiter die Werte auf ihren eigenen Funktionsbereich, auf ihren eigenen Arbeitsplatz übersetzen können, kommen Sie Ihrem Ziel näher.

Wachstumstipp
Erarbeiten Sie gemeinsam mit Ihren Mitarbeitern praktische Beispiele aus dem Unternehmensalltag und lassen Sie diese Beispiele ihre Wirkung zeigen. Ihre Unternehmensphilosophie ist kein Projekt, sondern ein Prozess.

5.4 Strategie in fünf Sätzen – Kommunizieren Sie gezielt

Erstens: Dies ist kein weiterer überflüssiger Appell, einen „elevator pitch", also eine „Aufzugsrede" über sein Unternehmen zu erarbeiten.

Zweitens: Als Vorstand, Geschäftsführer, Unternehmer stehen Sie immer wieder vor der Aufgabe, Ihre Unternehmensstrategie gezielt auf den Punkt zu bringen. Und das sowohl geplant als auch spontan, idealerweise zielgruppenspezifisch.

Drittens: Je öfter Sie Ihre Unternehmensstrategie schon haben auf den Punkt bringen müssen, desto geübter sind Sie darin. Die Kehrseite: Manche Dinge werden möglicherweise nicht mehr hinterfragt.

Daher folgt hier ein Denkanstoß, Ihre Strategie in fünf Sätzen zu kommunizieren. Bitte sehen Sie die „fünf" als metaphorisch und nicht als verpflichtend an, fassen Sie sich aber dennoch so kurz wie möglich. Beantworten Sie folgende Fragen:

1. Woher kommen wir?

Hier wird das spätere Handeln historisch begründet. Lassen Sie sich nicht irreführen: Die Herkunft ist wichtig für eine Strategie, auch, wenn dies immer wieder infrage gestellt wird. Unsere Herkunft hat immer auch einen Einfluss auf unser Tun. Also: „Woher kommen wir?"

2. Wo stehen wir heute?

Auch die heutige Position ist wichtig, um den Startpunkt für die (neue) Strategie festzuzurren. Vielfach herrscht Uneinigkeit darüber, wo ein Unternehmen im Rahmen seiner Entwicklung aktuell steht. Mit der klaren Artikulation dessen, wo die Unternehmensführung das Unternehmen heute sieht, ist der Pflock gesetzt.

3. Wohin wollen wir?

Das Zielbild muss klar sein. Bedenken Sie, dass Sie hier auch wunderbar die Vision unterbringen können; als Bild einer wünschenswerten, möglicherweise nicht erreichbaren, aber erstrebenswerten – und angestrebten – Zukunft. Räumen Sie Emotionen einen Platz ein, denn Logik bringt Menschen zum Denken, Emotion bringt Menschen zum Handeln. Formulieren Sie klar einen Nutzen – für Ihre Kunden und Ihre Mitarbeiter.

4. Wie ist der Weg dorthin?

Viele Wege führen nach Rom. Skizzieren Sie einen, den Wesentlichen. Bedenken Sie dabei: Die kürzeste Verbindung zwischen zwei Punkten („Heute" und „Morgen") ist eine Gerade. Gehen Sie vom Zielbild aus und beantworten Sie, wie der kürzeste Weg dorthin führt.

5. Was tun wir konkret?

Welche konkreten Schritte werden wir unternehmen, um diesen Weg zu gehen? Wen brauchen wir dafür? Nennen Sie hier nicht alle möglichen Initiativen und Beispiele, sondern konzentrieren Sie sich auf die eine Initiative mit der tatsächlich höchsten Priorität – und sorgen Sie dafür, dass diese Initiative nicht dem Zeitgeist unterliegt, nach dem Motto „Was kümmert mich mein Geschwätz von gestern?".

Wachstumstipp
Arbeiten Sie daran, die obigen fünf Fragen idealerweise mit einem Satz zu beantworten. Damit haben Sie ein ausgezeichnetes Gerüst für Ihre Kommunikation mit jeder internen und externen Zielgruppe. Probieren Sie es aus!

5.5 Leitbild oder Leidbild? – Sie entscheiden über die Wirksamkeit Ihrer Unternehmensphilosophie

Häufig erleben wir in unserer Beratungspraxis, dass Unternehmen sich eine Unternehmensphilosophie gegeben oder ein Leitbild entwickelt haben, dass man aber von der Umsetzung der auf üblicherweise großen Postern sichtbar dargestellten zehn Leitsätze im Unternehmen wenig merkt. Da ist von Höflichkeit und Respekt die Rede und Kunden werden barsch am Telefon abgebürstet, während Mitarbeiter grob miteinander kommunizieren. Manchmal ist von hoher Qualität zu lesen und die Produkte des Unternehmens halten diesem Versprechen nur sehr eingeschränkt Stand. Gerne genommen ist auch der

„ehrliche Umgang miteinander", während gelogen wird, dass sich die Balken biegen. Das Leitbild wird zum Leidbild, wenn es sich darauf reduziert, sein Leben als Poster zu verbringen und keinen Anschluss an die Prozesse des Unternehmens zu finden. Führung gemäß dem Leitbild? Mangelware.

Dabei liegt es nicht an der mangelnden guten Absicht. Die ist häufig gegeben, wenn die Unternehmensführung entscheidet, dass die Unternehmensphilosophie, das Leitbild, einmal zu Papier gebracht und der Innen- und Außenwelt vermittelt werden soll. Es sind drei wesentliche Gründe, die dazu führen können, dass ein Leitbild ein Parallel-Dasein zum Unternehmen führt:

- Oberflächlichkeit
- Mangelnder Einbezug der Beteiligten
- Ein nicht zu Ende gedachter Prozess.

Ein für ein Unternehmen brauchbares Leitbild beinhaltet auch immer den Sinn, den das Unternehmen aus gesellschaftlicher bzw. volkswirtschaftlicher Sicht hat. Erst wenn die Frage nach dem Sinn beantwortet ist – und „Geld verdienen" ist kein hinreichender Sinn –, können die weiteren Arbeiten am Leitbild stattfinden. Es ist hier genauso wie bei einem gut definierten Projekt: Der Zweck, der Sinn, geht sämtlichen Arbeiten voran.

Apropos „Projekt" – wir sind bereits mitten im Thema: Wie kann es gelingen, ein Leitbild zu beschreiben und es wirksam in die tagesgeschäftlichen Abläufe des Unternehmens zu integrieren und es dabei sogar stets aktuell zu halten? Fünf Punkte sind es, die unabhängig vom Inhalt des Leitbildes wesentlich über den Erfolg und Misserfolg eines Leitbildes entscheiden:

1. Projekt

Ja, auch die Erarbeitung eines Leitbildes ist ein Projekt und ein Projekt will erfahrungsgemäß sorgsam geplant sein. Es gibt keinen Grund, die Entwicklung und Einführung eines Leitbildes nicht genauso zu planen wie man jedes Unternehmensentwicklungsprojekt ebenso planen würde. Also stehen auch hier die Pflichtaufgaben an, die Ausgangssituation zu beschreiben, den Zweck des Projektes (warum wird das Leitbild überhaupt erarbeitet?) zu beschreiben und auch die Ziele des Projektes nebst einem Projektabschluss-Szenario festzuhalten. Dieses Vorgehen beugt mehreren Fallen gleichzeitig vor:

- Sie können sicher sein, dass Sie tatsächlich ein Leitbild brauchen, denn Sie haben den Zweck definiert.
- Sie wissen, wann das Projekt „Entwicklung und Einführung eines Leitbildes" beendet ist.
- Sie wissen, mit welchem Ergebnis das Projekt beendet sein wird.
- Sie müssen auf Ebene der Unternehmensführung Einigkeit erzielt haben, denn anderenfalls dürfen Sie das Projekt gar nicht starten. Genau diese Einigkeit ist es, die unabdingbar ist, bevor die Mitarbeiter einbezogen werden dürfen.

2. Kaskade

Damit sind wir bei den Mitarbeitern. Manche Unternehmen erliegen der irrigen Annahme, dass alle Mitarbeiter sofort in die Entwicklung des Leitbildes einbezogen werden müssen. Weit gefehlt. Unserer Erfahrung zur Folge macht nur ein kaskadenartiges Vorgehen Sinn, will man nicht erstens bei Adam und Eva anfangen und zweitens eine zu hohe Beliebigkeit erreichen. Es gilt, zunächst die Eckpfeiler mit der engeren Führungsmannschaft abzustecken, das Projekt mit eben dieser Führungsmannschaft zu schärfen und erst dann in einer entsprechenden Multiplikations-Kaskade in den einzelnen Fachbereichen die Eckpunkte des Leitbildes zu sammeln, zu verdichten, zu bewerten, um sie dann im Projektteam zu einem großem Ganzen zusammenzufügen.

3. Kommunikation

Da nicht jeder Mitarbeiter an jedem Element des Leitbildes mitarbeiten wird, bedarf es nach der ersten oder zweiten Runde einer Kommunikation. Diese Kommunikation kann, entgegen der Vorgehensweise der Entwicklungsphase, sehr wohl in großen Runden stattfinden. Dafür können beispielsweise Betriebsversammlungen, Vertriebstagungen, Fachbereichstreffen oder ähnliche Foren dienen. Wichtig ist, dass das Leitbild des Unternehmens nicht einfach per E-Mail an die Mitarbeiter verschickt und von der Haustechnik an die Wände des Unternehmens genagelt wird, sondern dass eine Kommunikation an die Mitarbeiter erfolgt, damit deutlich wird, was die einzelnen Elemente des Leitbildes bedeuten. Erst die grundsätzliche Auseinandersetzung über die Inhalte sorgt letztlich dafür, dass das Leitbild auch gelebt werden kann.

4. Integration

Womit wir bei der Integration in die tagesgeschäftlichen Abläufe wären. Spätestens hier wird deutlich, warum die Unternehmensführung ihre einzelnen Führungskräfte sehr eng in die Entwicklung des Leitbildes einbinden muss, denn diese Führungskräfte sind letztlich dafür verantwortlich, dass die Elemente des Leitbildes auch in den Abteilungen und Fachbereichen umgesetzt werden können. Mithilfe von konkreten Beispielen (siehe auch CEO-Tipp des Monats) gelingt es, gemeinsam mit der Mannschaft zu erarbeiten, was es bedeutet, mit dem Leitbild des Unternehmens konform zu gehen und wie mit Konflikten umgegangen werden kann.

Zur Integration in die tagesgeschäftlichen Abläufe gehört es auch, dass Beurteilungsgespräche sich am Leitbild des Unternehmens orientieren. Erst wenn die Elemente des Leitbildes immer wieder im Tagesgeschäft und im Führungsdialog auftreten, werden sie Bestandteil des Selbstverständlichen und irgendwann einmal muss man sie nicht einmal mehr aushängen.

Einige unserer Klienten veranstalten mehrfach im Jahr einen Unternehmenstag, um neue Mitarbeiter in das Unternehmen einzuführen. Dabei werden auch die Grundsätze des Unternehmens, die Philosophie, das Leitbild intensiv vermittelt und es werden intensive Diskussionen darüber geführt, was die einzelnen Elemente des Leitbildes bedeuten. Der Erfolg eines solchen Vorgehens lässt nicht lange auf sich warten.

5. Audit

Niemand kann vorhersagen, wie lange ein Leitbild aktuell bleibt. Natürlich ist es wichtig, dafür Sorge zu tragen, dass die Unternehmensphilosophie sehr wohl grundsätzlicher Natur ist und nicht dem Zeitgeist stets Rechnung tragen muss. Gleichwohl ist es aber erforderlich, das Leitbild regelmäßig auf die Probe zu stellen, um festzustellen, ob sich Dinge in der Umwelt oder im Unternehmenskern verändert haben, welche die Justage des Leitbildes bedingen würden. Zwingend erforderlich ist eine Überprüfung des Leitbildes beispielsweise bei der Übernahme eines Unternehmens oder auch dann, wenn das Unternehmen selbst übernommen wird. Hier könnten wir auch ausführlich über den Erfolg und Misserfolg von M&A-Projekten sprechen, doch das wäre ein anderes Thema. Festzuhalten ist, dass das regelmäßige Audit ein wesentlicher Garant dafür ist, dass das Leitbild das Unternehmenswachstum fördert.

Wachstumstipp
Bevor Sie sich vornehmen, das Leitbild Ihres Unternehmens zu erarbeiten oder zu überarbeiten, schauen Sie auf Ihre geplanten und laufenden Projekte: Passt die (Üb-) Erarbeitung Ihres Leitbildes in den diesjährigen Kontext Ihres Projekt-Portfolios? Drängen Sie diese Erarbeitung nicht in das Projekt-Portfolio hinein, wenn Sie nicht sicher sind, dass dem Projekt auch hinreichende Priorität eingeräumt wird – damit das Leitbild kein Leidbild wird.

5.6 Hängematte oder Schilfrohr? – Wie gut ist Ihre Führungskompetenz?

Wenn Sie Ihre Organisation gedanklich durchgehen: Sehen Sie dort überwiegend leistungsbereite und leistungsfähige Mitarbeiter? Oder sehen Sie Mitarbeiter, die zwar leistungsfähig, aber nicht leistungsbereit sind? Wie viele nicht leistungsfähige Mitarbeiter sehen Sie? Wie viele arbeiten wirklich konstruktiv und produktiv, wie viele nicht? Liegt das an Ihnen oder an Ihren Mitarbeitern? Oder an beiden Seiten? Wir kommen gleich darauf zurück.

Der Tropfen zuviel

Wir machen uns gemeinsam mit unseren Klienten stets Gedanken darüber, wie die vielen Themen, die unsere Klienten mit oder ohne uns aufgleisen, auch verfolgt werden können. Denn, darüber sind wir uns mit ihnen einig: Gute Vorhaben scheitern nicht an der Konzeption, sie scheitern in der Umsetzung. Hier wiederum kommt ein Verstärker hinzu: Selbst wenn eine gewisse Anzahl von Themen in der Organisation seitens der Konzeptions- und auch seitens der Realisierungskapazitäten noch abgebildet und verkraftet werden kann, kann es geschehen, dass nur ein weiteres Thema einer gewissen Tragweite das Fass zum Überlaufen bringt. Die Organisation mit ihren Mitarbeitern, die bis vor Kurzem noch enorm leistungsfähig war, ist plötzlich nicht mehr so handlungsfähig. Nicht nur das neue Thema kommt nicht hinreichend auf die Spur, auch die bestehenden Themen und Projekte werden nicht mehr in der gebotenen Qualität abgebildet.

Woran liegt das? An den Mitarbeitern? Oder an der Führung? An der Leistungsbereitschaft oder an der Leistungsfähigkeit?

Vermutlich sind alle Beteiligten und Faktoren ein wenig verantwortlich. Erläutern lässt sich das oben beschriebene Phänomen anhand einer Stresskurve, die das Hängematten- und Schilfrohr-Prinzip aufgreift.

Die Hängematte

„In der Hängematte liegen". Das ist zu einem geflügelten Wort geworden. Im Sinne unseres Beratungsverständnisses tritt diese Haltung ein, wenn Mitarbeiter nicht genügend gefordert werden, wenn Themen nicht hinreichend verfolgt werden, wenn Leistung nicht gewürdigt wird oder wenn viele Menschen parallel an demselben Thema arbeiten ohne voneinander zu wissen. Es ist schlichtweg egal, ob eine gute oder eine schlechte Leistung erbracht wird, denn sie wird ohnehin nicht gesehen. Das Hängemattenprinzip als Maßstab der Unterforderung und der Gleichgültigkeit ist ein gefährlicher Indikator für eine erodierende Leistungskultur eines Unternehmens. Zu wenig Stress, ja, Sie lesen richtig, zu wenig Stress ist unserer Beobachtung zufolge hier die häufigste Ursache.

Das Schilfrohr

Das Schilfrohr biegt sich im Winde, bricht aber nicht und es richtet sich wieder auf, zeigt sich also wieder, wenn der Wind vorübergezogen ist. Bloß keinen Widerstand leisten, das ist die Devise. Mitarbeiter, die dem Schilfrohr-Prinzip folgen, haben gelernt, dass in kurzen, unregelmäßigen Abständen immer wieder neue Themen aktuell werden. Es findet keine Verfolgung der bestehenden Themen statt – das ist die Gemeinsamkeit zum Hängematten-Prinzip –, stattdessen werden die bestehenden Themen und Projekte einfach durch weitere Themen und Projekte ergänzt. Prioritäten? Fehlanzeige. Die Folge: Alles, was ich als

Mitarbeiter tue, ist wichtig. Der Chef meint, ich sollte an dem neuen Vertriebskonzept gearbeitet haben? Aber ich habe doch das ebenso wichtige Thema „Neukundengewinnung" – ein wenig – weiter vorangetrieben. Was waren noch gleich die Prioritäten, Chef?

Eine Variante des Schilfrohr-Prinzips tritt ein, wenn die neuen Themen und Projekte zugleich mit neuen Vorständen oder Geschäftsführern einhergehen. Ein neuer Vorstand? Erst einmal gilt es abzuwarten, welche neuen Maßgaben an die unternehmensinterne Öffentlichkeit gelangen. Jetzt bloß nicht auffallen. Keine Fehler machen. Einfach mal mitschwimmen. Manche Unternehmen treiben es mit ihren Neuerungen auf der Top-Führungsebene so bunt, dass erstens der Scherz umgeht, dass die Verweildauer im Unternehmen nur durch die Fluktuation an der Spitze gesenkt wird und zweitens keine erkennbare Richtung mehr vorhanden ist.

Im Gegensatz zum Hängematten-Prinzip als Indikator des Unterfordert-Seins ist das Schilfrohr-Prinzip ein Indikator von Überforderung, von zu vielen Neuerungen in zu kurzer Zeit. Die Neuerungen sind nicht mehr verarbeitbar und das Resultat ist erneut: keine oder mangelnde Leistung, hier durch zu viel Stress.

Positiver Stress

Stress ist nicht per se negativ. Ein wenig – positiven – Stress brauchen wir, um aufmerksam zu bleiben, um idealerweise im Flow-Zustand zu arbeiten. Die Kunst der Führung besteht darin, mitarbeiterindividuell zu inspirieren, die jeweiligen Themen, die einmal als wichtig ausgegeben wurden, konsequent in ihrer Durchsetzung zu verfolgen und dabei auch nicht locker zu lassen, wenn sich neue Themen ergeben. Es gehört auch dazu, zu erkennen, wann eine Organisation keine weiteren Themen verkraftet. In der Mitte – zwischen der Hängematte und dem Schilf – liegt das Leistungsfeld. Werden Themen durchgesetzt und wird der Erfolg gefeiert, werden auch einmal Sektflaschen geöffnet, ist dies ein klares Bekenntnis zu Leistung, zu Verbindlichkeit, zu Wachstum.

Wachstumstipp
Der letzte Aspekt des Feierns kommt regelhaft zu kurz, es wird einfach von Ergebnis zu Ergebnis gehetzt. Echte Erfolge dürfen, ja, sollen auch gefeiert werden. Dabei muss es sich gar nicht um eine große Feierlichkeit im umfangreichen Rahmen handeln, sondern es genügt eine gemeinsame Reflektion des Erreichten, ein gemeinsames Abendessen, eine Stunde Auszeit bei einem Glas Sekt (sofern das Unternehmen dies zulässt) und eine ausdrückliche Würdigung des Verantwortlichen. Auf diese Weise wird auch kommuniziert, dass Erfolge nicht selbstverständlich sind.

5.7 Gemütlichkeit – Die Meerschweinchen-Mentalität und wie Sie ihr entkommen

Ich bin nicht mehr sicher, wer die „Meerschweinchen-Mentalität" erfunden hat, aber ich hörte diesen Ausdruck wohl 2002 oder 2003 zum ersten Mal. „Meerschweinchen-Mentalität" bedeutet: „Alle Meerschweinchen liegen im Käfig, haben sich lieb und kuscheln und keine Sau bewegt sich".

Auf Unternehmen übertragen bedeutet dies nichts anderes als ein gegenseitiges Versichern, dass man entweder schon das Richtige tut oder nichts tun kann. Man ist sich einig, man arrangiert sich. Veränderungen oder gar Wachstum? Fehlanzeige.

Raus aus der Falle.

Was kann die Unternehmensführung nun tun, um der Meerschweinchen-Mentalität zu entkommen? Hier sind neun Schritte, die sich in unserer Beratungspraxis bewährt haben:

- Stellen Sie fest, ob Sie an irgendeiner kritischen Stelle im Unternehmen eine Unbeweglichkeit und ein offensichtliches Arrangement mit dieser Unbeweglichkeit feststellen. Wenn nicht, sind Sie bereits fertig.
- Wenn Sie die Meerschweinchen-Mentalität feststellen, wo ist dies der Fall? In einem einzelnen Unternehmensbereich? In mehreren Bereichen? Was sind die Prinzipien, die diesen Bereichen zugrunde liegen?
- Beobachten Sie die Ausprägungen der Unbeweglichkeit: Handelt es sich um aktives Zuwarten oder um stillen Boykott? (Sie kennen meine Meinung zu Boykott: Trennen Sie sich von den Mitarbeitern.)
- Konfrontieren Sie die entsprechenden Mitarbeiter mit Ihren Beobachtungen. Halten Sie sich dabei streng an das, was Sie tatsächlich gesehen und festgestellt haben. Werten Sie zunächst nicht.
- Analysieren Sie den Grund: Ist der Grund für die Unbeweglichkeit eher Selbstzufriedenheit, Arrangement mit einem unbequemen Zustand, oder handelt es sich um eine Schockstarre angesichts einer vermeintlich unlösbaren Aufgabe?
- Stellen Sie im Gespräch mit den Mitarbeitern fest, dass Sie nicht gewillt sind, die Unbeweglichkeit weiter zu tolerieren, seien Sie aber sparsam mit der Androhung von Konsequenzen.
- Erarbeiten Sie mit den Mitarbeitern, wie sie gemeinsam aus der Falle herauskommen. Dazu stellen Sie klar, dass die vermeintliche Sicherheit, die durch die zur Unbeweglichkeit führenden Einigkeit besteht, trügerisch ist. Schaffen Sie dann Konsens darüber, was geschieht, wenn die Unbeweglichkeit weiter anhält und was die Auswirkungen auf das Unternehmen und auf jede einzelne betroffene Person sind.
- Lassen Sie sich von den betreffenden Mitarbeitern Lösungsvorschläge geben. Seien Sie nicht zu schnell mit eigenen Lösungen. Erst wenn die Lösungen Ihrer Mitarbeiter untauglich sind, müssen Sie aktiv werden. Dann haben Sie aber auch einen klaren Blick über die Qualität des Lösungswillens.
- Erarbeiten Sie gemeinsam einen Lösungsplan und kalkulieren Sie Zeit ein, diesen Plan regelhaft auf seine Umsetzung hin zu überprüfen.

Wachstumstipp
Bedenken Sie, dass Sie selbst ein Teil der Ursache für die Meerschweinchen-Mentalität sein könnten. Seien Sie kritisch genug, dies in Betracht zu ziehen. Und seien Sie geduldig: Je nachdem, wie lange sich das unerwünschte Verhalten schon zeigt, kann es etwas dauern, bis Sie Resultate sehen. Verhaltensänderungen setzen Einsicht voraus.

5.8 Weg damit – Über das Löschen von Regeln

Eine der wesentlichen Aufgaben des CEOs – und jedes Mitglieds der Unternehmensführung – ist das Aufstellen von Leitplanken, das Setzen von Regeln und das Aussprechen von Empfehlungen. Es ist wie im Straßenverkehr: Leitplanken geben die Richtung vor und begrenzen den Weg. Wer gegen sie verstößt, trägt meist einen kapitalen Schaden davon. Regeln ordnen das Zusammenarbeiten und Zusammenleben. Beispiel im Straßenverkehr: „50 km/h in geschlossenen Ortschaften als maximale Geschwindigkeit." Wenn man gegen eine Regel verstößt, muss man damit rechnen, erwischt zu werden und dann gibt es ein „Knöllchen" – eine Verwarnung. Empfehlungen dienen der Vermittlung eines guten Rates – „grüne Welle bei 50 km/h" – und können befolgt werden, oder eben nicht. Es gibt keine Konsequenzen.

Der Umgang mit Regeln und Leitplanken

Was den CEO besonders interessieren sollte, sind die Leitplanken und die Regeln. Speziell die Regeln sind wichtig, denn derer gibt es meist zu viele. Während Leitplanken noch einigermaßen klar ersichtlich sind, verbergen sich offene und geheime Regeln häufig im Alltag. Viele Unternehmen drohen an Regeln förmlich zu ersticken.

Der wichtigste Leitsatz im Umgang mit Regeln – unabhängig davon, auf welcher Ebene des Unternehmens sie eingeführt sind: Jede Regel, die nicht kontrolliert werden kann oder aus irgendeinem Grunde nicht kontrolliert wird, gehört gestrichen. Die Einhaltung einer Regel muss kontrolliert werden können und sie muss sporadisch kontrolliert werden, ansonsten ist sie nutzlos. Nutzlosigkeit ist aber etwas, das Mitarbeiter üblicherweise nur mit Verachtung strafen. Das Unternehmen macht sich unglaubwürdig, wenn es Regeln aufstellt, die keinen Sinn ergeben, oder wenn es Regeln aufstellt, von denen die Mitarbeiter von vornherein wissen, dass niemand die Einhaltung der Regel überprüfen wird.

Auch die Einführung von Regeln aus einem Einzelfall heraus erscheint nicht immer sinnvoll. Es verhält sich ein wenig wie mit Gesetzen: Wir haben unendlich viele Gesetze, es gibt (leider) kein Verfalls- oder Wiedervorlagedatum, an dem ein Gesetz erneut auf seine

Zweckmäßigkeit überprüft wird und somit schwillt der Gesetzesberg kontinuierlich an. (Ein Hohn ist im Übrigen, dass die Opposition vor einiger Zeit der Bundesregierung die mangelhafte Anzahl der von der Regierung bisher eingebrachter Gesetze vorgeworfen hat; was für ein Ausbund an Bürokratie.)

Decken sich Regeln und Handeln?

Welcher CEO, dessen Unternehmen ein Qualitätsmanagement-System eingeführt hat und dieses durch einen Zertifizierer regelmäßig überprüfen lässt, kennt nicht die Situation, die sich kurz vor dem Besuch des Zertifizierers einstellt? Aufgeschreckte Mitarbeiter in einer Prüfungssituation, hektisches Treiben, die Suche nach den Verfahrensanweisungen: Wie war das noch? Was genau muss ich in dem Prozess tun? Ach herrje, ich mache das doch sonst ganz anders und es klappt herrlich. Verflixt, wo ist denn das Handbuch?

Halten sich Ihre Mitarbeiter an Regeln?

Aber nicht nur die Überprüfungsmöglichkeit liefert uns ein Potenzial an streichbaren Regeln, auch die Fülle der Regeln bietet einen Ansatzpunkt. Fragen Sie Ihre Mitarbeiter, welche Regeln sie kennen. Die Antwort wird Sie erstaunen lassen. Entweder werden sehr wenige Regeln oder sehr viele genannt. Sie werden sich jedenfalls nicht mit dem tatsächlich vorhandenen Regelsatz decken.

Wenn Ihre Mitarbeiter sich häufig bei Ihnen absichern, liegt der Verdacht nahe, dass es offensichtliche oder geheime Regeln gibt, die ein eigeninitiatives Handeln nicht belohnen, sondern die Übernahme von Risiko bestrafen. Fragen Sie sich, welche geübten Verhaltensweisen möglicherweise inzwischen Regelcharakter erlangt haben. Wenn die Absicherung auch auf der Ebene der Unternehmensführung zur Kultur wird, ist höchste Eile geboten.

Sind Ihre Regeln sinnvoll?

Manche Regeln verschlimmern einen Engpass. Ein paar hundert Meter von meinem Zuhause entfernt befindet sich eine kleine Brücke, die mit dem Auto nur einspurig befahrbar ist. In der Vergangenheit haben sich die entgegenkommenden Autofahrer stets arrangiert, man hat sich mit Hand- oder Lichtzeichen verständigt oder derjenige, der es am einfachsten bewerkstelligen konnte, ist einfach zurückgefahren, wenn man sich auf der Brücke begegnete. Alles funktionierte herrlich. Inzwischen wurde ein Schild aufgestellt, das dem bergauf fahrenden Verkehr den Vorrang gegenüber dem bergab fahrenden Verkehr gibt. Seitdem gibt es rechthaberisches Fahrverhalten, teilweise lautstarke Auseinandersetzungen und es wird gehupt. Die Bürokratie hat das Rechthaben gefördert und das Verhalten der Menschen passt sich an. Ich habe Recht, warum soll ich zurückfahren?

Nicht alles regelt sich durch Regeln

Haben Sie den Mut, sich von Regeln zu trennen. Widersetzen Sie sich gegen den Wunsch mancher, alles regeln zu wollen. Regeln Sie nicht die Ausnahme. Seien Sie sensibel dafür, wenn Dinge gut laufen, obwohl (oder – siehe oben: weil?) es keine Regel gibt.

Regeln können ein verantwortungsvolles Miteinander erleichtern oder erschweren – Sie haben die Wahl.

Wachstumstipp
Schreiben Sie einmal die Regeln auf, die Sie in Ihrem Unternehmen kennen. Bitten Sie Ihre Mitarbeiter, das Gleiche zu tun. Auf wie viele unterschiedliche Regeln kommen Sie? Haben Sie den Eindruck, dass sich diese Regeln sämtlich merken lassen? Gibt es deutliche Differenzen zwischen den einzelnen Aufzeichnungen? Meinen Sie, dass das Regelgeflecht dem Wachstum dient oder sind Sie der Ansicht, dass die Regeln das Wachstum eher ausbremsen?

5.9 Teleskop oder Mikroskop – Was nutzen Sie wann?

Abgesehen davon, dass es für die persönliche Planung von eminenter Bedeutung ist, sich über seine Zukunft im Klaren zu werden und dass es zu einem zielgerichteten Selbstmanagement gehört, zwar das Jetzt zu gestalten, aber dabei auch beurteilen zu können, ob das Handeln im Jetzt der angestrebten Zukunft zu- oder entgegenspielt, ist es spätestens dann erforderlich, regelmäßig das Teleskop zu bemühen, wenn die Verantwortung über den eigenen Bereich und die eigene Person hinausgeht. Das gilt für die Familie ebenso wie im Unternehmen.

Als CEO tragen Sie letztlich die Verantwortung für Ihr gesamtes Unternehmen. Wie viel Zeit aber investieren Sie, um regelmäßig einen Blick durch das Teleskop zu wagen,um festzustellen, ob die Zukunft, die Sie anstreben, langsam näher kommt, oder ob es sich um eine ganz andere Zukunft handelt als die, die Sie angestrebt haben? Wie viel Zeit nimmt das operative Geschäft in Anspruch, wie viel Zeit nehmen operative Mitarbeiterfragen in Anspruch, wie viel Zeit bleibt Ihnen dann noch, das Teleskop aufzustellen und hindurchzublicken?

Wenn Sie nicht die Gelegenheit finden, das Teleskop zu nutzen, um die Zukunft Ihres Unternehmens ein wenig greifbarer und sichtbarer zu machen, wie sollen es dann Ihre Mitarbeiter tun? Oder wird bereits jeder Versuch, mithilfe des Teleskops über das große Ganze zu sprechen, durch operative Einwände torpediert?

Hier sind einige Tipps, die Sie unmittelbar umsetzen können, um gemeinsam mit Ihren Mitarbeitern zielgerichtet zwischen Zeiten zu unterscheiden, zu denen das Teleskop benutzt wird und Zeiten, zu denen das Mikroskop benutzt werden muss.

- Verdeutlichen Sie Ihren Mitarbeitern, wann welches Instrument, Teleskop oder Mikroskop anzuwenden ist. Bei strategischen Diskussionen (Teleskop) sind Detailfragen nur dann hilfreich, wenn bereits eine grobe Linie beschlossen wurde, die es zu verfolgen gilt. Anderenfalls verwirren Detailfragen und sie üben eine Nebelkerzen-Funktion aus.
- Wenn Sie das Mikroskop nutzen, fokussieren Sie den Gegenstand klar und deutlich. Auch beim Mikroskop kann eine Vergrößerung gewählt werden und häufig wird diese so gewählt, dass man zwar das letzte Detail erkennt, die relevanten Fakten aber ausblendet. Man braucht nicht für jedes operative Detail direkt ein Elektronenmikroskop.
- Stellen Sie sicher, dass Sie über eine Frage nur dann diskutieren, wenn die übergeordnete Fragestellung bereits beantwortet ist. Über die Optimierung der logistischen Prozesse zu sprechen macht zum Beispiel keinen Sinn, wenn die Frage des Outsourcings noch nicht abschließend beantwortet wurde. Es gilt wie immer: Erst das WAS, dann das WIE.

Wachstumstipp
Unabhängig davon, ob Sie das Teleskop zur persönlichen Planung, zur Planung der Zukunft Ihres Unternehmens oder zur gemeinsamen, strategischen Planung mit Ihren Mitarbeitern nutzen, es bedarf immer eines gewissen Zeitinvestments und auch einer gewissen Muße. Wenn Sie das Teleskop nutzen, arbeiten Sie an der Zukunft. Und das sollte – bei aller Ernsthaftigkeit des Unterfangens – auch Freude machen. Wenn Sie den erstrebenswerten Zustand mit Ihrem Teleskop hinreichend fokussiert haben, dann kommt das Mikroskop ins Spiel. Aber bitte erst dann.

5.10 Aktivität – „Selbst im Labyrinth zu suchen ist sicherer, als ohne Käse zu sein“

Die „Mäuse-Strategie für Manager“ von Dr. Spencer Johnson ist ja nun schon einige Tage alt und dennoch aktuell. Der Originaltitel ist wesentlich aussagefähiger: „Who Moved My Cheese?“ – Wer hat mir meinen Käse geklaut?

Schockstarre

Vielfach stellen wir fest, dass Menschen bei eintretenden Veränderungen in eine Schockstarre verfallen und erst einmal nichts mehr tun und abwarten, bis sich die Situation stabilisiert hat und mehr Sicherheit bietet. Dieses Verhalten tritt auch dann ein, wenn Veränderungen nur erwartet werden, wenn also nur Gerüchte existieren. Ist ein Unternehmen stark auf Sicherheit gepolt, kann dies fatale Auswirkungen für seine Beweglichkeit am Markt haben.

Vielen Menschen ist Sicherheit eben besonders wichtig und eine unangenehme, aber sichere Situation ist ihnen lieber als eine unsichere Situation, die aber möglicherweise mehr Chancen für die Zukunft bietet.

Beispiel 1: Veränderungen bei Kunden

Ein Kunde deutet einem Vertriebsmitarbeiter an, dass man sich auch bei anderen Anbietern erkundigt. Der Vertriebsmitarbeiter nimmt es zur Kenntnis und wartet ab, ohne weiter um den Kunden zu werben. Alternativverhalten – nicht einen Deut besser: Der Vertriebsmitarbeiter senkt den Preis, um den Kunden zu halten. Statt den Kunden im „Labyrinth" zu fragen, was ihn bewegt, statt nach Möglichkeiten zu suchen den Kunden zu begeistern, wird der vermeintlich sichere Weg gesucht.

Beispiel 2: Fusionsgerüchte

Es tauchen Gerüchte auf, dass das Unternehmen mit einem anderen Unternehmen fusionieren wird. Mitarbeiter sind unsicher darüber, was sie sagen sollen und tauchen erst einmal ab. Kein Auftritt mehr auf Veranstaltungen, vage Aussagen bei Kundenbesuchen, schwammige Phrasen in Lieferantengesprächen.

Beispiel 3: Unklare Personalsituation

Ein neuer Vorstand soll kommen, ein Geschäftsführer erhält angeblich keine Vertragsverlängerung, der neue Boss ist möglicherweise vom Wettbewerber. Ganz wichtig: Abtauchen, nicht auffallen, bis sich die Situation geklärt hat. Jetzt nur nicht auf ein Pferd setzen, das möglicherweise nach Antritt des „Neuen" keine Rolle mehr spielt. So eilig ist es nun auch nicht.

Als CEO können Sie für drei Dinge sorgen

Stellen Sie sicher, dass Übereifer nicht bestraft wird, solange ethische, moralische oder legale Grenzen nicht überschritten werden und kein Vorsatz vorliegt, Schaden anzurichten. Vermitteln Sie dies Ihren direkten Führungskräften.

Ermuntern Sie Mitarbeiter, die ihre eingetretenen Pfade verlassen und belohnen Sie ausdrücklich auch Verhalten – und nicht nur Resultate –, wenn Mitarbeiter ihr Verhalten positiv verändern.

Kommunizieren Sie bei auftretenden Gerüchten eindeutig. Vermeiden Sie unnötige diplomatische Formulierungen, die Interpretationsspielraum zulassen. Besser noch: Halten Sie dicht, bis Sie tatsächlich über Fakten sprechen können.

Wachstumstipp
Seien Sie umsichtig und lassen Sie sich Ihren Käse nicht klauen!

5.11 Die Effektivität steigern – auf allen Ebenen

Der Duden bietet uns drei Bedeutungen des Begriffs „Perspektive" an. Die Bedeutung, „Perspektive" bildungssprachlich als „Aussicht für die Zukunft" anzusehen, passt wunderbar, denn im Tagesgeschäft geht uns diese „Aussicht für die Zukunft" gern einmal verloren.

Wie häufig finden Sie sich in Diskussionen wieder, die vielversprechend begonnen haben und plötzlich einen Verlauf nehmen, den niemand abgesehen hat und den auch niemand so wollte? Sowohl mit Ihren Kollegen auf Vorstands- oder Geschäftsführungsebene, aber auch mit ihren „direct reports" oder Mitarbeitern aus anderen Bereichen werden sich von Zeit zu Zeit derartige Diskussionen ergeben. Wir haben die Erfahrung gemacht, dass es sich in Gesprächen und Diskussionen immer wieder lohnt, zu fragen, warum und worüber man gerade eigentlich miteinander spricht: „Warum genau haben wir uns heute getroffen? Was wollten wir erreichen? Ist das, was wir gerade tun, überhaupt noch zielführend für unser angestrebtes Ergebnis?" Eine solche Frage macht natürlich nur dann Sinn, wenn im Vorfeld ein Ziel festgelegt wurde, das es zu erreichen gilt.

Um die Produktivität von Meetings, Arbeitstreffen, Projektrunden, Sitzungen zu erhöhen, ist das Beibehalten der Perspektive unabdingbar. Voraussetzung ist, dass sich die Unternehmensführung einig ist, welches die Perspektive ist, die beibehalten werden soll. Aufgabe der Führung ist es dann, mit den Mitarbeitern zu erörtern, was die Unternehmensperspektive für die einzelnen Fachbereiche, bis hin zur einzelnen Position, bedeutet, denn häufig ist die größte Hürde, die Mitarbeiter daran hindert, die Perspektive zu behalten, die Unkenntnis, wie das „große Ganze" auf ihren eigenen Verantwortungsbereich bezogen werden kann.

Beispiel: Die (fiktive) SaHe AG will die Kostenführerschaft in ihrem Segment erreichen. Für das Unternehmen bedeutet das, dass sämtliche Diskussionen über Prozess-Schnörkel, individuelle Einzelleistungen für Kunden, komplizierte Regeln, Ausnahmen, „karierte

Maiglöckchen“ tabu sind. Erwünscht sind sämtliche inhaltlichen Beiträge, die zur Effizienzsteigerung und Kostensenkung dienen. Dies gilt es nun in den einzelnen Bereichen zu verankern:

- Die Unternehmensführung sucht die richtige strategische Nische und priorisiert die Wirkfelder,
- der Vertrieb braucht nicht mehr über kundenindividuelle Detail-Pakete zu sprechen, sondern benötigt attraktive Standardangebote,
- das Marketing kann sich auf die Vorteile der Kostenführerschaft für die Kunden konzentrieren,
- die administrativen Abteilungen sind gut beraten, sich über die Erhöhung der Prozesseffizienz auszutauschen und nicht noch kompliziertere Prozessdetails zu erfinden,
- die Logistik muss sich darum kümmern, die Lieferstruktur zu optimieren,
- der Einkauf muss noch mehr darauf achten, das Sortiment mit möglichst wenigen Lieferanten qualitativ angemessen abzubilden.

Immer dann, wenn in Diskussionen Sonderwünsche aufkommen, kann die Diskussion unterbrochen und an anderer Stelle neu aufgenommen werden, denn sie muss der Perspektive „Kostenführerschaft“ dienen. Kurz heraus aus dem Detail, zurück an die Oberfläche und dann gerne wieder ins Detail.

Wachstumstipp
Lassen Sie kein Meeting mehr ohne Zweck und Ziele zu. Eine Agenda kann im Einzelfall verzichtbar sein, denn Zeiteinteilungen sind oft künstlich und das Ziel definiert letztlich die Vorgehensweise. In komplexen Meetings mit vielen Tagesordnungspunkten ist natürlich auch eine Agenda zwingend, weil sie eine Ordnung vorgibt. Werden Sie nicht müde, zu erwähnen, wenn die Diskussion Ihrer Meinung nach nicht mehr der Zielerreichung dient. Mancher mag dies als penetrant empfinden, die Mehrheit der Teilnehmer aber wird froh sein, dass Sie ihre Zeit schützen.

5.12 Schnell oder gut? – Kein Widerspruch an sich

„Das muss bis übermorgen fertig werden, am liebsten hätte ich es gern schneller. Und bitte ohne Fehler.“ – „Machen Sie es richtig, aber beim ersten Mal“ – „Schnell, schnell, geht bei uns nicht. Hier hat Sorgfalt die oberste Priorität.“

Kennen Sie solche Sätze? Immer wieder wird angenommen, dass Geschwindigkeit und Sorgfalt sich ausschließen. Das aber ist nachweislich nicht so. Man kann sehr wohl schnell arbeiten und gute Leistungen erbringen, das machen Ihnen in Ihrem Unternehmen einige

Mitarbeiter immer wieder vor, das machen uns Sportler, Künstler, Autoren vor. Edward de Bono, einer der Vordenker in Sachen Kreativitätstechnik, schrieb seine Bücher gerne auf langen Interkontinentalflügen. Manch anderer braucht für ein Buch Jahre. Waren oder sind de Bonos Bücher schlecht? Nicht im Geringsten. Sie sind sogar prima.

Insbesondere die folgenden fünf Fragen sind es, die beantwortet werden wollen, wenn wir darüber sprechen, wie wir gleichermaßen schnelle und gute Leistungen erbringen können.

1. Was ist Ihre Definition von „gut"?

In der Softwarebranche, in der ich meine Karriere vor über 25 Jahren begonnen habe, gibt es einen geheimen Rat: „Wenn Sie die Wahl zwischen einer guten, einer sehr guten und einer extrem guten Software haben, nehmen Sie die gute."

Dies gilt nicht nur für Software: Sehr gute Lösungen werden meist teuer, extrem gute Lösungen werden teuer und nicht fertig. Nehmen wir also die gute und wir stellen in den meisten Fällen fest: Sie ist wirklich gut. Sie ist nicht perfekt, aber sie erfüllt ihren Zweck. Und das ist gut.

Definieren wir „gut" also einmal als „angemessen" und schauen, wer wirklich Lösungen braucht, die mehr als angemessen sind. Wir stoßen auf Ausnahmen und in diesen Ausnahmefällen müssen wir als Unternehmer dafür Sorge tragen, dass alles das, was über das normale Maß hinaus geht, auf irgendeine Weise vergütet wird, denn es schafft mehr Wert. Ist dies der Fall, dürfen auch mehr Ressourcen eingesetzt werden, um diesen Wert zu schaffen. Lösen müssen wir uns auf jeden Fall von dem Wunsch, „perfekt" zu sein. Das ist in kaufmännischen Bereichen meist nicht erforderlich, sehen wir einmal davon ab, dass die Bilanz stimmen sollte. Aber wer kümmert sich um einen einzigen Kommafehler in einer Präsentation (Ausnahme: Zahlen)? Wem ist wirklich wichtig, ob im Hotel die Kanten der Bettdecke exakt mit den Kanten des Bettes übereinstimmen? Wer zahlt dafür? Niemand.

Aufgabe der Führung ist es, dafür zu sorgen, dass angemessene Leistungen erbracht werden und dass „mehr-als-angemessene" Leistungen höher vergütet werden.

2. Wie fördern Sie Konzentration?

Flüchtigkeitsfehler sind häufig die Folge mangelnder Konzentration, starker Ablenkung, zu vieler Themen zu gleicher Zeit. Hier ist erneut Führung gefordert: Stellen Sie fest, wie viele Themen Ihre Mitarbeiter zu gleicher Zeit auf dem Tisch haben. Stellen Sie auch fest, wie viele Themen Ihre Mitarbeiter gleichzeitig zu bearbeiten versuchen. Machen Sie Ihren Mitarbeitern klar, dass sie nicht multitasking-fähig sind, da sie nur einen Prozessor (sprich: ein Gehirn) haben. Sorgen Sie auch dafür, dass klare Prioritäten bestehen. Dann können Ihre Mitarbeiter sehr leicht selbst erkennen, was nun vordringlich bearbeitet werden muss. Helfen Sie Ihren Mitarbeitern auch dabei, zwischen dringend und wichtig zu unterscheiden.

Insbesondere wenn Mitarbeiter für unterschiedliche Führungskräfte arbeiten, gilt es, ein gemeinsames Verständnis darüber zu schaffen, was wann wichtig ist. Dies wird umso schwieriger, wenn wir über internationale Matrix-Organisationen nachdenken. Hier besteht die Gefahr, dass Mitarbeiter immer etwas Richtiges tun, weil irgendwer das zuvor angewiesen hat. Ein gefährliches Spiel, das dazu beigetragen hat, dass wir mit unseren Klienten stets zunächst versuchen, eine lineare oder eine vernetzte Organisation zu schaffen und keine Matrix-Organisation.

3. Wie trainieren Sie?

Sportler, Schauspieler, Sänger haben etwas gemeinsam: Sie trainieren, bevor sie in den Wettkampf gehen oder auf die Bühne treten. In der Welt der Wirtschaft ist dieses „Training-vor-dem-Job" völlig unterrepräsentiert. Menschen absolvieren eine Ausbildung oder ein Studium oder ein Trainee-Programm oder eine Kombination von alledem und sind dann „fertig". Falsch. Vor jeder neuen Aufgabe muss ausführlich trainiert werden. Unternehmen, die ihren Mitarbeitern dies nicht vermitteln, machen zwangsläufig zu viele Fehler – hier wird es dann nichts mit „schnell und gut". Es wird „langsam und schlecht".

Es gibt ein wunderbar einfaches Prinzip, das auch erkennen lässt, ob Mitarbeiter möglicherweise Naturtalente sind: Zeigen, Vormachen, Nachmachen, Selbermachen, Justieren. Nehmen wir an, ein neuer Mitarbeiter soll künftig Projekte leiten. Zunächst darf der Mitarbeiter zeigen, was er kann und er erklärt in geschütztem Rahmen gegenüber seinem Chef (oder seiner Chefin) und/oder gegenüber Kollegen, wie er ein bestimmtes Projekt angehen würde („Zeigen"). Ist das Ergebnis angemessen – was nicht häufig der Fall sein wird –, ist der Fall erledigt. Gibt es Verbesserungsbedarf, ist der Chef gefragt, vorzumachen, wie Projektführung im Realbetrieb funktioniert. Der neue Mitarbeiter wird an die Hand genommen und kann sich anschauen, wie es laufen sollte („Vormachen"). Nach weiteren Übungen übernimmt der Mitarbeiter Verantwortung und der Chef schaut zu („Nachmachen"). Wenn der Mitarbeiter alleine Projektverantwortung übernehmen kann, ist er selbstständig („Selbermachen") und es bedarf nur noch der regelmäßigen Justage.

Dieses Vorgehen wird, weil es vermeintlich lange dauert, zu selten durchgehalten. Schließlich hat man teure Mitarbeiter, die sich nun auch irgendwann rechnen sollen. Unternehmen und Führungskräfte, die verstanden haben, dass das oben genannte Prinzip die Basis bildet Fahrt aufzunehmen und dabei bestmöglich sicher zu gehen, dass nicht fortwährend korrigiert werden muss, liegen in der Performance regelmäßig vorn.

4. Wie planen Sie?

Ertappen Sie sich oder Ihre Mitarbeiter häufig dabei, dass Sie während eines bestimmten Vorgangs noch Korrekturen vornehmen? Denken Sie daran, dass Sie sich die Zeit zum Planen nehmen, bevor Sie Vorhaben initiieren, die, einmal gestartet, bei erforderlicher

Korrektur unbotmäßige Korrekturen nach sich ziehen. Natürlich kann man auch die Planungszeit überstrapazieren und natürlich ist man nicht davor gefeit, trotz sorgfältiger Planung Dinge zu übersehen, aber vielfach fällt uns in der Beratungspraxis auf, dass „über-die-Mauer" delegiert wird, ohne dass der Gegenstand schon hinreichend durchdacht worden wäre. Ein vermeidbarer Fehler.

Achtung: Hier besteht auf der anderen Seite natürlich die Gefahr des Überplanens, gekennzeichnet durch sogenannte „karierte Maiglöckchen", welche als Synonym für die vielen Sonderfälle gelten, die es zu durchdenken gilt, die aber selten zum Ziel führen.

5. Wie lernen Sie?

Wie sorgen Sie dafür, dass aus Vorgängen gelernt wird? Gar nicht? Dann sind Sie in bester Gesellschaft. Stellen Sie sicher, dass es nach umfangreichen Vorgängen die Chance auf einen Review gibt: Was ist gut gelaufen, was weniger gut? Welche Muster haben dazu geführt, dass es gut oder weniger gut lief? Was können wir für die Zukunft daraus lernen? Wie können wir insbesondere aus unseren gezeigten Stärken noch mehr Kapital ziehen?

Stellen Sie sicher, dass die Erfolgs- und meinetwegen auch die Misserfolgsfaktoren notiert und zugänglich gemacht werden. Wichtiger sind die Erfolgsfaktoren, aber manchmal lohnt es sich auch, aus Fehlern zu lernen. Dies lohnt aber nur, wenn zwei Bedingungen erfüllt sind: erstens muss ein Muster hinter dem Fehler erkennbar sein und er muss Relevanz für die Zukunft haben und zweitens darf keine Schuldzuweisung erfolgen, sonst werden nämlich die Schotten dichtgemacht, wie man so schön sagt.

Wachstumstipp
Wenn Sie diese fünf Fragen für sich beantworten, sind Sie in Sachen „Schnell oder gut" einen Riesenschritt weiter in Richtung „Schnell und gut" gegangen. Wenn es Ihnen und Ihren Mitarbeitern überdies immer stärker gelingt, vom Ende her zu planen, also das angestrebte Ergebnis bereits im Blick zu haben und rückwärts zu rechnen, wie es erreicht werden kann, sind Sie vielen Unternehmen einen großen Schritt voraus.

5.13 Wegweiser – viele Wege führen nach Rom

Kennen Sie das?

- „Das ist nun mal so."
- „Daran führt kein Weg vorbei."
- „Dazu gibt es keine Alternative."
- „Das müssen wir genau so machen und nicht anders."

**Ich bin sicher, Sie kennen solche Sprüche.
Was aber entgegnet man solchen Sätzen?**

- Nein.
- Doch.
- Doch.
- Nein.

Es ist nicht so, es gibt immer einen anderen Weg, es gibt immer eine Alternative und wir müssen gar nichts „genau so und nicht anders" machen.

Alternativlosigkeit?

Lassen Sie sich nicht blenden, wenn in strategischen oder operativen Meetings vermeintliche Alternativlosigkeit adressiert wird. Häufig sind es Wortführer, die, entweder um eine kurze Diskussion bemüht oder der bereits längeren Diskussion überdrüssig, irgendwann zu solchen ultimativen Phrasen greifen. Der ultimative Charakter solcher Phrasen darf aber nicht darüber hinwegtäuschen, dass deren Inhalt dadurch nicht richtiger wird. Sätze, die keine Alternative zulassen, sind fast immer falsch und häufig einer mangelnden Fantasie, mangelnden Geduld oder mangelndem Interesse geschuldet.

Manchmal macht es Sinn, die Motive hinter solchen Phrasen zu erfragen:

- „Warum sind Sie der Ansicht, dass ‚kein Weg an dieser Lösung vorbei' führt?"
- „Wie kommen Sie zu Ihrer These, dass ‚dies einfach so' ist?"
- „Welche Beobachtung haben Sie gemacht, um zu der Erkenntnis zu kommen, dass es ‚keine Alternative' gibt?"

Mitunter führen die dann folgenden Ausführungen zu einer Rechtfertigungsarie, die Sie nicht weiterbringen, in manchen Fällen lohnt es sich aber, weil die Menschen, die den ultimativen Einwand vorgebracht haben, nachdenken und zu der Erkenntnis kommen, dass es möglicherweise sehr wohl Alternativen zu der von ihnen durchdachten Lösung gibt. Vielleicht sind sie teurer, komplizierter, ungewöhnlicher, noch nicht vorstellbar, aber es gibt sie.

Es gibt immer Optionen und es ist gerade bei strategischen Themen, Projekten, einer Wachstumsstrategie wichtig, diese Optionen sämtlich auf den Besprechungstisch zu legen, denn anderenfalls laufen Sie Gefahr, einen Aspekt nicht berücksichtigt zu haben. Das Resultat ist dann nicht selten ein „Hätten wir doch ...".

Brainstorming und Durchführung

Insbesondere in der Ideenfindung ist Alternativlosigkeit ein Fortschrittskiller. Es gibt eine Regel für Brainstormings, die zu selten berücksichtigt wird: Alle Ideen werden wertfrei gesammelt. Selbst wir als Berater, die mit diesen Methoden täglich mehrfach umgehen, sind nicht davor gefeit, Ideen bereits zu werten. Daher ist es wichtig, dass in einem Brainstorming immer jemand darüber wacht, dass Ideen nicht schon in der kreativen Phase im Nirvana des Verworfenen verschwinden.

Aber auch in der Durchführung beschlossener Entscheidungen, bei der es um das möglichst effektive und effiziente Erreichen von Resultaten geht, gibt es Optionen. Auch hier darf sich niemand darauf zurückziehen, sich mit Scheuklappen durch das Projektfeld zu pflügen, weil ja vermeintlich alles beschlossen sei. Die Führung muss vielmehr darauf achten, dass die Mitarbeiter sich in Bezug auf die zu erreichenden Resultate im Rahmen der unternehmerischen Leitplanken und Regeln frei bewegen können.

Resultate

Der Schlüssel zu Alternativen, zu Optionen ist ein resultatsorientiertes Denken, das im Ziel beginnt und den kürzesten Weg zwischen dem heutigen Zustand und dem angestrebten Resultat sucht. Der kürzeste Weg ist stets die Gerade, aber auch Umwege können lohnen, wenn sie dem Ziel dienen. Effektivität genießt einen höheren Rang als Effizienz. Ermuntern Sie also Ihre Mitarbeiter, in Alternativen zu denken. Machen Sie es sich zum Sport, mindestens drei völlig unterschiedliche Lösungen für ein Problem zu finden und halten Sie Ihre Mitarbeiter an, dies auch zu tun. Verbitten Sie sich Sätze, die eine Alternativlosigkeit suggerieren, in Meetings, an denen Sie teilnehmen.

Gefahr

Die größte Gefahr ist, dass wir in Meetings nicht sofort erkennen, dass Teilnehmer des Meetings sich auf nur eine einzige Option fokussieren. Die entsprechenden Formulierungen haben wir schon so oft gehört, dass sie unter unsere Wahrnehmungsschwelle gerutscht sind.

Re-Sensibilisieren Sie sich. Nehmen Sie ganz präzise wahr, wenn Menschen nur ihre eigene Meinung verteidigen wollen und nur ihren eigenen, aus welchen Gründen auch immer, präferierten Weg nach Rom gehen wollen.

Beispiele

Dass es immer lohnenswerte Optionen gibt, die es Wert sind, Teams weiterdenken und sich nicht in einer Lösung verrennen zu lassen, mögen drei typische Beispiele aus unserer Beratungspraxis illustrieren:

Situation 1: Qualitätsmanagementsystem aufbauen

„Ein QM-System aufbauen? Viel zu umständlich und nie im Leben in kurzer Zeit machbar." Das war die Meinung zahlreicher Projektteam-Mitglieder, die davon ausgingen, dass alle Details des QM-Systems überall in dem mehr als 3500 Mitarbeiter zählenden Unternehmen verankert sein mussten, bevor der Auditor das erste Mal das Haus betreten durfte. Weit gefehlt, denn durch eine vertiefende Diskussion um die Qualitätssicherung der Kern-Leistungsprozesse und die nachgelagerte Aufschaltung der Supportprozesse konnte das Unternehmen als erstes seiner Branche zertifiziert werden. In neun Monaten, wohlgemerkt. Die umfassende Diskussion über Alternativen hatte sich gelohnt.

Situation 2: Fokus behalten
Ein Mitglied der Geschäftsführung eines Klientenunternehmens versuchte, sich von einem unbequemen Projekt, das der CEO ins Leben gerufen hatte, zu befreien. Der Geschäftsführer schlug vor, den Rahmen des Projektes deutlich zu erweitern, um „ganzheitliche Erkenntnisse" zu erlangen, ohne die man die Projektresultate gar nicht realisieren könne. Der CEO und wir erkannten die Finte, die dazu geführt hätte, dass das gesamte Projekt im Sande verlaufen wäre, weil die Organisation es nicht hätte stemmen können. Stattdessen schlugen wir vor, zunächst mit dem Kern zu beginnen und dann gegebenenfalls eine Erweiterung zu gegebener Zeit vorzunehmen. Mit dem Projektteam betrachteten wir, wie wir auch mit dem Kern schon zu Resultaten kommen konnten. Das Ergebnis: Projektziel erreicht, Organisation wesentlich wirksamer aufgestellt.

Situation 3: Wachstumsstrategie entwickeln
Im Rahmen der Entwicklung einer neuen Wachstumsstrategie wurden vier Szenarien entwickelt, bevor eine tragfähige Lösung entstand. Die ersten drei Szenarien wurden verworfen, obwohl einige Teammitglieder zeitweise der Meinung waren, dass das eine oder andere Szenario „DIE" Lösung war. Sicher gab es noch weitere Optionen, aber das Team hatte nun eine gute Lösung gefunden, die es realisieren wollte. Die Basis für einen Wachstumsschub war geschaffen.

Wachstumstipp
Wenn das nächste Mal jemand entweder nach langer, weitschweifiger Ausführung oder inmitten einer Ausführung zu Ihnen bekräftigend sagt, „Das ist einfach so!", antworten Sie einfach einmal mit „Nein!" und fordern Sie Alternativen. Sie werden sich wundern, was geschieht.

5.14 Sicherheit in der Führung – Prinzipien, Grundsätze und Regeln als Orientierungshilfe

Das Streben nach Sicherheit ist eine Aktivität, die viele Stunden des Lebens kostet. Sei es das vermeintliche Absichern der privaten Finanzen („Wie bekomme ich schnell eine hohe Rendite bei ganz geringem Risiko?"), das in zeit- und kostenintensives Aktien-Hopping ausarten kann ohne den erforderlichen Sachverstand zu haben, oder sei es das unendlich lange Diskutieren von Ausnahmen und möglichen Fällen im Rahmen einer ebenso unendlich langen geschäftlichen Verhandlung („Wenn nun aber doch kein Servicegrad von 99 %, sondern nur von 98,9 % erreicht wird, was geschieht dann?"): In der Zeit, die man damit verschwendet, das letzte Detail herauszuholen, hätte man häufig im Privaten entweder ein gutes (dickes) Buch lesen oder im Geschäftlichen die nächste(n) Million(en) verdienen können.

Ersetze Sicherheitsstreben durch Geschwindigkeit und Flexibilität

In der Zusammenarbeit mit unseren Klienten setzen wir gern darauf, Sicherheitsstreben durch Geschwindigkeitsgewinn und Flexibilitätszuwachs zu ersetzen. Das ist nicht immer einfach, denn wir haben es hier nicht nur mit einem neuen Werkzeug zu tun, dessen Anwendung man lernen muss, sondern es bedarf der Einsicht der Mitarbeiter und des Willens, diesen neuen Werkzeugsatz auch zu nutzen.

Probates Mittel: Prinzipien, Grundsätze, Regeln

Interessanterweise ist es gerade das Schaffen von Struktur, das Einführen eines Prinzips, eines Grundsatzes, einer Regel, die dabei helfen, Flexibilität zu erzeugen. Mag dies auf den ersten Blick auch nicht eingängig erscheinen, erschließt sich der Nutzen auf den zweiten Blick: Wenn ein Unternehmen definiert, wie es sich in bestimmten Situationen grundsätzlich verhält, ganz unabhängig davon, welcher Vertreter des Unternehmens sich in dieser Situation befindet, kann es schnell handeln. Überdies schafft es sich die Flexibilität, innerhalb definierter Bandbreiten zu agieren, wenn diese intelligent gesetzt sind. Zusatznutzen: Kompetenz in der Entscheidungssituation.

Keine Ausnahmen regeln

Die Kunst ist, die typischen Situationen herauszuarbeiten, für die es sich lohnt, solche Prinzipien, Grundsätze und Regeln zu definieren, denn die Anzahl der Situationen muss überschaubar bleiben. Zusätzlich bedarf es des Herunterdeklinierens auf die einzelnen, relevanten Verantwortungsbereiche im Unternehmen. Dabei soll nicht bereits im Vorfeld die Ausnahme geregelt werden, einmal abgesehen von sicherheitsrelevanten Regelungen für einen hoffentlich nie eintretenden Notfall (Feuer, Evakuierungsbedarf, Fluchtwege etc.). Es muss gelingen, die Prinzipien so stark zu machen, dass das Unternehmen unter deren Berücksichtigung in die Lage versetzt wird, auch die Ausnahme zu lösen –, aber erst dann, wenn der Ausnahmefall eintritt.

Hier folgen drei Beispiele aus unserer Praxis:

Die Gesetzgebung als Unsicherheitstreiber

Die Gesetzgebung, insbesondere die Gesundheitsgesetzgebung, ist ein Unsicherheitstreiber par excellence. Jeder Gesundheitsminister erlässt ein neues Gesetz, das – einmal mehr, einmal weniger – Unruhe bei den Marktbeteiligten auslöst. Unsere Klienten im Pharmagroßhandel waren und sind fast immer gebeutelt, weil der Pharmagroßhandel in der Betrachtung des Gesundheitswesens aus Top-Level-Sicht selten eine Rolle spielt. Ich erinnere mich an eine uns elektronisch vorliegende, etwa 300 Seiten starke Gesetzesvorlage, bei der wir nach dem Wort „Pharmagroßhandel" suchten. Es kam weniger oft vor als das Wort „Tierarzt".

Würde ein Pharmagroßhändler sich mit all seinen Ressourcen auf das Antizipieren aller möglichen Auswirkungen einer Gesetzesnovelle stürzen, fiele die profitable Versorgung der Apotheken ins Wasser. Wir haben vielmehr mit unseren Klienten einige Szenarien entwickelt, Kernannahmen getroffen und die Unternehmensführung hat der Mannschaft dann etwas mitgeteilt, wenn es etwas mitzuteilen gab. Die Regel hieß: „Wir nehmen erst dann Stellung, wenn wir eine Basis dafür haben. Bis dahin bleiben wir auf der bekannten Basis verlässlicher Partner unserer Kunden. Den Dialog mit unseren Kunden über die neue Gesetzgebung übernehmen wir proaktiv." Das Resultat: verlässliche, stabile Kundenbeziehungen.

Der Bedarf der Kundschaft als Unsicherheitstreiber

Kunden sind insbesondere dann schwer berechenbar, wenn es um Geschmack, Trends und Mode geht. Gleichwohl haben einige unserer Klienten aus der Modeindustrie sehr gute Recherchemethoden entwickelt, um den Bedarf ihrer Kundschaft so gut wie möglich zu antizipieren und die entsprechenden Produkte für die Kollektionen, die erst einige Monate später an den Markt gehen werden, zu entwickeln. Ein wesentliches Element dabei ist die Systematisierung des Rechercheprozesses, hinsichtlich dessen Frequenz und Verantwortlichkeit und hinsichtlich der Rechercheinhalte und -verfahren. Dies gilt für die Recherche in anderen Ländern, für die Recherche auf Messen, und auch für die Recherche am Point of Sale.

Das Wissen über die Erfolgsmuster einer guten Recherche zu speichern, kann erfolgsentscheidend für die Kollektionsausrichtungen sein. Wird dieser Prozess aber übertrieben und überformalisiert, wird über jedes Detail eines Produktes später so lange diskutiert, dass man Gefahr läuft, es nicht mehr rechtzeitig, oder nicht mehr rentabel am POS platzieren zu können, erweist man sich einen Bärendienst. Wir haben mit einigen unserer Klienten aus der Modebranche die Rechercheverfahren soweit formalisiert, dokumentiert und im Unternehmen verfügbar gemacht, dass sie nachvollziehbar und pragmatisch sind, aber noch genügend Freiraum für Eigenkreativität lassen. Das Resultat: treffsicherere Produkte und übergabefähige Recherchemethoden.

Die Kostenentwicklung als Unsicherheitstreiber

Insbesondere bei der Gestaltung von Beziehungen zwischen zwei Unternehmen, z. B. im Rahmen eines Logistik-Outsourcings, möglicherweise verbunden mit der Bildung eines Joint-Ventures zwischen den Partnern, erlangt die Kostendiskussion immer wieder ungeahnte Höhen. Ist die Entwicklung der mengenbezogenen Kosten meist noch von überschaubarer Dauer, wenn die vom Verlader zur Verfügung gestellten Daten einigermaßen verlässlich sind, wird es immer dann spannend, wenn die Diskussion auf Energiekosten, sprungfixe Kosten und vor allem auf die Nicht-Inanspruchnahme von Ressourcen und damit nicht abgefederte Fixkosten auf Seiten des Logistik-Dienstleisters kommt.

Die Daten, auf denen ein Logistik-Dienstleistungs-Angebot basiert, sind Daten der Vergangenheit. Jegliche Prognose über Wachstum ist mit Unsicherheit behaftet. Jegliche Prognose von Treibstoff-, Gas-, Wasserkosten ist Kaffeesatzlesen. Jegliches Antizipieren von maximalen Einbrüchen des Geschäftsumfangs ist ein Blick in die Glaskugel.

In Outsourcing-Projekten haben wir mit unseren Klienten stets darauf hingearbeitet, ein Verfahren zu finden, das es erlaubt, innerhalb bestimmter Bandbreiten und – insbesondere zu Beginn einer Zusammenarbeit – mit Cost-Plus-Verfahren bei einer Open-Book-Policy zu arbeiten (wobei man dann natürlich trefflich über das „Plus" diskutieren muss), und wir haben das Prinzip eingeführt, dass man sich stets kurzfristig auf Führungsebene über ein geeignetes Verfahren verständigt, wenn eine Veränderung eintritt, die eine gewisse Grenze über- oder unterschreitet. Das Resultat: Größtmögliche Fairness und Handlungsfähigkeit ist hergestellt.

Wachstumstipp

Sie finden sicher eigene Beispiele. Sorgen Sie dafür, dass Sie sich möglichst rasch auf Grundsätze des Handelns in ihren typischen Situationen verständigen und dass Sie diese Grundsätze abgestimmt in das gesamte Unternehmen hineinbringen, um das Tagesgeschäft zu beschleunigen, zu flexibilisieren und so letztlich noch profitabler zu wachsen.

5.15 Geht nicht? – Der Umgang mit Unmöglichem

„Das ist unmöglich, Chef!" Als CEO begegnet Ihnen dies nicht selten, richtig? Sie haben neue Ideen, äußern diese, fordern Ihre Mannschaft. Diese wiederum ist gefangen – oder sagen wir gebunden – in ihrem Tagesgeschäft, sieht eher die operative Gegenwart als die strategische Zukunft und bäumt sich zunächst auf.

Nun geht es Ihnen vermutlich auch nicht so, wie es John F. Kennedy zugeschrieben wird, dessen Vision es 1961 war, einen Menschen bis zum Ende des Jahrzehnts auf den Mond und wieder gesund zurückzusenden und dem von allen Wissenschaftlern entgegnet wurde, dies sei unmöglich. Seine überlieferte Antwort ist sinngemäß „Das mag sein, meine Damen und Herren, aber Sie haben ein Problem: Ich habe diese Vision dennoch."

Wenn Sie sich häufiger der Killer-Behauptung „unmöglich" gegenüber sehen, haben Sie ohnehin ein Führungsthema zu lösen, dazu an anderer Stelle mehr. Wichtiger ist im Moment, wie Sie sich als CEO schnell ein Bild davon verschaffen können, was „unmöglich" bedeutet.

Hier sind einige Deutungsoptionen von „unmöglich". Allen kommen Sie mit der Frage „Was meinen Sie genau mit ‚unmöglich'?" näher auf die Spur.

„Ich kann es mir nicht vorstellen"

Einem Mitarbeiter, dem das Vorstellungsvermögen fehlt, etwas von Ihnen gefordertes gänzlich Neues zu denken, können Sie helfen, indem Sie die Zielsituation möglichst präzise beschreiben. Sie haben hier (noch) nicht gegen operative Bedenken anzukämpfen, sondern es ist Ihre Aufgabe, den Mitarbeiter mitzunehmen auf dem Weg zu Ihrem „unmöglichen" Ziel.

„Ich weiß nicht, wie ich das schaffen soll"

Gemeint ist hier eine zeitliche Komponente. Alternativ – und vermeintlich gewichtiger – hören Sie auch: „Ich weiß nicht, wie wir das schaffen sollen", „Wir wissen nicht, wie wir das schaffen sollen" oder „Das schaffen wir nie". Das „Wir" macht es Ihnen schwieriger mit einer einzelnen Person zu sprechen. Fragen Sie nach: „Wer ist ‚wir'?". Wenn der Mitarbeiter in der ersten Person spricht, fragen Sie, ob er sich des Aufwandes überhaupt schon bewusst ist, ob er weiß, was er weglassen könne und machen Sie deutlich, dass er nicht allein an Ihrem „unmöglichen" Ziel arbeiten muss.

„Dazu habe ich nicht die Fähigkeiten"

Das ist eine gute Nachricht, denn Fähigkeiten sind trainierbar, Willen hingegen ist nicht trainierbar. Jemand, der die Fähigkeiten ins Spiel bringt, ist grundsätzlich bereit, sich einzusetzen. Dies ist der einfachste Fall, denn Sie können den Mitarbeiter fragen, was er benötigt, um die (vermeintlich) erforderlichen Fähigkeiten schnellstmöglich zu erwerben. Wenn Sie gemeinsam erkennen, dass die Fähigkeiten heute vielleicht noch nicht, ganz sicher aber morgen verfügbar sind, wird es leichter.

Die üblichen Killerphrasen, wie „Das haben wir noch nie so gemacht", „Das geht nicht", „Das kann nicht klappen" etc. sind keine Antworten auf Ihre Frage „Was genau meinen Sie mit ‚unmöglich'?". Daher können Sie hier diese Eingangsfrage einfach noch einmal wiederholen.

Wachstumstipp
Häufig ist „unmöglich“ ein Reflex, denn Ihre Mitarbeiter sehen zunächst einmal mehr Arbeit auf sie zukommen. Hinzu kommt die unbewusste Vermutung, dass Sie annehmen könnten, Ihre Mitarbeiter seien noch nicht ausgelastet und hätten noch beliebig viel Luft. Selbst wenn dem so ist, sind Sie gut beraten, das gemeinsam mit Ihren Mitarbeitern zu erkennen und sie nicht stets damit zu konfrontieren. Alles zu seiner Zeit.

5.16 Das Unmögliche ermöglichen – Führung und Selbstführung

Irgendwann hat vermutlich fast jeder von uns schon einmal gesagt, etwas sei „unmöglich“, also vermeintlich unschaffbar. Das ist so lange kein Problem, wie sich diese „Unmöglich“-Haltung nicht zum Muster entwickelt, zur Standardeinstellung sozusagen.

Der persönliche Erfahrungshintergrund

Wenn Menschen etwas als unmöglich einstufen („Das ist unmöglich“), dann geschieht dies zunächst einmal unter dem persönlichen Erfahrungshintergrund. Das bedeutet, die Einschätzung ist keineswegs objektiv, wie die Voranstellung „Das ist“ suggerieren mag. Inhaltlich korrekter wäre vermutlich „Das kann ich mir nicht vorstellen“ oder „Ich habe keinen Schimmer, wie das gehen soll“. Nun sprechen wir nicht immer mathematisch korrekt, was ja auch fürchterlich wäre, aber manchmal lohnt sich eben der Blick hinter eine Formulierung. Vor allem dann, wenn es Dinge gibt, die sich manch einer von uns überhaupt nicht vorstellen kann, die aber trotzdem möglich sind.

Können Sie sich eine Zahl mit ein paar hundert Ziffern merken? Im Moment vielleicht nicht, aber es gibt Menschen, die es können. Können Sie die Eiger-Nordwand seilfrei in ein paar Stunden durchsteigen? Vielleicht nicht, aber es ist möglich, was mehrfach bewiesen wurde. Sind Sie in der Lage, ein paar tausend Bücher inhaltsgetreu wiederzugeben? Mindestens ein Mensch auf der Welt kann dies – er bezahlt dafür einen hohen Preis, denn er ist Autist.

Wir müssen meines Erachtens deutlich vorsichtiger sein mit dem Begriff „unmöglich“.

Es ist nicht alles möglich

Auf der anderen Seite sind diejenigen, die behaupten, alles sei möglich. „Du schaffst es! Alles ist möglich!“ brüllen manche sogenannte Motivationstrainer ihre Kunden an, wobei sie nicht selten die Realität verachten. Nein, es ist nicht alles möglich. Ich kann, während ich diesen Beitrag schreibe, nicht gleichzeitig den Mount Everest erklimmen. Ich kann nicht mit Lichtgeschwindigkeit fliegen und ich werde wohl auch nicht mehr Golf-Weltmeister, denn ich hatte noch nie einen Golfschläger in der Hand. Dafür kann ich recht schnell Fachbeiträge und Bücher schreiben, die danach auch noch ganz gut ankommen. Aber es ist nicht alles möglich. Die selbsternannten Motivationstrainer, die propagieren, alles sei möglich, handeln gefährlich und verantwortungslos. Spätestens dann, wenn der aufgeheizte Mitarbeiter wieder in der Unternehmensrealität auftaucht, wird er mit den Realitäten konfrontiert und er läuft Gefahr, in ein Loch zu fallen, das gar nicht hätte da sein müssen.

Was und Wie trennen

Gleichwohl können wir feststellen, dass es Freude machen kann, an vermeintlich unmögliche Dinge positiv heranzugehen und sich mit ihnen konstruktiv auseinanderzusetzen; persönlich und auch und vor allem im Unternehmenskontext. Die positive Assoziation mit dem Unmöglichen beginnt in unserem Kopf, zwischen unseren Ohren. Das strukturierte Befassen mit etwas „Unmöglichem" beinhaltet vor allem die Trennung zwischen WAS und WIE. Zunächst geht es darum, genau zu verstehen, was der Gegenstand ist. Erst, wenn der Gegenstand klar umrissen ist, ergibt es einen Sinn, sich Gedanken über den Lösungsweg zu machen und sich mit den vorhandenen und fehlenden Ressourcen, Voraussetzungen und Fähigkeiten zu beschäftigen. Nur dieses Vorgehen sichert ein sinnvolles Annähern an etwas, das auf den ersten Blick unmöglich erscheint.

Altes Niveau oder Neuland?

Im Unternehmen ist eine wesentliche zu stellende Frage in diesem Zusammenhang die folgende: „Führt das, was uns unmöglich erscheint, dazu, dass wir wieder ein Niveau erreichen, auf dem wir schon einmal waren oder soll ein Niveau erreicht werden, das wir noch nie besetzt haben?" Der erste Fall ist beispielsweise bei einer Sanierungs- oder Turnaround-Situation gegeben: Das Unternehmen kommt von einem bestimmten Leistungsniveau, ist über eine gewisse Zeit hinweg leistungsmäßig abgefallen und soll nun zunächst wieder auf das vorherige Niveau zurückgebracht werden. Das kann aus der Gegenwart heraus durchaus „unmöglich" erscheinen, aber das Zielniveau war immerhin schon einmal besetzt. Was also müssen wir tun, um wieder dahin zu kommen, wo wir herkommen?

Im zweiten Fall sprechen wir von Innovation. Es soll ein Leistungsniveau erreicht werden, das noch nie eingenommen wurde und von dem niemand tatsächlich weiß, wie es aussieht, ob es tatsächlich möglich ist, es zu erreichen und wie es danach weitergeht. Hier besteht die Kunst der Führung darin, die Mitarbeiter zunächst mit den Vorteilen für sie selbst vertraut zu machen und die anzustrebende Situation möglichst konkret und bildhaft zu machen. Dafür wird natürlich Zeit benötigt, aber diese Zeit ist wohl investiert, hilft sie doch, das spätere WIE effizienter zu erarbeiten.

Führung

Eine gute Führungskraft ist sowohl in der Lage, sich selbst mit „Unmöglichem“ schnell anzufreunden (Selbstführung), als auch anderen Mitarbeitern dabei zu helfen, das Unmögliche für sich zu entdecken (Führung). Vergessen wir nicht, dass Erfolg meist nur dann verspürt wird, wenn eine echte Hürde genommen wurde. Das Erreichen von Selbstverständlichkeiten stufen wir meist nicht als Erfolg ein. Genau diese positiven Hürden aber sind es, die das vermeintlich Unmögliche für uns bereit hält, an denen wir uns reiben und messen können und die zu überspringen uns zum Strahlen bringen.

Die Führungskraft, die mit der Schaffung von Wachstum betraut ist, muss Folgendes herausfinden:

- Ist das „Unmöglich“ aus Sicht der Mitarbeiter berechtigt oder nicht? Ist es berechtigt, gilt es, gemeinsam zu umzingeln, was getan werden müsste, um Möglichkeiten zu schaffen, das Unmögliche doch zu realisieren. Ist es nicht berechtigt, müssen die Gründe für das voreilige Urteil herausgefunden werden.
- Ist „Unmöglich“ ein Muster? Dann besteht die offensichtliche Gefahr einer Wachstumsblockade, die nicht sachlich begründet ist. Es geht nun darum, die emotionalen Blockaden herauszufinden, die die Mitarbeiter daran hindern, das vermeintlich Unmögliche als spannende Aufgabe zu klassifizieren.
- Geht „Unmöglich“ immer von den gleichen Personen aus? Sprechen Sie zunächst mit den Personen, machen Sie ihnen die Wirkung ihrer Haltung klar. Sprechen Sie aber auch mit den Personen, die nicht automatisch in den „Unmöglich“-Modus schalten. Machen Sie unmissverständlich klar, dass Sie Blockaden nicht dulden. Wenn Menschen nicht aus ihrer musterhaften „Unmöglich“-Haltung herauskommen, obwohl Sie sich mit ihnen substanziell ausgetauscht haben, müssen Sie eine Trennung in Erwägung ziehen.

Wachstum verläuft in der Regel nicht linear, meist bedarf es der Realisierung von etwas „Unmöglichem“, um auf die nächste Stufe zu kommen. Folglich ist genau dies, das kreative Auseinandersetzen mit etwas, das aus heutiger Sicht nicht möglich erscheint, das Schaffen von etwas völlig Neuem, ein wesentlicher Bestandteil des erfolgreichen Wachstumsprozesses. Interessanterweise ist dies auch ein Merkmal, das wachstumsstarke von wachstumsschwachen Unternehmen unterscheidet.

Wachstumstipp
Wesentliche Aufmerksamkeit muss die Führung der Anzahl der zu realisierenden „Unmöglichkeiten“ widmen. Jede Organisation verkraftet nur eine gewisse (kleine) Anzahl großer Herausforderungen, will sie noch erfolgreich operieren. Weniger ist auch hier mehr.

5.17 Wo ist denn nun der Engpass? – Auf die Sichtweise kommt es an

In jedem Unternehmen gibt es einen wesentlichen Entwicklungsengpass. Wir nennen ihn den „Kern-Engpass“. Konzentrieren wir die Kräfte auf diesen Punkt, lösen wir den Engpass und ... es wird ein neuer Engpass sichtbar. Engpässe sind dabei nicht als etwas Negatives zu sehen, sondern wir verstehen unter einem Engpass einen Aspekt in der (Unternehmens-) Entwicklung, der jemanden daran hindert, noch erfolgreicher zu sein als er es ohnehin schon ist.

Dies vorausgeschickt, schauen wir einmal auf ein fiktives Unternehmen: Die Beispiel AG ist ein Produzent von Hausgeräten, der multinational tätig ist. In einem der wöchentlichen Führungsmeetings spielte sich vor Kurzem Folgendes ab:

CEO: „Wir haben im Vorstand drei wesentliche Engpässe identifiziert: Unsere Produkte sind nicht mehr aktuell genug, unsere Kunden klagen über mangelnde Verfügbarkeit der verbliebenen attraktiven Produkte und in unserem neuen Geschäftsfeld ‚Gartengeräte‘ hindern uns die fehlenden Vertriebsmitarbeiter daran, unsere neuen, fertigen, lang erwarteten Produkte an den Markt zu bringen. Gibt es Lösungsvorschläge?“

Leiter Produktentwicklung: „Wir haben in Zusammenarbeit mit dem Marketing eine Kundenumfrage erstellen lassen und sind zu der Erkenntnis gekommen, dass unsere Produkte keineswegs unaktuell sind. Es ist vielmehr der Vertrieb, der gegenüber dem Wettbewerb nicht die richtigen Argumente findet und immer nur die neuen Produkte an den Markt bringen will.“

Vertriebsleiter:	„... weil die anderen Produkte wesentlich überteuert sind! Darüber könnt Ihr ja mal nachdenken.“
Chefcontroller:	„Der Vertrieb hält den Listenpreis doch sowieso schon nicht ein, die Rentabilität ist mächtig unter Druck.“
Marketingleiter:	„Sicher schadet der niedrige Preis auch unserer Marke.“
Vertriebsleiter:	„Marktpreisfindung ist auch nicht Eure Stärke. War es noch nie.“
Logistikleiter:	„Ich möchte auf den Vorwurf der mangelnden Verfügbarkeit zurückkommen. Unser Lager ist auf die vom Vertrieb erstellte Kapazitätsplanung ausgerichtet, schließlich wollen wir die Kapitalbindung ja auch nicht ins Unermessliche steigern.“
Vertriebsleiter:	„Schade ist nur, dass Ihr nie das am Lager habt, was man gerade braucht.“
Logistikleiter:	„Vielleicht ist Eure Planung einfach schlecht.“
Chefcontroller:	„Das wäre ein weiteres Thema: Bei der Aktualisierung werden wir eine Überraschung erleben.“
CEO:	„Überraschung?“
Chefcontroller:	„Ja, die Planung ist auf sandigen Boden gebaut, wie sich jetzt nach weiteren Gesprächen mit Außendienstmitarbeitern herausgestellt hat.“

CEO:	„Wie bitte? Warum erfahre ich das erst jetzt?“
Chefcontroller:	„Wir haben das Ihrem Kollegen Vertriebsvorstand und auch dem CFO schon gesagt.“
CEO:	„Aber mir nicht.“ Der Vertriebsvorstand betritt den Raum, murmelt etwas, das wie „Entschuldigung, ein Stau“ klingt und fragt dann nach: „Was soll ich gehört haben?“
Vertriebsleiter:	„Dass unsere Planung nicht valide sein soll.“
Vertriebsvorstand:	„Ja, das ist eine längere Geschichte . . .“
CEO:	„. . . für die wir jetzt keine Zeit haben, Herrschaften. Kann bitte die Personalabteilung einmal etwas zum Stand der Rekrutierung des Gartengerätevertriebs sagen?“
Personalchef:	„Natürlich. Wir wären schon viel weiter, wenn wir nicht dauernd mit dem Betriebsrat über interne Kandidaten diskutieren müssten. Wir wissen doch alle, dass wir intern nicht die nötige Anzahl geeigneter Kandidaten finden. Aber das ist ein Politikum, auch nicht zuletzt, weil es kürzlich Differenzen zwischen Vorstand und Betriebsrat gab.“
CEO:	„Jetzt kommen Sie wieder mit dieser alten Geschichte.“
Personalchef:	„Fakt ist, dass wir die Kandidaten nicht herbeizaubern können. Hat der Vertrieb eigentlich mal auf die Stellenbeschreibung geschaut?“
Vertriebsvorstand:	„Stellenbeschreibung? Das ist doch Personalsache! Ich kenne auch gar keinen Entwurf.“
Vertriebsleiter:	„Doch, den hatte ich Ihnen gemailt.“
Chefcontroller:	„Ich wüsste dann gerne auch einmal, welche additiven Personalkosten Sie hier eigentlich planen, schließlich haben wir ein straffes Budget in diesem Jahr. Lassen Sie uns in diesem Zusammenhang auch einmal auf die aktuellen Zahlen schauen . . .“(Ein Excel-Sheet wird an die Wand geworfen) „ . . . der Absatz ist im vergangenen Monat deutlich rückläufig und zwar über alle Produktbereiche.“
Vertriebsleiter:	„Die Zahlen, die Sie da zeigen, kenne ich nicht, wir haben andere Zahlen aus unserem Vertriebscontrolling gezogen, die zeige ich Ihnen gern. Außerdem haben wir zahlreiche Auftragseingänge.“

Wir blenden uns aus dem Meeting, das noch zwei Stunden in dieser Form weitergeht, aus und nehmen wieder einmal die Vogelperspektive ein: Wurde hier bisher ein Problem gelöst? Natürlich nicht. Was geschah stattdessen? Es wurde „window dressing“ betrieben und zwar in der feinsten Form. Und es ist nicht zu erwarten, dass – hätten wir diesem Dialog länger gefolgt – all diese Bälle am Ende des Meetings noch einmal aufgegriffen, geordnet und zu Lösungsansätzen geführt werden.

Gehen wir davon aus, dass es immer einen Kern-Engpass gibt, ist schlüssig, dass dies auf Unternehmensebene genauso gilt wie auf Bereichs- oder Abteilungsebene. Es gibt also einen Unternehmens-Kern-Engpass, einen Vertriebs-Kern-Engpass, einen Marketing-Kern-Engpass etc.

Was also ist in unserem Beispiel der Kern-Engpass auf Unternehmensebene? Unabhängig von der inhaltlichen Dimension: Hier ist es die Arbeitsweise. Der CEO muss die Fäden viel konkreter in der Hand halten, die Mitarbeiter müssen viel konkreter auf die einzelnen Aspekte eingehen. Es geht ganz eindeutig um die Verbindlichkeit. Unabhängig davon, dass manche der adressierten Themen sehr wichtig sind, kommt das gesamte Unternehmen mit diesen Themen nur weiter, wenn es sich verbindlich um den Fortschritt in diesen Themen kümmert.

Wachstumstipp
Wenn Sie den Kern-Engpass suchen, nehmen Sie immer einen Schritt Abstand vom operativen Geschehen. Suchen Sie immer nach der Ursache, geben Sie sich nicht mit der Wirkungsebene zufrieden.

5.18 Start – Beginnen Sie jetzt und behalten Sie das Tempo bei

Als CEO, Geschäftsführer, Unternehmer stehen Sie unter der ständigen Herausforderung, mit Resultaten aufzuwarten. Ungeduld ist Ihnen nicht fremd. Manchmal ärgern Sie sich darüber, dass Dinge nicht schneller funktionieren oder zumindest angegangen werden.

Nicht selten werden Sie für Ihre Ungeduld kritisiert. Zu schnell würden Entscheidungen fallen, nicht alle Informationen seien eingeholt worden, mehr Sorgfalt sei notwendig. So kritisieren Aufsichts- und Beiräte gern, ganz zu schweigen von Analysten, Aktionären oder auch Betriebsräten.

Das Besondere an dieser Kritik: Sie erfolgt stets im Nachhinein. Nachher sind wir aber immer schlauer als in einer spezifischen Situation. Nachher zu kritisieren, was man alles hätte besser machen können, ist müßig, weil billig. Die Kritik im Nachhinein dient meist nur der eigenen Selbstdarstellung. Hätte, könnte, sollte: Zu spät, meine Lieben.

Lassen Sie sich nicht irritieren. Behalten Sie Ihre Geschwindigkeit bei. Halten Sie den Start-Knopf stets in Ihrer Nähe. Fordern Sie weiterhin von Ihren Mitarbeitern, von Ihren Lieferanten, von Ihren Kooperationspartnern, dass öfters gestartet als gestoppt oder gebremst wird. Beginnen Sie jetzt mit der Initiative, die Sie schon längere Zeit angedacht oder sogar grobgeplant haben. Wenn Sie schon eine Feinplanung zur Hand haben: Umso besser und umso wichtiger ist der Sofortstart.

Überlassen Sie die Sorgfalt den Teams, die an der Umsetzung Ihrer Initiative beteiligt sind. In der Umsetzung, in der Realisierungsphase werden sich noch genügend Unwägbarkeiten ergeben, derer man habhaft werden muss, um zum Erfolg zu gelangen. Aller Voraussicht nach sind diese Unwägbarkeiten anderer Natur als man sie hätte vorher absehen können.

Es geht hier wohlgemerkt nicht um blindes Hineinrasen in eine ungewisse Situation, aber die meisten uns bekannten Veränderungssituationen und Wachstumsphasen sind dadurch gekennzeichnet, dass sehr wohl reichlich Erkenntnisse vorliegen, es aber an Umsetzungswillen, Umsetzungskompetenz und an Zutrauen mangelt. Vielmehr wird zu häufig auf Perfektion gesetzt. Perfektion aber ist einer der wenigen Zustände, die in kaufmännischen Berufen nie erreicht werden.

Wachstumstipp

Vergessen Sie die Perfektion. Gehen Sie davon aus, dass man Ihnen ohnehin irgendwann irgendein „unsorgfältiges" Vorgehen vorwerfen wird. Und wenn schon: Hauptsache, Sie haben die Nase im Wettbewerb vorn. Hauptsache, Sie haben etwas begonnen, an das Sie glauben. Hauptsache, Sie haben etwas dabei gelernt. Letztendlich setzt sich nicht derjenige mit dem allerbesten Konzept am Markt durch, sondern derjenige, der sich getraut hat, das Unperfekte zu starten und auf dem Weg der Realisierung zu lernen. Geschwindigkeit schlägt Perfektion. Immer.

5.19 Eigenantrieb statt Zwangsbeglückung – von Motiven und Motivation

Ich werde nicht müde, zu betonen, dass extrinsische Motivation nicht möglich ist. Unabhängig davon, was sogenannte Motivationstrainer und Motivationsseminarveranstalter sagen, die davon leben, dass Heerscharen von Mitarbeitern aus Unternehmen zu Zwangsbeglückungs-Veranstaltungen geschickt werden, bin ich der festen Überzeugung, dass echte Motivation, die dauerhaft dem Wohle des Menschen und des Unternehmens, in dem der Mensch arbeitet, dient, nur von innen heraus kommen kann. Schließlich ist ein Mitarbeiter bis in die Haarspitzen motiviert, wenn er einen Arbeitsvertrag bei dem Unternehmen unterschreibt, bei dem er unbedingt arbeiten möchte. Was die Führung erreichen muss, ist, dass diese intrinsische Motivation nicht nur erhalten bleibt, sondern sich auch weiterentwickelt.

1. Was sind die Motive der handelnden Personen?

Ein Motiv beschreibt den Grund des Handelns. Meist treffen mehrere Motive zusammen, wenn eine bestimmte Handlung erfolgt oder nicht erfolgt. Motive sind grundsätzlicher Natur, wie zum Beispiel „Freiheit", „Unabhängigkeit", „Flexibilität", „Ehrgeiz", „Gemeinschaft" usw.

Genauso, wie es gilt, die Ursache für ein Problem zu finden und nicht an den Symptomen allein zu arbeiten, ist es wichtig, die Gründe für das Handeln oder Nicht-Handeln von Mitarbeitern zu finden und nicht an der Oberfläche zu verbleiben. Dazu ist das Verständnis der Motive der Mitarbeiter wichtig. Ohne die Handlungsgrundlage verstanden zu haben, verbleiben Interaktionen an der Oberfläche.

2. Sind die Leitplanken bekannt, innerhalb derer die Mitarbeiter sich frei bewegen können?

Wie im Straßenverkehr sind Leitplanken auch im Rahmen der Unternehmensführung etwas Essenzielles, weisen sie doch nicht nur den Weg, sondern auch Ausfahrten. Auf die Unternehmensführung übertragen bedeutet dies, dass die „Leitplanken" idealerweise den direkten Weg zu einem zuvor bestimmten Ziel weisen. Daher darf es auch nur wenige echte Leitplanken geben. Der Geschäftsführer eines von uns betreuten Unternehmens sagte mir einmal, als ich das Prinzip der Leitplanken auf die Unternehmensführung übertrug, dass es ihm nun völlig klar wäre, warum manche Mitarbeiter nicht frei handelten, denn man hätte im Unternehmen nicht nur rechts und links Leitplanken eingezogen wie im Straßenverkehr, sondern auch vorne, hinten, oben und unten. Auf diese Weise baut man einen Käfig, der Handlungsfreiräume stark einengt.

In der Tat muss jedes Unternehmen für sich definieren, welche – wenigen – Leitplanken es aufstellt. Die Einhaltung dieser Leitplanken muss dann allerdings sichergestellt sein. Wie im Straßenverkehr gilt: Wer die Leitplanke berührt, riskiert einen kapitalen Schaden. Auf der anderen Seite müssen Mitarbeiter die Möglichkeit haben, sich innerhalb der gesetzten Leitplanken frei bewegen zu können. Auch hier gilt die Analogie zum Straßenverkehr, denn niemand schreibt uns vor, welche Spur wir verwenden sollen, welches Beförderungsmittel wir wählen sollen, wann wir Pause machen sollen, wie schnell wir fahren sollen, solange wir uns innerhalb der gesetzten Leitplanken und der damit korrespondierenden Regeln bewegen. Eines der wesentlichen Hilfsmittel, um die Motivation, den Eigenantrieb von Mitarbeitern zu erhalten, ist Autonomie innerhalb der gesetzten Leitplanken.

3. Sind die Regeln klar?

Oben klang bereits an, dass es Regeln geben muss, die den Verkehr innerhalb der gesetzten Leitplanken ordnen. Natürlich gibt es mehr Regeln als Leitplanken, aber auch die Anzahl der Regeln muss überschaubar bleiben.

Welche Regeln gibt es also auf Unternehmensebene, welche auf Bereichs- oder Abteilungsebene? Häufig existiert eine Vielzahl an Regeln, die allerdings nicht hinreichend aktuell sind oder deren Einhaltung nicht mindestens sporadisch überprüft wird. In einem solchen Fall ist das Regelwerk wenig hilfreich.

Wüssten wir nicht, dass wir Gefahr laufen, bei Übertretung einer zulässigen Höchstgeschwindigkeit durch Geschwindigkeitsmessung eine zu ahndende Ordnungswidrigkeit zu begehen, würden wir dieser zulässigen Höchstgeschwindigkeit weniger Bedeutung beimessen als mit genau diesem Bewusstsein. Regeln müssen also kontrolliert werden, sie müssen bekannt sein, sie müssen in jeder identischen Situation auf jeden identisch angewendet werden können und es muss klar sein, dass ein zuwiderhandeln gegen die Regeln geahndet werden kann. Unklare Regeln führen zu unklarem Zusammenarbeiten. Unklares Zusammenarbeiten wiederum erfordert unnötige Energie und bremst so manchen Eigenantrieb.

4. Ist der Inhalt der Aufgabe zielführend und erfüllend?

Motivierte Mitarbeiter fordern eine Aufgabe, die zielführend ist – dazu ist es natürlich erforderlich, dass das Ziel, das mit der Aufgabe erreicht werden soll, bekannt ist – und gleichermaßen soll die Aufgabe erfüllend sein. Wir kennen dies von uns selbst: Wenn wir eine Aufgabe bearbeiten, die uns Freude macht, erfüllt uns dies mehr, als wenn wir eine Aufgabe bearbeiten, die wir tun müssen, die wir auch für zielführend halten, die uns aber keine Freude bereitet.

Es soll an dieser Stelle nicht die Annahme entstehen, der Verfasser dieses Beitrages fordere eine Spaßgesellschaft, in der jeder nur noch das tut, was ihm Freude macht, aber wenn wir in Unternehmen sehen, dass Mitarbeiter permanent Aufgaben erledigen, die ihnen keine Freude machen, brauchen wir uns nicht zu fragen, warum jene Mitarbeiter nicht mehr so motiviert sind wie zu Beginn ihres Arbeitsantritts. Es ist also durchaus hilfreich, zu prüfen, welchen Mitarbeitern welche Arbeiten Freude bereiten, denn mitunter müssen Aufgaben zwischen Mitarbeitern nur getauscht werden, um wieder eine höhere Freude an der Arbeit zu empfinden. Schließlich macht nicht jeder das Gleiche gern.

5. Ist die Aufgabe sinnvoll und wird der Sinn der Aufgabe erkannt?

Einmal ganz unabhängig davon, ob eine Aufgabe zielführend ist oder Freude bereitet, ist es wesentlich wichtiger, dass der Sinn einer Aufgabe erkannt wird. Ist also die Erreichung des Ziels sinnvoll und in welchen größeren Sinnzusammenhang kann die Aufgabe eingeordnet werden?

Als wir ein Klientenunternehmen dabei unterstützt haben, eine Logistikgesellschaft zur Verbringung von Arzneimitteln in Apotheken aufzubauen, das gesamte Prozessgefüge zu erarbeiten und die Gesellschaft gleichzeitig mit einem Qualitätsmanagementsystem auszustatten, war meinem Team und mir klar, dass wir an dieser Stelle nicht nur eine neue Organisation aufbauen, sondern dass wir einen entscheidenden Beitrag zur Sicherstellung der Arzneimittelversorgung in Deutschland leisteten.

Als wir einen der führenden Pharmagroßhändler binnen Rekordzeit zu einem zertifizierten Qualitätsmanagementsystem geführt haben, fragte der Auditor im abschließenden

Audit einen Kommissionierer, was er denn tue und weshalb seine Arbeit wichtig sei. Der Mitarbeiter antwortete: „Wenn ich hier auch nur einen Artikel vertausche, bekommen zwei Patienten entweder das falsche Medikament oder es dauert länger, bis sie das richtige Medikament bekommen." Sinn erkannt.

6. Wie viel Aufmerksamkeit und Zuwendung erfahren Mitarbeiter und wie sind sie im Unternehmen sozial eingebunden?

Die meisten Dinge, die wir tun, haben einen mächtigen Konkurrenten: die Zeit. Mindestens dreimal täglich hört man von irgendwem den Satz „Ich habe keine Zeit". Abgesehen davon, dass es korrekterweise heißen müsste „Ich habe gerade andere Prioritäten" oder „Ich möchte mir jetzt keine Zeit dafür nehmen", ist die verfügbare Zeit in der Tat ein limitierender Faktor. Umso wichtiger ist es, dass die Führung ihren Mitarbeitern Aufmerksamkeit und Zuwendung zukommen lässt. Dies bedeutet nicht, dass ständig überschwängliches Lob und ausdehnende Gespräche stattfinden müssen, dies bedeutet aber sehr wohl, dass gute und weniger gute Leistungen bemerkt, angemerkt und besprochen werden. Darüber hinaus tragen wachstumsorientierte Führungskräfte helfend dafür Sorge, dass Mitarbeiter die Gelegenheit haben, sich im sozialen Gefüge des Unternehmens zurechtzufinden und Beziehungen aufzubauen.

Dies alles bedeutet auch, Zeit dafür investieren zu wollen. Führungskräfte, die dies tun, sind wesentlich erfolgreicher, als Führungskräfte, die dies vernachlässigen.

7. Sind Teamführung und 1:1-Führung balanciert?

Zu viele Führungskräfte reduzieren sich darauf, ihre „Teams" zu führen. Es darf aber nicht vergessen werden, dass Teams, Arbeitsgruppen, Projektgruppen, Abteilungen aus Menschen bestehen, die individuelle Bedürfnisse, Talente und Präferenzen haben. Insofern darf sich die Führung nicht auf die abstrakte Leitung eines „Teams", oder wie auch immer Sie es nennen mögen, reduzieren. Es geht vielmehr darum, neben der Teamführung auch die individuelle Talententwicklung voranzubringen. Auch dies zahlt wesentlich auf die Erhaltung und Entwicklung des Eigenantriebs ein.

Wachstumstipp
Auch wenn nicht alle Menschen gleich sind, lohnt es sich doch, zunächst bei sich selbst zu schauen, wenn Sie ergründen wollen, was Sie tun sollten, um Ihren Mitarbeitern Raum dabei zu geben, ihre hohe Motivation zu erhalten und ihren Eigenantrieb zum Wohle des Unternehmens und auch zum eigenen Wohle einzusetzen.